高等职业教育“十四五”药学类专业系列教材
教材建设委员会名单

韩恩远　河南应用技术职业学院
郝晶晶　北京卫生职业学院
黄一波　常州工程职业技术学院
兰立新　湖南化工职业技术学院
李冰峰　南京科技职业学院
李东升　常州工程职业技术学院
刘宏伟　常德职业技术学院
陆正清　江苏食品药品职业技术学院
梅宇烨　中国化工教育协会
钱　琛　扬州工业职业技术学院
石　雷　台州职业技术学院
万春艳　扬州市职业大学
王炳强　福建生物工程职业技术学院
王光亮　邢台医学专科高等学校
吴　洁　江苏卫生健康职业学院
向　敏　苏州卫生职业技术学院
于文国　河北化工医药职业技术学院
张　雷　徐州工业职业技术学院
张　欣　四川化工职业技术学院

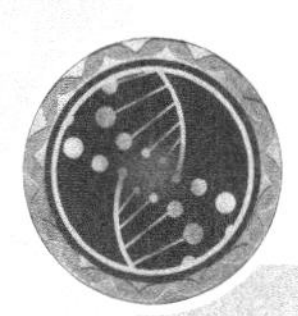

高等职业教育“十四五”药学类专业系列教材

仪器分析

周 博 主编

彭 莉 高冬梅 副主编

化学工业出版社

·北京·

内容简介

本教材以高职学生学习能力和特点为基础，以重点突出实用性、实践性的思路进行编写。教材内容包括光学分析模块的紫外-可见分光光度法、红外吸收光谱法、原子吸收光谱法，电化学分析模块的电位分析法，色谱分析模块的气相色谱法、高效液相色谱分析法、离子色谱分析法、质谱分析法及质谱联用测定。每个任务分别设有练习题、随堂实验、综合实习相关内容。书中配有二维码资源，通过手机扫描即可观看相关文本或视频。

本书的内容涉及药学、化工、食品、生物、环境监测等领域，既可作为高等职业专科学校、高等职业本科学校仪器分析课程教材，也可作为分析化验人员业务培训用书及参考资料。

图书在版编目（CIP）数据

仪器分析/周博主编；彭莉，高冬梅副主编．—北京：化学工业出版社，2022.7（2024.2重印）

ISBN 978-7-122-41120-4

Ⅰ.①仪… Ⅱ.①周…②彭…③高… Ⅲ.①仪器分析 Ⅳ.①O657

中国版本图书馆CIP数据核字（2022）第055494号

责任编辑：刘心怡
文字编辑：崔婷婷　陈小滔
责任校对：杜杏然
装帧设计：关　飞

出版发行：化学工业出版社（北京市东城区青年湖南街13号　邮政编码100011）
印　　装：北京天宇星印刷厂
787mm×1092mm　1/16　印张14¼　字数340千字　2024年2月北京第1版第2次印刷

购书咨询：010-64518888
售后服务：010-64518899
网　　址：http://www.cip.com.cn
凡购买本书，如有缺损质量问题，本社销售中心负责调换。

定　　价：39.80元

前言

本书为高等职业教育“十四五”药学类专业系列教材，也是药品质量与安全专业资源库配套教材。根据高职教育特点，紧扣生物与化工专业大类产品质量检验人才能力培养目标，采用项目任务编写体例，精选行业普遍使用的分析仪器，介绍了紫外-可见分光光度法、红外吸收光谱法、原子吸收光谱法、电位分析法、气相色谱法、高效液相色谱分析法、离子色谱分析法、质谱分析法及质谱联用测定。

仪器分析是以测量物质的物理性质和化学性质为基础的分析方法，具有很强的实践性，在分析领域具有重要的应用价值。本书总结了编者们多年的教学改革和教学经验，以高职学生学习能力和特点为基础，突出实用性、实践性，设置与行业生产紧密相关的实验实训内容，提高学生的基本操作技能和思维能力。为了提高学生的学习效果，编者制作了大量的课程视频、课程动画和测试题，在教材中用二维码进行体现，通过扫描二维码可以反复学习，不断修正认识，提高能力水平。同时依据“要坚持把立德树人作为中心环节，把思想政治工作贯穿教育教学全过程，实现全程育人、全方位育人，努力开创我国高等教育事业发展新局面”的高等教育发展方向，将思政内容融入理论教学中，引入知名专家教授事迹，弘扬精益求精、努力拼搏的科学精神，培养学生正确的价值观、人生观。本书配套的思政案例、电子课件可由化学工业出版社教学资源网下载，网址为 www. cipedu. com. cn。

本书的内容涉及化工、食品、药品、生物、环境监测等领域，有传统分析仪器，也有新型分析仪器，内容新颖、实用，既可作为高职高专仪器分析课程教材，也可以作为分析化验人员业务培训用书及参考资料。

本教材由杨凌职业技术学院周博教授担任主编，昆明冶金高等专科学校彭莉和杨凌职业技术学院高冬梅任副主编，陕西工业职业技术学院尚华任主审。周博负责教材内容的整体框架设计及配套动画资源的设计与制作。绪论、模块三的信息导读和项目二由杨凌职业技术学院高冬梅编写；模块一的信息导读、项目一由延安职业技术学院赵怡编写；模块一的项目二和模块二由昆明冶金高等专科学校彭莉编写；模块一的项目三由宝鸡职业技术学院肖雪红编写；模块三项目一、项目三、四由陕西能源职业技术学院刘依编写。全书由周博、高冬梅统稿。

在本书编写过程中得到各相关学院领导和老师的大力支持，在此致以衷心的感谢！由于编写时间仓促，编者水平有限，书中难免有不足之处，敬请广大读者提出宝贵意见！

编者

2022 年 7 月

目录

绪论 / 001

一、仪器分析方法的分类 / 001
二、仪器分析方法的特点 / 001
三、仪器分析方法的发展趋势 / 002

模块一　光学分析 / 003

信息导读 / 004

一、光的基本性质 / 004
二、光与颜色关系 / 005
三、光学分析法的类型 / 006
四、光学分析法的应用 / 007

项目一　吸收紫外-可见光分子物质的测定 / 008

任务一　学习紫外-可见分光光度法的理论基础 / 008
一、朗伯-比尔定律 / 008
二、光的吸收曲线 / 010
三、吸收光谱与结构的关系 / 011
任务二　熟悉紫外-可见分光光度计的结构及操作 / 013
一、紫外-可见分光光度计的结构 / 013
二、常见紫外-可见分光光度计的种类 / 015
三、紫外-可见分光光度计日常保养与维护 / 016
任务三　紫外-可见分光光度法分析条件选择 / 017
一、仪器测量条件选择 / 017
二、参比溶液选择 / 017
三、显色条件选择 / 018
任务四　紫外-可见分光光度法的应用 / 019
一、定性分析 / 019
二、定量分析 / 020

实验 1-1　紫外-可见分光光度计性能检测 / 021
实验 1-2　1,10-二氮杂菲定性分析 / 022
实验 1-3　总铁离子含量的测定 / 023
练习题 / 026

项目二　确定吸收红外光物质的结构 / 028

任务一　学习红外吸收光谱基本原理 / 028
一、概述 / 028
二、红外吸收光谱的产生 / 030
三、分子振动 / 030
四、基频峰和泛频峰 / 032
五、基频峰的峰数、峰位、峰强 / 032
六、特征吸收峰与相关峰 / 034
七、官能团区和指纹区 / 035
八、影响基团频率因素 / 038
任务二　熟悉红外光谱仪的结构 / 040
一、色散型红外光谱仪 / 041
二、傅里叶变换红外光谱仪（FTIR） / 042
任务三　学习红外吸收光谱实验技术 / 044
一、样品制备 / 044
二、样品池窗片材料选择 / 045
三、红外光谱仪附件技术 / 046
任务四　红外吸收光谱法分析应用 / 048
一、定性分析 / 048
二、定量分析 / 050
实验 1-4　薄膜、固体有机化合物的红外吸收光谱测定 / 050
实验 1-5　醛和酮的红外吸收光谱图 / 051
练习题 / 053

项目三　吸收特征谱线的原子物质的测定 / 057

任务一　熟悉原子吸收光谱法基本原理 / 057
一、概述 / 057
二、原子吸收光谱的产生 / 058
三、原子吸收光谱轮廓与变宽 / 059
四、原子吸收线的测量 / 060
任务二　熟悉原子吸收光谱仪的结构及使用 / 061
一、光源 / 061
二、原子化器 / 063

三、单色器 / 066
四、检测器 / 067
任务三　原子吸收光谱法分析条件选择 / 067
一、分析条件的选择 / 067
二、干扰及消除 / 068
任务四　原子吸收光谱法的应用 / 070
一、标准曲线法 / 070
二、标准加入法 / 070
三、内标法 / 072
实验 1-6　原子吸收光谱法测定自来水中的铜（标准曲线法）/ 072
实验 1-7　复方乳酸钠葡萄糖注射液中氯化钾的含量测定 / 074
练习题 / 076

模块二　电化学分析 / 079

信息导读 / 080

一、电化学分析法概述 / 080
二、电位分析法 / 080
三、原电池 / 081
四、电极电位（势）和电动势 / 081
五、电位分析法依据——能斯特方程 / 082
六、电极 / 083

项目　物质含量的电位分析法测定 / 086

任务一　认识离子选择性电极（膜电极 SIE） / 086
一、晶体膜电极 / 087
二、非晶体膜电极 / 088
三、气敏电极 / 089
四、生物电极 / 090
任务二　熟悉离子选择性电极的性能参数 / 091
一、电极的选择性 / 091
二、线性范围及检测下限 / 091
三、响应时间 / 091
四、温度和 pH 范围 / 092
五、内阻 / 092
任务三　熟悉电位分析仪器的结构及使用 / 092
一、直接电位法常用仪器 / 092

二、电位滴定法常用仪器 / 093
任务四　直接电位法的应用 / 093
一、pH 的直接测定 / 093
二、pH 标准缓冲溶液 / 094
三、溶液离子活度（或浓度）的测量 / 094
任务五　电位滴定法的应用 / 096
一、电位滴定法原理 / 096
二、电位滴定法测量及终点的确定 / 097
实验 2-1　直接电位法测水溶液 pH 值 / 100
实验 2-2　药品 pH 的直接测定 / 102
练习题 / 104

模块三　色谱分析 / 107

信息导读 / 108

一、色谱法概述 / 108
二、色谱法基本术语 / 110
三、色谱分析基本原理 / 113
四、分离度 / 116
五、基本色谱分离方程 / 117
六、色谱法定性和定量分析 / 118

项目一　微量组分的气相色谱法测定 / 121

任务一　了解气相色谱仪的基本结构 / 122
一、载气系统 / 123
二、进样系统 / 123
三、分离系统 / 124
四、检测系统 / 124
五、温度控制系统 / 124
六、记录系统 / 125
任务二　认识气相色谱的固定相和流动相 / 125
一、气相色谱的固定相 / 125
二、气相色谱法的流动相 / 127
任务三　认识气相色谱检测器 / 128
一、检测器的分类 / 128
二、检测器的性能指标 / 131
任务四　分离操作条件的选择 / 132

一、载气及其流速的选择 / 132
二、柱温及汽化温度的选择 / 133
三、柱长和内径的选择 / 133
四、进样时间和进样量的选择 / 134
任务五　气相色谱法的应用 / 134
一、气相色谱法在石油工业中的应用 / 134
二、气相色谱法在食品分析中的应用 / 134
三、气相色谱法在化妆品中的应用 / 134
实验 3-1　气相色谱分离条件优化 / 135
实验 3-2　气相色谱法分离丁醇异构体及其含量测定 / 137
练习题 / 139

项目二　微量组分的高效液相色谱分析法测定 / 140

任务一　高效液相色谱法概述 / 140
一、高效液相色谱法特点 / 141
二、高效液相色谱法与经典液相色谱法的比较 / 141
任务二　高效液相色谱仪的结构分析 / 141
一、高压输液系统 / 142
二、进样系统 / 143
三、分离系统——色谱柱 / 144
四、检测系统 / 145
五、数据处理系统 / 146
任务三　液相色谱操作条件的选择 / 146
一、流动相的选择 / 146
二、色谱柱的选择、使用及保存 / 147
任务四　熟悉高效液相色谱法的主要类型 / 148
一、液-液分配色谱法 / 148
二、液-固吸附色谱法 / 148
三、键合相色谱法 / 149
四、离子交换色谱法 / 149
五、凝胶色谱法 / 149
任务五　高效液相色谱法的应用 / 149
一、定性分析 / 150
二、定量分析 / 150
实验 3-3　高效液相色谱仪操作训练 / 151
实验 3-4　高效液相色谱法测定甲硝唑片的含量 / 152
练习题 / 154

项目三　微量组分的离子色谱分析法测定 / 156

任务一　离子色谱法概述 / 157
一、概述 / 157
二、离子色谱的特点 / 157
三、离子色谱法适用范围 / 158
任务二　离子色谱法分类 / 158
一、高效离子交换色谱 / 158
二、高效离子排斥色谱法 / 160
三、离子对色谱法 / 160
任务三　熟悉离子色谱仪的结构及使用 / 161
一、离子色谱仪的结构组成 / 161
二、离子交换色谱的基本流程 / 164
三、离子色谱仪的使用方法 / 165
任务四　离子色谱法分析条件选择 / 165
一、固定相的选择 / 165
二、淋洗液的选择 / 165
三、抑制器工作模式的选择 / 166
任务五　离子色谱法的应用 / 166
一、无机阴离子的检测 / 166
二、无机阳离子的检测 / 166
三、有机阴离子和阳离子的分析 / 166
实验 3-5　离子色谱法测定水中的阴离子 / 167
实验 3-6　离子色谱法测定水中的阳离子 / 168
练习题 / 170

项目四　微量组分质谱分析法及质谱联用测定 / 171

任务一　学习质谱分析法知识 / 172
一、概述 / 172
二、质谱仪分类 / 172
任务二　学习质谱分析基本原理 / 173
一、质谱法基本原理 / 173
二、质谱的表示方法 / 173
任务三　熟悉质谱仪的结构及使用 / 174
一、质谱仪的结构 / 174
二、质谱仪的使用 / 176
三、质谱图解析 / 178
任务四　质谱分析法的条件选择 / 180
一、GC-MS 分析条件的选择 / 180
二、LC-MS 分析条件的选择 / 180

任务五　质谱及质谱联用技术的应用 / 181
一、质谱法的应用 / 181
二、质谱联用技术的应用 / 181
练习题 / 183

综合实验 / 184

实验一　阿司匹林中乙酰水杨酸含量的测定 / 185
实验二　红外光谱法测定阿司匹林、苯甲酸乙酯、布洛芬和确定未知物 / 185
实验三　原子吸收光谱法测定黄酒中铜、镉的含量（标准加入法） / 187
实验四　电位法测定含氟牙膏中氟离子的含量（标准曲线法） / 190
实验五　气相色谱法测定混合物中环己烷含量 / 191
实验六　高效液相色谱法测定果汁饮料中合成色素含量 / 193

附录 / 196
附录一　常见官能团红外吸收特征频率表 / 196
附录二　中红外区基团吸收频率表 / 203
附录三　标准电极电势 / 205

参考文献 / 213

绪 论

分析化学包含化学分析和仪器分析两部分，仪器分析是借助仪器设备测定物质的物理性质、物理化学性质的参数或参数变化进行定量或定性分析的方法或手段。化学分析是以物质化学反应为基础进行分析的一种分析方法。化学分析与仪器分析是相辅相成的，互相取长补短，完成物质的定性或定量分析。

一、仪器分析方法的分类

根据不同物质所表现出来的光学、电化学等物理、物理化学性质，将仪器分析方法分为以下几类。

1. 光学分析法

光学分析法是一种以物质与光（电磁辐射）之间的相互作用，如吸收、发射、衍射等为基础而建立起来的一类分析方法，仪器测量信号为光信号。光学分析法主要包括紫外-可见分光光度法、红外吸收光谱法、原子吸收光谱法、原子发射光谱法、核磁共振波谱法等。

2. 电化学分析法

电化学分析法是应用电化学的基本原理和实验技术，以物质的电化学性质为基础建立起来的分析方法，仪器测量信号为电信号。主要包括电位分析法、库仑分析法、伏安分析法、电导法等。

3. 色谱分析法

色谱分析法是基于不同物质在互不相溶两相中吸附、分配等亲和作用的差异，通过两相相对运动实现分离的分析方法，主要包括气相色谱法和液相色谱法。

结合实际使用情况，本书主要介绍常用仪器分析方法，包括光学分析法中的紫外-可见分光光度法、红外吸收光谱法、原子吸收光谱法；电化学分析法中的电位分析法；色谱分析法中的气相色谱法和高效液相色谱法。本书主要介绍离子色谱法和质谱法。

二、仪器分析方法的特点

仪器分析方法主要特点体现在以下几方面。

(1) 测定灵敏度高，检出限低　仪器分析的检出限通常为 10^{-6}、10^{-9} 甚至达到 10^{-12} 级，适合于微量或痕量组分的分析。

(2) 选择性高　很多仪器分析方法可通过选择或调整测定条件，避免共存组分的干扰，或实现多组分的连续分析。

(3) 样品用量少　测定时只需要毫升或毫克级样品量。还可实现无损分析，如用 X 射线荧光分析法可实现无损分析，对考古、文物分析意义重大。

(4) 应用范围广 能满足各种分析需求。如定性分析、定量分析、结构分析、价态分析等。

(5) 容易实现自动化 大部分分析仪器都是将被测组分的量的变化或性能变化转变为电信号，所以仪器分析法极易实现自动化。

三、仪器分析方法的发展趋势

随着社会的发展，仪器分析被广泛应用的同时，提出了新的需求，如高灵敏度、高选择性、自动化等。

1. 仪器联用技术

随着科学技术的发展，被分析样品的复杂性、分析难度、响应速度等对仪器分析有了更高的要求。仅用一种仪器往往不能满足复杂样品的分析需求。因此各类仪器的联用，实现了仪器功能的拓展，能够高效发挥每种仪器的优点，可迅速、自动、简便地完成复杂分析任务。如气相色谱、高效液相色谱等与质谱、核磁共振、红外光谱仪的联用。

2. 在线分析

目前的分析仪器大多为离线分析，即分析所得数据为静态数据，不能反映现场的动态情况。为了能将现场的动态变化情况及时、准确地进行分析反映，就需要在现有仪器分析方法基础上开发出实时、在线、高灵敏度、高选择性的在线分析技术。

3. 仪器微型化

分析仪器的微型化、高通量也将是仪器分析的发展趋势。其中用于生命科学的分析仪器微型化已得到迅速发展。Axsum Technologies 公司开发的完全集成化的小型近红外外观电位光谱仪，体积大小不足一副扑克牌，代表了近红外光谱仪的技术突破。

模块一

光学分析

信息导读

光学分析法是一类借助分析仪器，基于物质发射的光或物质与光相互作用后产生的光信号或发生的信号变化来测定物质的性质、含量和结构的仪器分析方法。光学分析法具有准确度高、分析速度快、效率高等特点。

一、光的基本性质

19 世纪，光就被证实了是一种电磁辐射。电磁辐射的波长范围分布很宽，其中我们熟悉的可见光是电磁辐射中肉眼可见部分，除此之外还有肉眼看不到的光，包括红外光、紫外光、γ 射线、X 射线等。

光的基本性质

关于光的本质的研究，已有很长的历史。牛顿认为光是粒子，惠更斯认为光是一种波动。经过数名科学家长时间的研究发现，光在传播过程中波动性表现得比较显著，当光与其他物质相互作用时微粒性表现得比较显著，所以光既具有波动性，又具有粒子性，即光具有波粒二象性。描述光波动性的基本参数有：

波长（λ）：相邻两个波峰或波谷间的距离，常用单位为 nm。

波数（σ）：每厘米内波的振动次数。

频率（ν）：每秒钟内振动的次数，常用单位为 Hz。

$$\nu=\frac{1}{T}=\frac{c}{\lambda} \tag{1-1}$$

$$\sigma=\frac{1}{\lambda}=\frac{\nu}{c} \tag{1-2}$$

式中，c 为真空中光速，其值为 2.998×10^{10} cm/s。

根据量子力学理论，光的粒子性体现在光的能量不是均匀连续分布在它传播的空间，而是集中在光子的微粒上，可以用每个光子所具有的能量（E）来表征，单位为 eV 或 J，$1\text{eV}=1.60\times10^{-19}$J。光子的能量（$E$）与光波的频率（$\nu$）的关系为：

$$E=h\nu=h\frac{c}{\lambda} \tag{1-3}$$

式中，h 为普朗克常数，$h=6.62607015\times10^{-34}$ J·s。该式表明，光的能量正比于其频率，反比于光的波长，与光的强度无关。各种电磁辐射按波长或频率的大小顺序排列即得到了电磁波谱，表 1-1 是按照波长从小到大的顺序排列的电磁波谱，表中介绍了常见电磁辐射及其特征参数。

表 1-1 电磁波谱分区

波谱区名称	波长范围	波数/cm^{-1}	频率范围/MHz	光子能量/eV
γ射线	5～140 pm	2×10^{10}～7×10^{7}	6×10^{14}～2×10^{12}	2.5×10^{6}～8.3×10^{3}
X射线	10^{-3}～10nm	10^{10}～10^{6}	3×10^{14}～3×10^{10}	1.2×10^{6}～1.2×10^{2}
远紫外光	10～200nm	10^{6}～5×10^{4}	3×10^{10}～1.5×10^{9}	125～6
近紫外光	200～400nm	5×10^{4}～2.5×10^{4}	1.5×10^{9}～7.5×10^{8}	6～3.1
可见光	400～760nm	2.5×10^{4}～1.3×10^{4}	7.5×10^{8}～4×10^{8}	3.1～1.7
近红外光	0.76～2.5μm	1.3×10^{4}～4×10^{3}	4×10^{8}～1.2×10^{8}	1.7～0.5
中红外光	2.5～50μm	4×10^{3}～2×10^{2}	1.2×10^{8}～6×10^{6}	0.5～0.02
远红外光	50～10^{3}μm	2×10^{2}～10	6×10^{6}～10^{5}	2×10^{-2}～4×10^{-4}
微波	0.1～10^{2}cm	10～0.01	10^{5}～10^{2}	4×10^{-4}～4×10^{-7}
射频	1～10^{3}m	10^{-2}～10^{-5}	10^{2}～0.1	4×10^{-7}～4×10^{-10}

拓展阅读

“紫外灾”曾引起了物理学理论革命，造就这场革命的勇士就是马克斯·普朗克。1900年12月14日，普朗克向德国物理学会宣读了一篇题为《关于正常光谱的能量分布定律的理论》的论文，报告了他这个大胆的假说：物体在发射辐射和吸收辐射时，能量不是连续变化而是以一定数量值的整数倍数跳跃式地变化的。也就是说，在辐射的发射或吸收过程中，能量不是无限可分的，而是有一最小的单元，这个不可分的能量单元，普朗克称它为“能量子”或“量子”，此处为辐射的频率，叫作“作用量子”，它的数值是一个普适常数，后人称之为“普朗克常数”，这就是量子论的诞生。但是在当时这不仅是对古典物理理论的挑战，也是违背常识的。当时人们不承认他理论性的量子假说，直到1914年左右，量子论已经向前大大发展，这个理论才逐渐为全世界物理学家所公认。普朗克的故事告诉我们只要是对的就要坚持，只要是对的就要勇敢地标新立异。我们作为新时代的大学生，要学习普朗克的科学精神，具备坚持真理的勇气，大胆说、大胆干。

二、光与颜色关系

1. 单色光与复合光

具有单一波长（频率）的光，称为单色光。由两种或两种以上波长（频率）的光组合而成的光，称为复合光。当一束白光（如太阳光）通过棱镜时能色散出红、橙、黄、绿、青、蓝、紫等各种颜色的光，大量事实证明，白光是一种复合光。若将两种单色光按一定强度比例混合，可得到白光，那么这两种单色光则被称为互补色光，表1-2中罗列了不同波长范围内部分可见光的颜色以及其对应的互补色光的波长及颜色。

表 1-2 不同波长范围内部分可见光的颜色及其对应的互补色光的波长及颜色

项目	1		2		3		4	
可见光颜色及其波长/nm	紫	400～450	蓝	450～458	绿蓝	480～490	蓝绿	490～500
互补色光及其波长/nm	黄绿	560～580	黄	580～610	橙	610～650	红	650～760

2. 物质对光的选择性吸收

当光照射到某物质或某溶液时，光的能量被物质分子吸收，使分子中的价电子受到激发从最低能级（基态）跃迁到较高能级（激发态）。分子中的电子总是处在某一种运动状态中，每一种状态都具有一定的能量，具有一定的能级，由于能级是不连续的，只有光子的能量与被照射物质分子的两个能级差值相等时，才能被吸收。不同物质的基态与激发态的能量差不同，选择吸收光子的能量也不同，即不同物质吸收光的波长不同，这种特定分子只能选择性吸收特定波长光的现象称为物质对光的选择性吸收。

3. 物质的颜色

因为物质对光的选择性吸收，使物质具有不同的颜色。当一束复合光照射到物质时，一部分光被吸收，一部分光被透过，物质呈现出透过光的颜色，即吸收光的互补色光的颜色，表 1-2 中罗列了各组互补色光颜色。以三氯化铁溶液为例，当一束白光照射到三氯化铁溶液时，三氯化铁溶液吸收了白光这组复合光中的蓝色光，透过了蓝光的互补色光黄光，所以三氯化铁溶液的颜色为黄色。

三、光学分析法的类型

光学分析法根据不同能量光与物质之间相互作用的机理不同可分为光谱法和非光谱法两大类。非光谱法是指物质与光之间相互作用时，不涉及物质内部粒子的能级跃迁，不以光的波长为特征信号，只测量光的反射、折射、干涉、衍射和偏振等基本性质变化的分析方法，主要包括折射法、旋光法、浊度法、X 射线衍射法等。光谱法是指物质与光之间相互作用时，物质内部粒子因吸收或发射光能而发生能级跃迁，通过测量物质吸收、发射光的波长、强度等信号进行分析的方法，本书主要介绍光谱法。

1. 原子光谱法与分子光谱法

光谱法根据与光相互作用的物质粒子不同，分为原子光谱法和分子光谱法。

(1) 原子光谱法 原子光谱法是以测量气态原子、离子外层或内层电子能级跃迁所产生的原子光谱为基础的分析方法。气态物质粒子发生跃迁后，产生一条条彼此独立的谱线，形成线状光谱，每条光谱对应特定的波长。这种线状光谱只反映物质粒子的性质，与物质粒子来源的分子状态无关。因此，原子光谱只能确定试样物质的元素组成及含量，不能给出来源分子的结构信息。主要分析方法包括原子发射光谱法、原子吸收光谱法、原子荧光光谱法等。

(2) 分子光谱法 分子光谱法是以测量分子吸收光能后发生电子能级、振动能级、转动能级变化为基础的定性、定量分析方法，表现形式为带状光谱。

化合物分子的能级包括电子运动的电子能级、组成分子各原子间的振动能级以及分子作为整体的转动能级。当化合物分子吸收光能后，分子的三种能级就会由低能级跃迁到较高能级，吸收光的能量与两种能级间的能量差相等，其中电子能级的能量差 ΔE_e 最大，为 1～20eV，对应光的波长为 1250～60nm，相当于紫外-可见光区的能量，振动能级之间的能量差 ΔE_v 为 0.05～1eV，对应光的波长为 250～25μm，相当于红外光谱区间的能量，转动能级间的能量差 ΔE_J 最小，为 0.005～0.05eV，对应光的波长为 250～2500μm，相当于远红外区甚至微波区的能量。

化合物分子吸收光能后，发生相应能级变化时，情况较为复杂，比如，每一个电子能级的变化可能包含几个相应振动能级的变化，一个振动能级变化又可能包含几个转动能级的变化，而每一种能级之间的能量差又很小，产生的吸收谱线不易分辨，因此分子光谱表现为基本连续的带光谱。属于这类分析方法的有紫外-可见分光光度法、红外光谱法、分子荧光光谱法和分子磷光光谱法等。

2. 吸收光谱法与发射光谱法

根据物质与光相互作用的性质，光谱分析法可分为吸收光谱法和发射光谱法。

(1) 吸收光谱法 当物质所吸收的光能恰好满足该物质的两个能级间跃迁所需的能量时，物质就会吸收相应光产生吸收光谱，通过测量物质对辐射吸收的波长和强度进行定性、定量分析的方法叫作吸收光谱法。吸收光谱法包括原子吸收光谱法和分子吸收光谱法。

(2) 发射光谱法 构成物质的原子、离子或分子受到光能、热能、电能或化学能的激发，吸收能量，由基态跃迁到激发态后极其不稳定，会由激发态回落到基态，在回落的过程中会以发光的方式释放能量，从而产生光谱。物质的发射光谱有线状光谱、带状光谱和连续光谱三类。气态或高温下的物质离解为原子或离子时被激发而发射的光谱为线状光谱，分子被激发而发射的光谱为带状光谱，炽热固体或液体发射的光谱为连续光谱。

通过测量物质发射光谱的波长和强度进行定性、定量分析的方法即为发射光谱法，常见的发射光谱法包括原子发射光谱法、原子荧光光谱法和磷光光谱法。

四、光学分析法的应用

光学分析法是仪器分析中种类最多的一大类分析方法，其已成为生产和科学研究不可缺少的重要手段，应用范围十分广泛。光学分析法的应用主要包括以下几个方面：

1. 成分分析

可用于各种元素的定性、定量分析，可以鉴定物质由哪些元素、原子团或化合物组成，或者测定物质中有关成分的含量。而且常常可以进行多个元素甚至数十个元素的同时测定，适用于各类化合物的定性、定量分析。

2. 化学、物理化学参数测定

可用于化学反应平衡常数、配合物的配合比、氧化还原反应的电子转移数、电离电位、化学键性质及键力常数等的测定。

3. 化学反应机理研究

可用于化学反应过程、反应速率、反应机理的研究，甚至可以利用反应速率来进行定量分析。例如，紫外-可见分光光度法可用于研究催化反应的速率，用时间扫描的方式，根据反应速率可以计算催化剂的含量等。

4. 分子结构的测定

可用于确定有机化合物分子的构型和构象，通过光学分析法与质谱及其他分析方法所得数据的综合分析，可以推断未知化合物分子的结构式。根据紫外光谱可以判断生色团的类型；从红外光谱吸收峰的位置和强度，可以推断化合物中可能存在的基团，以及各基团之间的相互关系。

除此之外，光学分析还适用于遥感分析和特征分析，本教材将讨论光学分析法中几种重要而又常见的光谱分析方法，包括紫外-可见分光光度法、原子吸收光谱法、红外光谱法。

项目一

吸收紫外-可见光分子物质的测定

知识目标：

1. 了解紫外-可见分光度计的结构和类型；
2. 理解朗伯-比尔定律的定义及其应用条件；
3. 掌握紫外-可见分光光度法的条件选择。

能力目标：

1. 能够操作紫外-可见分光光度计；
2. 能够借助紫外-可见分光光度法完成定性、定量分析。

素质目标：

1. 通过紫外-可见分光光度计的操作训练，培养学生实践操作能力；
2. 通过标准曲线的绘制过程，培养学生精益求精、一丝不苟的职业精神。

任务一　学习紫外-可见分光光度法的理论基础

一、朗伯-比尔定律

1. 吸光度和透光率

当一束光强为 I_0 的平行单色光通过含有均匀的吸光物质溶液（或气体、固体）时，光有三种路径，一部分光被溶液吸收，一部分光透过溶液，一部分光被吸收池表面反射。假设透射光强度为 I_t，吸收光强度为 I_a，反射光强度为 I_r，则它们之间的关系为：

$$I_0 = I_t + I_a + I_r \tag{1-4}$$

进行吸收光谱分析过程中，被测溶液和参比溶液分别放在完全相同的两个吸收池中，入射光完全相同，故可用参比池调节仪器的零吸收点，消除反射光强度 I_r 的影响，将上式简化为：

$$I_0 = I_t + I_a \tag{1-5}$$

透射光的强度 I_t 与入射光强度 I_a 之比称为透光率，用 T 表示：

$$T=\frac{I_t}{I_0} \tag{1-6}$$

物质对光的吸收特性

当 $T=1$ 时，溶液的透光率最大，此时溶液对光的吸收程度最小；当 $T=0$ 时，溶液透光率最小，此时入射光被溶液全部吸收。为了更直观地表示物质对光的吸收程度，常采用"吸光度 A"这一概念，其定义式为：

$$A=-\lg T=\lg\frac{1}{T}=\lg\frac{I_0}{I_t} \tag{1-7}$$

A 值越大，物质对光的吸收程度越大，A 值越小，物质对光的吸收程度越小。A 的取值范围为 0.00～∞，$A=0$，表示光全部透过，$A=\infty$，表示光全部被吸收。

2. 朗伯-比尔定律

朗伯和比尔分别于 1760 年和 1852 年研究了有色溶液的吸光度与溶液液层厚度 b 和浓度 c 的定量关系，研究得朗伯-比尔定律。该定律表述为：当一束平行的单色光通过均匀、无散射的含有吸光性物质的溶液时，在入射光的波长、强度及溶液的温度等条件不变的情况下，溶液的吸光度 A 与溶液的浓度 c 及液层厚度 b 的乘积成正比，即：

$$A=\kappa cb \tag{1-8}$$

式中　A——吸光度；

　　　κ——吸光系数；

　　　c——溶液浓度；

　　　b——液层厚度。

朗伯-比尔定律不仅适用于可见光，也适用于紫外光和红外光；不仅适用于均匀、无散射的溶液，也适用于均匀、无散射的固体和气体，它是各类分光光度法进行定量分析的理论依据。只要入射光是单色光、待测样品是均匀介质、待测物质之间不能发生相互作用，均可使用朗伯-比尔定律。

朗伯-比尔定律中吸光系数的物理意义是液层厚度为 1cm 的单位浓度溶液对一定波长光的吸光度。不同物质对同一波长的单色光有不同的吸光系数，同一物质对不同波长的单色光也有不同的吸光系数，所以吸光系数是对物质进行定性和定量分析的重要依据。

常用的吸光系数有两种表示方式：

① 摩尔吸光系数（ε）：是指在一定波长处，吸光物质的溶液浓度为 1mol/L，液层厚度为 1cm 时的吸光度，单位为 L/(mol·cm)。常用 ε 表示，此时朗伯-比尔定律的表达式为：

$$A=\varepsilon cb \tag{1-9}$$

式中　A——吸光度；

　　　ε——摩尔吸光系数，L/（mol·cm）；

　　　c——溶液的物质的量浓度，mol/L；

　　　b——液层的厚度，cm。

② 百分吸光系数（$E_{1cm}^{1\%}$）或比吸光系数：是指在一定波长处，吸光物质的溶液浓度为 1g/100mL，液层厚度为 1cm 时的吸光度。单位为 100mL/(g·cm)，但业内常常不写出单位，常用 $E_{1cm}^{1\%}$ 表示，此时朗伯-比尔定律的表达式为：

$$A=E_{1cm}^{1\%}b\rho_B \tag{1-10}$$

式中　A——吸光度；

$E_{1cm}^{1\%}$——百分吸光系数，100mL/(g·cm)；

b——液层的厚度，cm；

ρ_B——溶液的质量浓度，g/100mL。

从定义可以发现摩尔吸光系数（ε）和百分吸光系数（$E_{1cm}^{1\%}$）可以进行换算。需要指出吸光系数不能直接测得，需要通过测量已知准确浓度的稀溶液的吸光度，利用光的吸收定律计算得到。它的数值越大，表明溶液对入射光吸收程度越强，即吸光度越大，测定的灵敏度也就越高，一般 $\varepsilon>10^3$ 即可利用分光光度法进行测定。

3. 影响朗伯-比尔定律偏离的因素

根据朗伯-比尔定律 $A=\kappa cb$ 可知，当液层厚度 b 一定时，以吸光度 A 对溶液浓度 c 作图，理论应是一条过原点的直线。但在实际分析工作中，吸光度 A 与浓度 c 经常偏离线性关系，如图 1-1 所示。这种现象称为朗伯-比尔定律的偏离。导致偏离的因素主要有以下几方面：

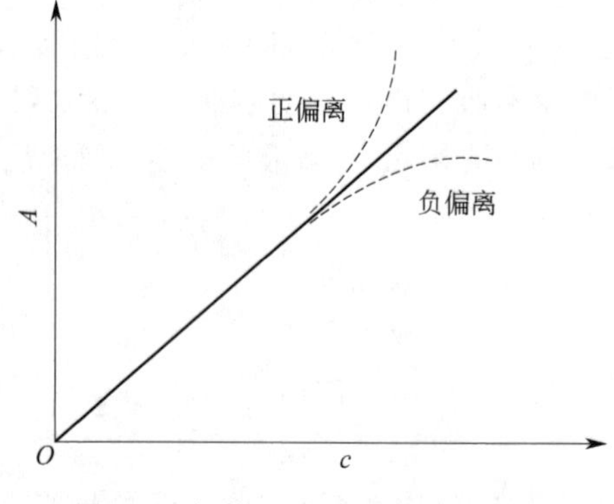

图 1-1　朗伯-比尔定律偏离示意图

（1）入射光的影响　前面已作说明，朗伯-比尔定律使用的前提是单色光。紫外-可见分光光度计中的单色器获得的单色光不是严格的单一波长的光束，是波长范围较窄的复合光，从而引起实际测量值与理论值之间的差异，使朗伯-比尔定律发生偏离。

（2）溶液内部不均匀导致的偏离　当待测样品溶液含有胶体、乳状液或悬浮物质时，入射光通过不均匀样品，有一部分光会因散射而损失，从而使透射光强度减少，造成“假吸收”，使测量吸光度比吸光物质的实际吸光度大，使朗伯-比尔定律发生正偏离。

（3）溶液内部相互作用导致的偏离　朗伯-比尔定律的使用前提是待测物质之间不能发生相互作用，这种相互作用包括静电作用、缔合作用和化学反应。因此，仅在稀溶液（浓度小于 0.01mol/L）情况下才适用。在高浓度时，由于吸光物质分子或离子间的平均距离缩小，改变了吸光物质对光的吸收能力，使朗伯-比尔定律发生偏离。

二、光的吸收曲线

通常用光的吸收曲线来描述任一物质对不同波长单色光的吸收程度。图 1-2 是 1,10-二氮杂菲在波长范围为 200～350nm 范围内，扫描间隔为 1nm 时的吸收曲线。该吸收曲线是将紫外-可见分光光度计调节在 200～350nm 范围内，每隔 1nm 测一个吸光度值，然后以波长（λ）为横坐标，以吸光度（A）为纵坐标，描点作图得到。

图中位置 1，2，3 均叫作吸收峰，其中吸收峰 3 是这个区间范围内区别于其他吸收峰，波峰最高的峰，叫作最大吸收峰，此时的 $A_{max}=0.966$，对应的波长 $\lambda_{max}=228$nm 为最大吸收波长。位置 2 叫肩峰，位于吸收峰旁边的峰，对应波长 $\lambda_{sh}=264$nm。位置 4 叫作波谷，对应波长 $\lambda_{min}=240$nm。（相关数据见表 1-3）。

通常可以根据光吸收曲线的形状和最大吸收峰，最大吸收波长的位置，对物质进行初步的定性分析。

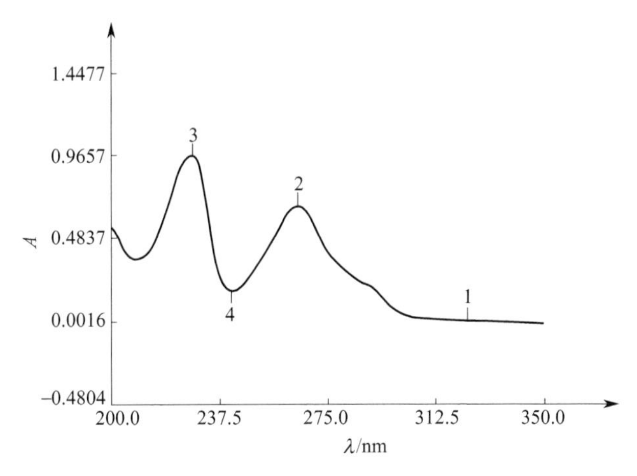

图 1-2　1,10-二氮杂菲吸收曲线

表 1-3　1,10-二氮杂菲数据列表

序号	波长/nm	吸光度	透光率/%
1	323.0	0.017	96.21
2	264.0	0.674	21.17
3	228.0	0.966	10.82

三、吸收光谱与结构的关系

紫外-可见分光光度法的应用范围非常广泛，但其实并不是所有的化合物都可以吸收紫外-可见光而用该法进行测定，如链霉素和司可巴比妥等。那么何种结构的物质能吸收紫外-可见光呢？产生紫外可见吸收的前提是：入射光的能量恰好等于物质的电子能级差。因此必须要了解能级与分子结构之间的关系。

1. 化合物的分子能级

化合物分子的总能量 E 为分子内能 $E_{内}$、平动能 $E_{平}$、外层价电子跃迁能 $E_{电子}$、振动能 $E_{振}$、转动能 $E_{转}$之和，即：

$$E=E_{内}+E_{平}+E_{电子}+E_{振}+E_{转} \tag{1-11}$$

$E_{内}$为分子固有内能，$E_{平}$连续变化，不具有量子化特征，$E_{内}$ 和 $E_{平}$ 的改变不产生光谱。因此，分子吸收光能之后，产生的能量变化 ΔE 是价电子跃迁能、振动能和转动能之和，即：

$$\Delta E=E_{电子}+E_{振}+E_{转} \tag{1-12}$$

价电子跃迁能、转动能和振动能的能量范围分别为：$E_{电子}=1\sim20\text{eV}$，$E_{转}<0.05\text{eV}$，$E_{振}=0.05\sim1\text{eV}$。电子外层价电子跃迁所需能量最大，能级跃迁吸收的光为紫外光和可见光；振动能级跃迁所需能量次之，对应的光处于近红外区和中红外区；转动能级跃迁所需能量最小，对应的光处于远红外区和微波区。

当分子吸收能量发生电子能级跃迁时，同时会伴有振动能级与转动能级的跃迁。电子从基态跃迁到第一激发态时对光的吸收产生一个吸收峰，电子从基态跃迁到第二电子激发态时对光的吸收会产生另一个吸收峰。因电子可有若干个激发态，所以紫外吸收光谱一般包含若干个谱带。每一个谱带又包含若干个小谱带，相当于不同的振动能级跃迁。同时小谱带内又包含若干光谱线，每一条线相当于转动能级的跃迁。但是这样精细的紫外光谱一般很难看到，观察到的是谱线和小谱带合并成的较宽的谱带，所以观察到的紫外-可见吸收光谱是一种带状光谱。

2. 电子能级跃迁类型

根据分子轨道理论，有机化合物分子中主要有三种价电子，分别为形成单键的 σ 电子、形成双键或三键的 π 电子、未成键的 n 电子。处在不同轨道的价电子具有不同的能量，处于低能级的电子在吸收一定能量后可以跃迁到较高能级。有机化合物分子中价电子的跃迁有 $\sigma\rightarrow\sigma^*$、$\pi\rightarrow\pi^*$、$n\rightarrow\sigma^*$、$n\rightarrow\pi^*$ 四种类型。如图 1-3 所示。

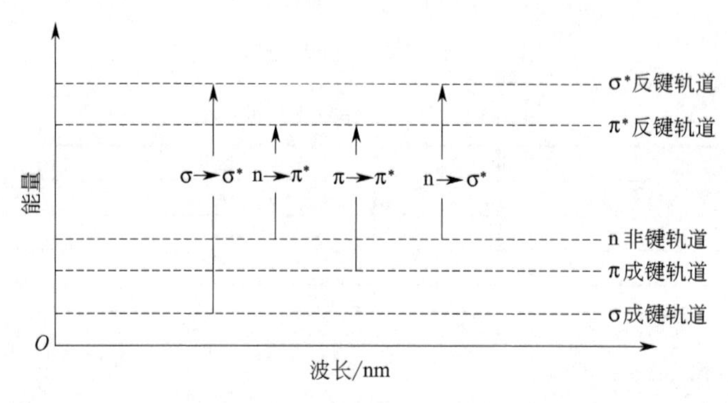

图 1-3　不同类型电子跃迁能级图

(1) $\sigma\rightarrow\sigma^*$ 跃迁　处于成键轨道的 σ 电子吸收光能后跃迁到 σ^* 反键轨道，称为 $\sigma\rightarrow\sigma^*$ 跃迁。饱和烷烃的—C—C—键即属于 $\sigma\rightarrow\sigma^*$ 跃迁。由图 1-3 可看出，$\sigma\rightarrow\sigma^*$ 跃迁所需能量比其他跃迁要大，跃迁所吸收光的波长最短，多处在小于 200nm 的真空紫外区，例如乙烷的最大吸收波长为 135nm。

(2) $n\rightarrow\sigma^*$ 跃迁　处于未成键轨道的 n 电子吸收光能后跃迁到 σ^* 反键轨道，称为 $n\rightarrow\sigma^*$ 跃迁。含有氧、氮、硫、卤素等杂原子的化合物可发生该类型跃迁。由图 1-3 可看出，$n\rightarrow\sigma^*$ 跃迁所需能量比 $\sigma\rightarrow\sigma^*$ 跃迁小，因此吸收光的波长更长一些，处于 200nm 附近区域。例如 CH_3OH 和 CH_3NH_2 的 $n\rightarrow\sigma^*$ 跃迁光谱分别 183nm 和 213nm。

(3) $\pi\rightarrow\pi^*$ 跃迁　处于成键轨道的 π 电子吸收光能后跃迁到 π^* 反键轨道，称为 $\pi\rightarrow\pi^*$ 跃迁。含有不饱和键的有机化合物可发生该类型跃迁，如烯烃、炔烃和苯环等。由图 1-3 可看出，$\pi\rightarrow\pi^*$ 跃迁所需能量比 $n\rightarrow\sigma^*$ 跃迁、$\sigma\rightarrow\sigma^*$ 跃迁要小，因此吸收光的波长较大，对应的谱带出现在近紫外光区。这类跃迁发生的概率很高，所以对应的谱带强度高，当分子结构中有强共轭效应时，ε_{max} 可达到 10^4 以上。

(4) $n\rightarrow\pi^*$ 跃迁　处于未成键轨道的 n 电子吸收光能后跃迁到 π^* 反键轨道，称为 $n\rightarrow\pi^*$ 跃迁，含有不饱和键和杂原子的有机化合物可发生该类型跃迁，如羰基、硝基、偶氮基等。由图 1-3 可看出，$n\rightarrow\pi^*$ 跃迁所需能量最小，因此吸收光的波长最长，一般处在近紫外光区和可见光区。

3. 可产生紫外-可见吸收光谱的有机化合物结构特征

可产生 $\pi\rightarrow\pi^*$ 和 $n\rightarrow\pi^*$ 跃迁的基团称为生色团。含有生色团的有机化合物结构特征为不饱和化合物，即结构中具有碳碳双键、碳氧双键等的不饱和有机物，可以采用紫外-可见分光光度法测定。共轭效应可致吸收光谱上的吸收峰发生明显的红移和增色效应。可产生 $n \rightarrow \sigma^*$ 跃迁的基团，如—OH、—OR、—NHR、—SH、—Cl、—Br、—I 等称为助色团。但助色团本身不能吸收大于 200nm 的光，仅仅当助色团与生色团相连时，才会使得生色团的吸收峰发生红移与增色效应。

任务二　熟悉紫外-可见分光光度计的结构及操作

紫外-可见分光光度法是利用分子吸收紫外-可见光所产生的吸收光谱进行定性、定量及结构分析的方法。该方法灵敏度较高，一般可达 $10^{-4} \sim 10^{-6}$g/mL，部分可达 10^{-7}g/mL；准确度较高，相对误差可达 0.05%～0.2%，在无机物、有机物的定性、定量分析中，在科研、制药、化工、环保、卫生、防疫等领域中具有重要应用。

一、紫外-可见分光光度计的结构

市面上可供选择的紫外-可见分光光度计厂家很多，型号也很多，但是紫外-可见分光光度计的组成大体相似，通常由光源、单色器、吸收池、检测器和信号显示系统 5 部分组成，如图 1-4 所示。

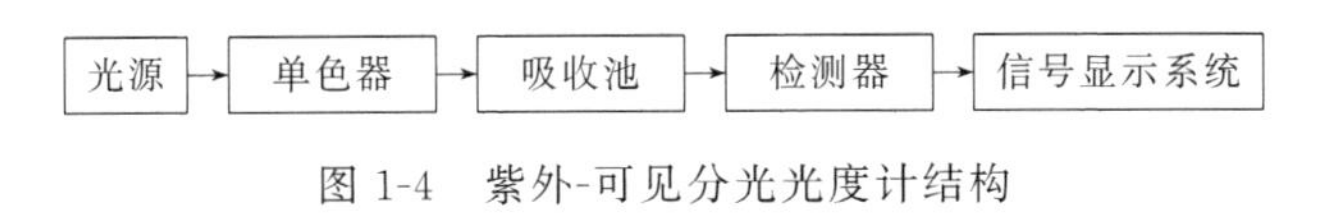

图 1-4　紫外-可见分光光度计结构

紫外-可见分光光度计的结构

1. 光源

光源的作用是在仪器操作的区域内，能发射连续的、具有足够强度的、稳定性好的光。

紫外光区波长范围为 200～400nm，一般选用氢灯或氘灯，氘灯比氢灯昂贵，但发光强度比氢灯高 2～3 倍，且使用寿命更长。可见光区波长范围为 400～760nm，一般选用钨灯或卤钨灯。钨灯和卤钨灯是以炽热金属钨丝发光的光源。由于钨灯的钨丝在高温下容易氧化，使其稳定性和寿命都受到影响，故一般采用性能更好的卤钨灯，卤钨灯的灯泡内含碘和溴的低压蒸气，可延长钨丝的寿命，且发光强度比钨灯高。

2. 单色器

单色器的作用是从光源发出的复合光中分出所需要的单色光，其性能直接影响单色光的纯度和强度，是仪器的核心部件。紫外-可见分光光度计的单色器通常由入射狭缝、准直镜、色散元件（棱镜或光栅）、聚焦镜和出射狭缝组成，最常用的色散元件棱镜和光栅是单色器的核心。

棱镜是利用不同波长的光在棱镜内折射率不同将复合光色散为单色光，常用的棱镜由玻璃或石英制成。可见光区范围常采用玻璃棱镜，其色散力强，价格低廉。由于玻璃吸收紫外光，所以紫外光区范围常用石英棱镜，石英棱镜在紫外光区有较好的分辨力，而且也适用于可见光区和近红外光区。棱镜单色器的特点是波长越短，色散程度越好，因此棱镜单色器的分光光度计，其波长刻度在紫外光区可达到0.2nm，而在长波段，只能达到5nm。

光栅是一系列等宽、等距离的平行狭缝，它是基于光的衍射与干涉作用而成。光栅分辨率比棱镜的分辨率高，可精确到0.2nm，可用波长范围比棱镜宽。所以，目前生产的紫外-可见分光光度计大多采用光栅作为色散元件，图1-5是以光栅为色散元件的单色器结构示意图。从单色器所获单色光的纯度还受到出射狭缝宽度的影响。狭缝越窄单色光纯度越高，但是光的能量会随狭缝宽度的减小而降低，因此要选择适宜的能够保证提供足够强度入射光的狭缝宽度，满足分析需求。

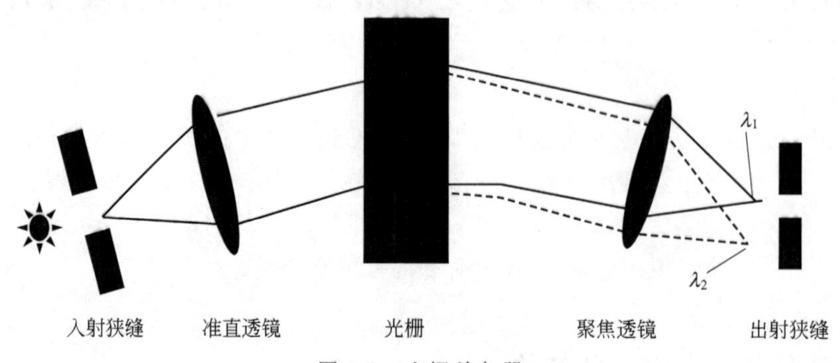

图1-5　光栅单色器

3. 吸收池

吸收池又称比色皿、比色池，是测定时用于盛放被测溶液的方形器皿，如图1-6所示。吸收池的两个对面是透光面，另外两个对面是便于拿取的毛面。吸收池的材质有玻璃（G）和石英（Q）两种，玻璃吸收池只能用于可见光区，石英吸收池在紫外、可见光区都可使用。吸收池尺寸有1cm、2cm、3cm等规格，1cm吸收池最常用。吸收池盛放溶液的量以不超过吸收池高度2/3处为宜，测定时须用擦镜纸沿一个方向将吸收池外壁擦拭干净后方可放入池架中，以免腐蚀池架。

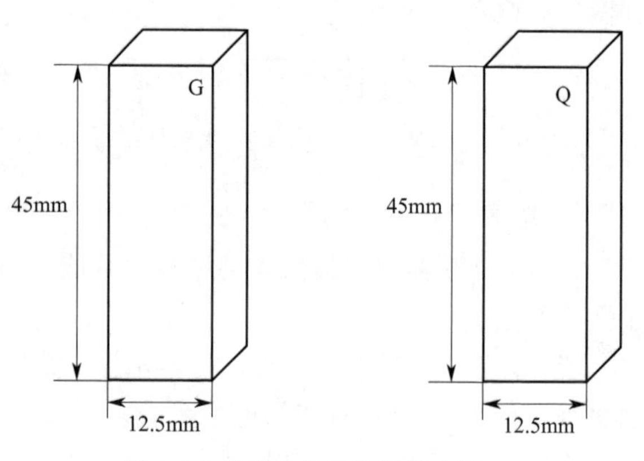

图1-6　玻璃比色皿和石英比色皿

4. 检测器

检测器的作用是测量入射光透过溶液后强度的变化，将光信号转换为电信号，因而检测器又称光电转换器。普通紫外-可见分光光度计采用光电管为检测器，光电管由一个半圆筒形阴极和一个金属丝阳极组成。阴极的弧形仪表面上涂有一层光敏材料，当光照射于光敏材料时，阴极就发射电子，给两电极上加一电压，电子便流向阳极，形成光电流。它具有灵敏度高、光敏范围广及不易疲劳等优点。中、高档紫外-可见分光光度计广泛采用光电倍增管为检测器。由于光电倍增管中有多个倍增极，适用波长范围为160～700nm，对微弱的光电流有很强的放大作用，因而较光电管更为灵敏。

5. 信号显示系统

信号显示系统的作用是放大信号并以适当的方式指示或记录下来，信号显示系统包括数字显示、电脑进行仪器自动控制和结果处理。现在使用的紫外-可见分光光度计通常都配有计算机操作系统和数据处理系统，电脑端可以很直观地显示标准曲线和分析结果，显示方式通常有透光率与吸光度可供选择，有的还可转换成浓度、吸收系数等。

二、常见紫外-可见分光光度计的种类

紫外-可见分光光度计的种类有很多，根据仪器结构可分为单光束紫外-可见分光光度计、双光束紫外-可见分光光度计和双波长紫外-可见分光光度计三种，其中单光束紫外-可见分光光度计和双光束紫外-可见分光光度计属于单波长紫外-可见分光光度计。

1. 单光束紫外-可见分光光度计

单光束紫外-可见分光光度计由一束单色光、一只比色皿、一只光电转换器和信号显示系统组成，如图 1-7 所示。一般适用于待测溶液随时间的延长没有明显变化的样品测定，单光束分光光度计的缺点是不能抵消因杂散光、光源波动、电子学的噪声等对测试结果的影响。随着国内技术的发展，先进的元器件在分光光度计领域的应用和光路设计、电路设计的合理化已经大大地降低了杂散光、光源波动、电子学噪声等的影响，所以国内部分高档单光束分光光度计已经可以部分忽略以上因素的影响。

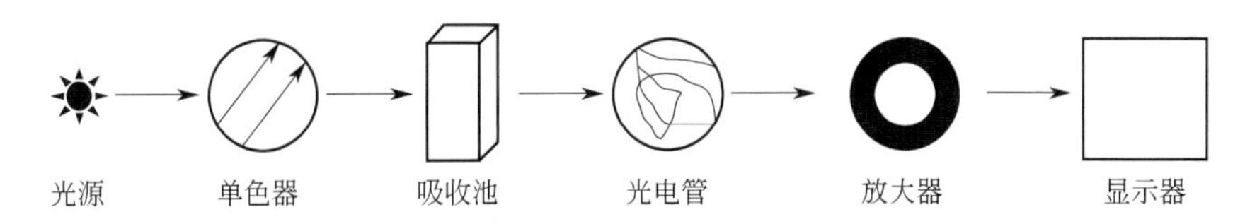

图 1-7　单光束紫外-可见分光光度计结构

2. 双光束紫外-可见分光光度计

双光束紫外-可见分光光度计结构如图 1-8 所示。从光源中发出的光经过单色器后被一个旋转的扇形反射镜（即切光器）分为强度相等的两束光，分别通过参比溶液和样品溶液。利用另一个与前一个切光器同步的切光器，使两束光在不同时间交替地照在同一个检测器上，通过一个同步信号发生器对来自两个光束的信号加以比较，并将两信号的比值经对数变换后转换为相应的吸光度值。

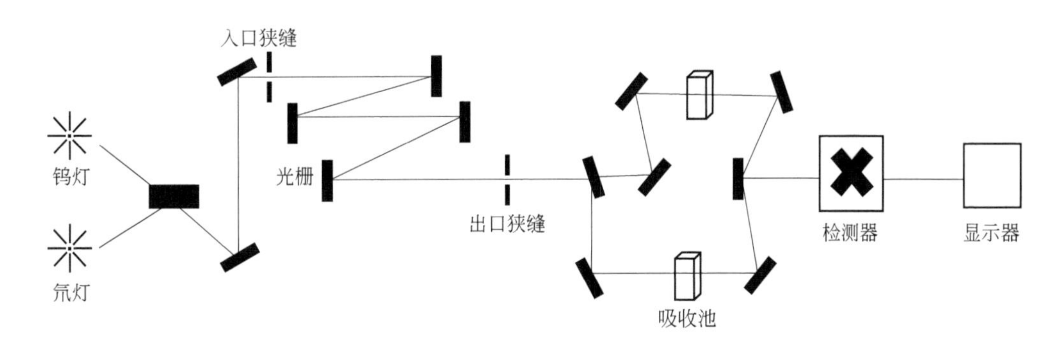

图 1-8　双光束紫外-可见分光光度计结构

这类仪器能连续改变波长，自动比较样品及参比溶液的透光强度，自动消除光源强度变

化所引起的误差。对于必须在较宽的波长范围内获得复杂的吸收光谱曲线的分析，此类仪器极为合适。

3. 双波长紫外-可见分光光度计

双波长紫外-可见分光光度计结构如图 1-9 所示。光源发出的光被分成两束，分别经两个可以自由转动的单色器，得到两束具有不同波长 λ_1 和 λ_2 的单色光。借助切光器，使两束光以一定的时间间隔交替照射到装有试液的吸收池，由检测器显示出试液在波长 λ_1 和 λ_2 的透光率差值 ΔT 或吸光度差值 ΔA，则 $\Delta A = A_{\lambda_1} - A_{\lambda_2} = (\varepsilon_{\lambda_1} - \varepsilon_{\lambda_2})bc$，由此可知，$\Delta A$ 与吸光物质浓度 c 成正比，这就是双波长紫外-可见分光光度计进行定量分析的理论依据。

其特点是，不用参比溶液，只用一个待测溶液，因此可以消除背景吸收的干扰，如待测溶液与参比溶液组成的差异、吸收池厚度差异的影响，提高了测量的准确度，特别适合混合物和混浊样品的定量分析。

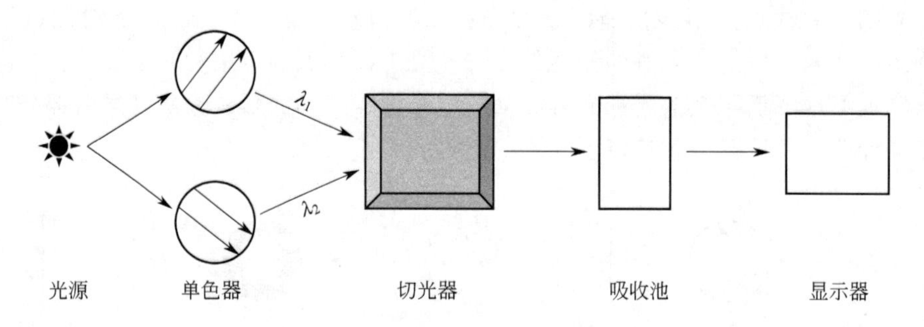

图 1-9　双波长紫外-可见分光光度计结构

三、紫外-可见分光光度计日常保养与维护

紫外-可见分光光度计日常保养与维护事项如下。

① 紫外-可见分光光度计应安装在室内，并经常使用吹气球吹除反射镜、透镜上的灰尘，经常清洁仪器密封窗、放射镜等光学元件，注意不能用手碰触光学元件，若有手指印记的，需要使用专业的擦净纸擦拭，污染严重的需要更换配套的元器件。

② 紫外-可见分光光度计仪器的电转换元件要避免受潮积尘或受到强光照射，也不可以长时间曝光。

③ 紫外-可见分光光度计需要定期更换干燥剂，避免单色器盒的色散元件受潮，影响仪器的基本使用。在仪器使用完毕后，使用防尘罩将仪器整体遮蔽，并放置防潮硅胶，避免仪器部分受潮发霉。

④ 为了延长仪器的使用寿命和减少频繁返厂维修，在使用仪器的过程中，应尽可能地减少开关仪器的次数，若发现光源亮度明显减弱或发现光源不稳定时，应及时更换新的光源元件。在仪器关闭后，不要立即重启仪器，需静待片刻再开启仪器。

⑤ 仪器的分光系统是紫外-可见分光光度计的核心光学部件，仪器对分光系统的清洁度、精准度的要求极高，非专业人员切忌将密封机罩随意打开；必须要打开的，则需要在专业操作人员，在特定的维修环境下操作，以避免分光系统受损。

⑥ 正确使用比色皿，对比色皿的光学面进行仔细的保护，若在吸收池上沾染有色物质，

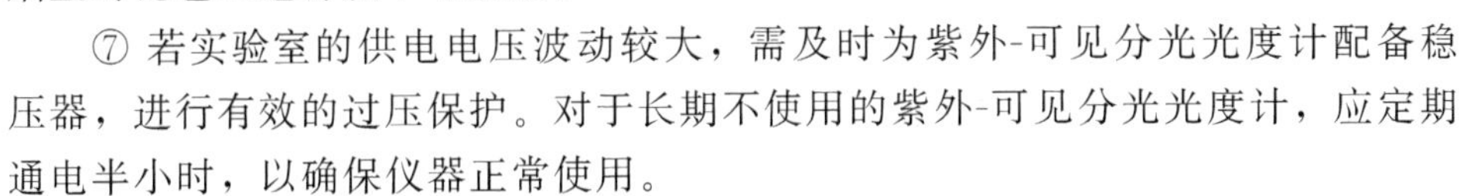

需要使用3mol/L的乙醇和3mol/L的氯化氢混合液进行浸泡洗涤，在高温及火焰上对比色皿进行烘干和加热。

美谱达UV1800紫外-可见分光光度计的操作

⑦ 若实验室的供电电压波动较大，需及时为紫外-可见分光光度计配备稳压器，进行有效的过压保护。对于长期不使用的紫外-可见分光光度计，应定期通电半小时，以确保仪器正常使用。

⑧ 应定期根据有关标准中的要求对仪器进行检定，校准，以确保可见分光光度计测量结果的可靠性和精准性。

任务三　紫外-可见分光光度法分析条件选择

在应用紫外-可见分光光度法进行分析工作时，为了有较高的灵敏度和准确度，必须对分析条件进行优化，选择最佳实验条件。紫外-可见分光光度法的分析条件选择主要包括仪器测量条件、参比溶液以及显色条件的选择。

一、仪器测量条件选择

1. 最大吸收波长

为了获得最高的分析灵敏度，定量分析中常将最大吸收峰对应的波长即最大吸收波长作为测量波长，通过光谱扫描可以获得最大吸收波长。但如果最大吸收波长吸收峰太尖锐或在最大吸收波长处存在其他吸光物质干扰时，则应根据“吸收最大，干扰最小”的原则选择测量波长。在满足分析灵敏度的前提下，选择次吸收强度吸收峰或肩峰处波长作为测量波长。

2. 吸光度的范围

测量时，通常选择吸光度的测量范围为0.2～0.8。试样浓度太低，吸光度太小，信号过小，光度噪声的影响较大，当光度噪声大到一定程度、吸光度小到一定程度时，吸光度就不再与样品浓度成正比，分析误差增大。试样浓度太浓，吸光度太大，因为杂散光的原因，使分析测试结果严重偏离比尔定律，同样会使分析误差增大。

二、参比溶液选择

参比溶液用来调节仪器的工作零点，以消除由于吸收池、溶剂和试剂对光的吸收、反射或散射所造成的误差。如果参比溶液选择得当，还可以消除某些共存物质的干扰，实际工作中应根据具体情况合理选择参比溶液。

1. 溶剂参比

适用于样品溶液组成较为简单，试样溶液、显色剂及所用的其他试剂在测定波长处均无吸收的情况，可采用溶剂作为参比溶液，用以消除溶剂、吸收池等因素的影响。

2. 试剂参比

适用于显色剂或其他试剂在测定波长处有吸收的情况，可按显色反应的条件，在溶剂中同样加入显色剂或其他试剂，制成试剂参比溶液，主要用以消除试剂中组分产生吸收的影响。

3. 样品参比

适用于样品中有较多的共存组分，加入的显色剂量不大，且显色剂在测定波长处无吸收的情况。当样品基体（除被测组分外的其他共存组分）在测定波长处有吸收，但干扰组分与显色剂不起显色反应时，可按与显色反应相同的条件处理样品，只是不加显色剂，制成样品参比溶液，主要用以消除基体中除被测组分外共存吸光组分的吸收影响。

4. 平行操作溶液参比

适用于显色剂、样品基体在测定波长处都有吸收的情况，可用不含被测组分的样品，在相同条件下与被测样品进行同样处理，由此得到平行操作参比溶液。

三、显色条件选择

1. 显色反应

紫外-可见分光光度法一般用来测定能吸收紫外光或可见光的物质，对于不能产生吸收的待测物质，可通过选用适当的试剂与被测物质发生定量反应，利用产物对光的吸收程度间接测定参与反应的被测物，这种将试样中待测组分转变成有色化合物的反应，称为显色反应。常见的显色反应主要有两类：氧化还原反应和配合反应。显色反应一般可用下式表示：

$$\underset{\text{待测组分}}{M} + \underset{\text{显色剂}}{R} \longrightarrow \underset{\text{有色化合物}}{MR}$$

与待测组分反应形成有色化合物的试剂称为显色剂，显色剂通常包括无机显色剂和有机显色剂两大类。一般对显色反应有如下要求：

① 显色剂灵敏度高，同时显色反应的计量关系明确。

② 有色化合物必须有较高的吸光能力［$\varepsilon=10^3\sim10^5\,L/(mol\cdot cm)$］和足够的稳定性。

③ 显色剂选择性好。显色剂只与待测组分发生显色反应，而与溶液中的共存组分不发生反应，干扰少，这样仪器测量的数据才有很好的准确度。

④ 显色反应产物稳定，组成恒定，不受空气、光等因素的影响。

选择合适的显色反应，是减小测量误差的重要保障，因此严格控制显色反应条件是十分重要的实验技术。

2. 显色剂的选择

可供显色反应选择的显色剂种类繁多，分类方法也很多，本书以用途分类，将显色剂分为三类，分别是通用显色剂、糖类显色剂和苯丙素类显色剂。下面举例说明，详情见表 1-4。

表 1-4 常见显色剂

序号	类型	举例	
		名称	用途
1	通用显色剂	硝酸银-高锰酸钾试剂	还原性的化合物
		碘-碘化钾溶液	普通有机化合物
		重铬酸钾-硫酸	一般有机物
2	糖类显色剂	茴香醛-硫酸	糖类化合物
		苯胺-邻苯二甲酸	
3	苯丙素类显色剂	稀氢氧化钠试剂	酚类化合物、香豆素等
		间硝基苯试剂	内酯、强心苷等

3. 显色反应条件

(1) 显色剂用量 为了使显色反应进行完全，应使显色剂适当过量。但显色剂用量过大会引起副反应，引起测量误差。由于没有明确的显色剂用量计算方法，所以在实际工作中，显色剂的用量通常通过实验来确定。实验方法采用单变量法，即其他条件均相同的情况下，仅改变显色剂用量，测定相应的吸光度，绘制吸光度与显色剂用量的曲线，通常曲线如图 1-10 所示。

图 1-10 中曲线的变化趋势是，随显色剂用量的增加，吸光度先增大然后达到一定数值后出现一段平坦区而不再增加，增加的过程中说明显色反应生成物不断增加，到达平坦区吸光度不再变化，说明生成物的量比较稳定了，所以在平坦区确定出显色剂的用量。

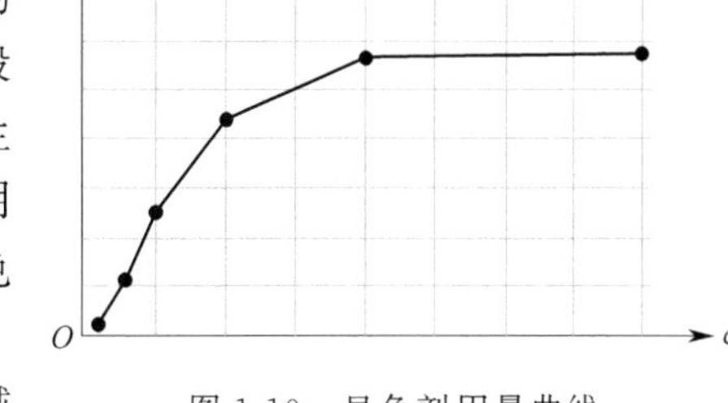

图 1-10 显色剂用量曲线

(2) 溶液的 pH 由于多数显色剂本身具有酸碱性，溶液的 pH 会影响显色反应化学平衡。显色反应的适宜 pH 范围可通过实验确定。测定某一固定浓度待测组分溶液吸光度随溶液 pH 的变化曲线，吸光度恒定（或变化较小）时所对应的 pH 即为显色反应的最适宜 pH。

(3) 显色反应的时间 由于不同的显色反应，其反应速度不同，溶液颜色及色调趋于稳定的时间也不同，且与温度有关。实践过程中可以通过实验确定反应时间。确定适宜显色时间的方法是配制一份显色溶液，从加入显色剂开始，每隔一定时间测一次吸光度，绘制吸光度-时间变化关系曲线，曲线平坦部分对应的时间即为最佳显色反应时长。

(4) 显色温度 在一般情况下，显色反应大多在室温下进行。但是，有些显色反应必须加热至一定温度才能完成，然而有些有色化合物在温度较高时容易分解。因此，对于不同的显色反应，最好也要通过实验，作出吸光度-温度关系曲线，找出合适的显色温度范围。

任务四 紫外-可见分光光度法的应用

一、定性分析

不同化合物的结构互不相同，其在紫外-可见光谱范围内的吸收光谱也不同，这是紫外-可见分光光度法定性分析的依据。因此，紫外-可见分光光度法可用于有机化合物的鉴别、结构推断、结构检查。但是，紫外-可见吸收光谱信息少，特征性不强，所以这种方法在定性分析方面有较大局限性。常见的定性分析方法有三种：

对比吸收光谱的特征数据：λ_{max}、λ_{min}、λ_{sh}、$E_{1cm}^{1\%}$、ε_{max} 相同。

对比吸光度或者吸光系数的比值：$\frac{A_1}{A_2}=\frac{\kappa_1}{\kappa_2}$。

对比吸收光谱的一致性，相同的测试条件下，对比标准品和待测品的光谱图。

紫外-可见光谱定性分析法

二、定量分析

紫外-可见分光光度法主要用于定量分析，本教材主要介绍单组分的定量分析法，常见的有三种，分别是标准曲线法、吸光系数法、标准对照法。

紫外-可见光谱定量分析法

1. 标准曲线法

紫外-可见分光光度法是基于朗伯-比尔定律，通过测定溶液对特定波长处光的吸光度进行定量分析。其定量分析方法最常用的是标准曲线法，方法如下：

① 配制一系列具有浓度梯度的标准溶液，在测定波长处分别测定各标准溶液的吸光度。

② 以标准溶液浓度（c）为横坐标，以吸光度（A）为纵坐标，绘制出通过原点的直线——标准曲线（标准曲线通常由工作站完成）。

③ 测量待测物质溶液的吸光度，从标准曲线上查找待测溶液吸光度对应的浓度或含量。

【例 1-1】 在 234nm 处，用 1cm 吸收池测定磺基水杨酸标准溶液的吸光度，得到以下结果：

水杨酸标准溶液浓度(μg/mL)	0.0000	2.0000	4.0000	8.0000	12.0000	16.0000	20.0000
吸光度 A	0.000	0.069	0.141	0.282	0.424	0.565	0.703

在相同实验条件下，测得磺基水杨酸试样溶液的吸光度为 0.250，那么待测物中磺基水杨酸的含量是多少?

解：绘制标准曲线：以吸光度 A 为纵坐标，水杨酸标准溶液浓度为横坐标作图。如图 1-11 所示。

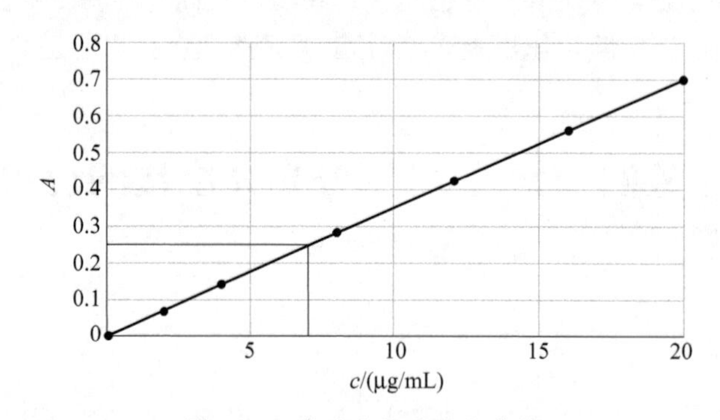

图 1-11 磺基水杨酸吸收曲线

从曲线上可查得吸光度为 0.250 时，对应浓度为 6.5600μg/mL，即磺基水杨酸试样溶液浓度为 6.5600μg/mL。

2. 吸光系数法

在测定条件下，若待测组分的吸光系数 κ、溶液厚度 b 已知，根据朗伯-比尔定律 $A=\kappa cb$ 可知，通过测定被测溶液的吸光度，可直接求出组分的浓度或百分含量。

$$c=\frac{A}{\varepsilon b} \text{或} c=\frac{A}{E_{1\text{cm}}^{1\%}b} \qquad (1\text{-}13)$$

【例 1-2】 已知维生素 B_{12} 在 361nm 处的百分吸光系数 $E_{1\text{cm}}^{1\%}$ 为 207，精密称取样品

25mg，加水稀释至1000mL，将配制好的维生素B_{12}水溶液盛于1cm吸收池中，在361nm处测得溶液的吸光度为0.516，求被测溶液的实际浓度及维生素B_{12}的质量分数。

解：根据朗伯-比尔定律$A=\kappa cb$，待测溶液中维生素B_{12}的质量浓度为：

$$c_{测}=\frac{A}{E_{1cm}^{1\%}b}=0.516/(207\times1)=0.00249=0.0249(mg/mL)$$

$$\omega=(0.0249\times1000)/25\times100\%=99.7\%$$

3. 标准对照法

标准对照法又称为比较法。用相同的方法对一定量的标准样品和未知样品进行处理、显色，制得测定使用的标准溶液和未知溶液。然后在相同的条件下分别测其吸光度。根据朗伯-比尔定律可得：

$$c_x=\frac{A_x}{A_s}c_s \tag{1-14}$$

式中，A_s为标准溶液吸光度；A_x为被测溶液吸光度；c_s为标准样浓度；c_x为未知样浓度。

【例1-3】有一标准Fe^{3+}离子溶液的浓度为6.0000μg/mL，其吸光度为0.304。有一液体试样，在同一条件下测得的吸光度为0.510，求试样溶液中铁的含量（μg/L）。

解：已知$A_s=0.304$，$A_x=0.510$，$c_s=6.0000\mu g/mL$，所以

$$c_x=\frac{A_x}{A_s}c_s=6.0000\times\frac{0.510}{0.304}=10.1000(\mu g/L)$$

实验1-1 紫外-可见分光光度计性能检测

【实验目的】

1. 了解仪器的结构、组成与工作原理。
2. 熟悉仪器的操作。
3. 掌握仪器的性能检查方法和含义。

【实验原理】

分光光度计性能的好坏，直接影响到测定结果准确程度。因此，要对仪器进行性能检查，以保证测定结果的准确性。

【仪器与试剂】

1. 仪器

紫外-可见分光光度计、比色皿、容量瓶、真空抽滤装置。

2. 试剂

0.1%高锰酸钾溶液、60mg/L的重铬酸钾溶液、蒸馏水。

【实验步骤】

1. 0.1%高锰酸钾溶液配制

① 用直接称量法，称取 1.00g $KMnO_4$。

② 将称好的高锰酸钾溶解于 1050mL 水中。

③ 将溶解好的高锰酸钾溶液盖上表面皿，加热至微沸，并保持微沸状态 20～30min。

④ 冷却后在暗处放置 7～10 天。

⑤ 用玻璃砂芯漏斗（或玻璃纤维）过滤除去 MnO_2 等杂质，保存至棕色瓶中。

⑥ 滤液贮于洁净的玻璃塞棕色瓶中，待用。

2. 比色皿透光率的检查

以空气的透光率为 100%，测量比色皿的透光率应不低于 84.0%。同时在 450.0nm 和 650nm 处分别测空比色皿的透光率，差应小于 5.0%。(注意 2 个比色皿都要检查)。

3. 比色皿配套性检查

将高锰酸钾溶液注入厚度相同的石英或玻璃比色皿中，以其中一个比色皿溶液作为参比，在 525nm 波长处测定另外一个比色皿的透光率或吸光度，透光率差值应小于 0.5%，吸光度值相差应小于 0.005。

4. 波长的精度检查

以 $KMnO_4$ 溶液的最大吸收波长 525nm 为标准，在待测仪器上测绘 $KMnO_4$ 溶液的吸收曲线，若测得的最大吸收波长在（525＋1)nm 以内，则仪器的波长精度符合使用要求。

5. 重复性检查

以蒸馏水的透光率为 100 %，用同一高锰酸钾溶液连续测定 7 次，求出极差（最大值与最小值之差)，如小于 0.5%，则符合要求。

6. 吸光度的准确性检查

取 60mg/L 的重铬酸钾溶液，在 350nm 处测定其吸光度，计算其吸光系数 $E_{1cm}^{1\%}$，与规定的吸光系数（106.6）比较，相对偏差应在 ±1.5% 以内。

【问题讨论】

1. 同种吸收池透光率的差异对测定有何影响?

2. 检查紫外-可见分光光度计的波长精度及重现性对测定有什么实际意义?

实验 1-2　1,10-二氮杂菲定性分析

【实验目的】

1. 掌握紫外-可见分光光度计的基本操作。

2. 掌握正确使用比色皿的要点。

【实验原理】

本实验为紫外-可见分光光度法的定性分析应用。给定1,10-二氮杂菲、磺基水杨酸、苯甲酸、山梨酸4种已知标准物，1种未知物（为4种标准物之一）。通过比较标准物和未知物的紫外吸收光谱中最大吸收峰和对应波长，对未知物进行定性。

【仪器与试剂】

1. 仪器

紫外-可见分光光度计、石英比色皿、100mL容量瓶等。

2. 药品

1,10-二氮杂菲、磺基水杨酸、苯甲酸、山梨酸。

3. 试剂

四种标准物质贮备溶液、未知液［四种标准物质溶液中的任何一种（3.5～4.5mg/mL）］。

【实验步骤】

1. 吸收池配套性检查

石英吸收池在220nm装蒸馏水，以一个吸收池为参比，调节T为100%，测定其余吸收池的透光率，其偏差小于0.5%，可配成一套使用，记录其余比色皿的吸光度值。

2. 未知物的定性分析

① 配制未知物溶液（原则是保证最大吸收峰处对应的吸光度值在0.2～0.8之间）。

② 以蒸馏水为参比，分别进行光谱扫描。

③ 对比标准溶液和未知物溶液的谱图，根据吸收曲线的形状、λ_{max}、λ_{min}、λ_{sh}、$E_{1cm}^{1\%}$、ε_{max}，确定物质种类。

【问题讨论】

1. 操作紫外-可见分光光度计的时候为什么需要校准暗电流？

2. 完成实验时应该选择什么清洗剂清洗比色皿？

实验1-3　总铁离子含量的测定

【实验目的】

1. 掌握紫外-可见分光光度计的定量分析操作。

2. 掌握数据记录单的填写要点。

3. 掌握标准曲线法测定未知物的方法。

【实验原理】

本实验利用1,10-二氮杂菲为显色剂，1,10-二氮杂菲与二价铁离子在pH很宽的范围内能形成稳定的橘红色配合物，这一方法的灵敏度较高，对 510nm 单色光，其摩尔吸光系数为 1.0×10^{4} L/（mol·cm）。使用这一方法时，若先加还原剂再加显色剂，所测结果是试样中总铁含量；若不加还原剂就显色，所测结果只是试样中二价铁离子的含量；两者相减就可得到三价铁离子的含量。本次实验测定溶液中的总铁含量。

【仪器与试剂】

1. 仪器

紫外-可见分光光度计、比色皿、容量瓶。

2. 药品

十二水合硫酸铁铵（摩尔质量＝482.25g/mol）、1,10-二氮杂菲（1g/L）、乙酸-乙酸钠缓冲溶液（20℃时 pH＝4.5）、抗坏血酸溶液（100g/L）、待测溶液（0～40μg/mL）。

【实验步骤】

1. 配制十二水合硫酸铁铵母液

按照国标 GB/T 601 配制 40.0000 μg/mL 的十二水合硫酸铁铵母液，控制 pH≈2。

2. 配制乙酸-乙酸钠缓冲溶液

取乙酸钠 18g，加冰乙酸 9.8mL，再加水稀释至 1000mL，即可得到 pH＝4.5 的乙酸-乙酸钠缓冲溶液。

3. 标准系列溶液配制

分别移取母液，0.00mL、1.00mL、2.00mL、4.00mL、6.00mL、8.00mL、10.00mL 于 7 个 100mL 容量瓶中，分别加 2mL 抗坏血酸溶液，摇匀后加 20mL 缓冲溶液和 10mL 1,10-二氮杂菲溶液，用水稀释至刻度，摇匀，静置不少于 15min。

4. 绘制标准曲线

在 510nm 波长处分别测定系列标准溶液吸光度，借助工作站绘制标准曲线。

5. 待测液溶液配制

移取待测液 5.00mL，加 2mL 抗坏血酸溶液，摇匀后加 20mL 缓冲溶液和 10mL 1,10-二氮杂菲溶液，用水稀释至刻度，摇匀，静置不少于 15min，测其吸光度，在标准曲线上查得待测液的浓度。

6. 计算待测液原液浓度

根据待测液稀释倍数，用标准曲线查得的浓度计算待测液原液浓度。

【数据记录与处理】

溶液代号	移取体积/mL	c/(μg/mL)	A
0	0.00		
1	1.00		
2	2.00		
3	4.00		
4	6.00		
5	8.00		
6	10.00		
待测液	5.00		

注：c 保留至小数点后四位，A 保留至小数点后至少三位。

【问题讨论】

1. 本次实验中添加抗坏血酸的目的是什么?
2. 本次实验中添加缓冲溶液的目的是什么?
3. 本次实验中配好的溶液为什么要放置 15min?

练习题

一、选择题

1. 在紫外-可见分光光度法中常用的紫外光区的波长范围是（　　）。

A. 400～760nm　　B. 200～400nm

C. 大于400nm　　D. 760～1300nm

2. 关于光的性质，描述正确的是（　　）。

A. 具有波粒二象性　　B. 只有粒子性

C. 只有波动性　　D. 可见光是单色光

3. 当透光率 T 为100%时，吸光度 A 的数值为（　　）。

A. 100　　B. 10　　C. 10%　　D. 0

4. 相同条件下测定甲、乙两份同一有色物质溶液吸光度。若甲溶液用1cm吸收池，乙溶液用2cm吸收池进行测定，结果吸光度相同，甲、乙两溶液浓度的关系（　　）。

A. $c_{甲}=c_{乙}$　　B. $c_{乙}=4c_{甲}$

C. $c_{甲}=2c_{乙}$　　D. $c_{乙}=2c_{甲}$

5. 在符合朗伯-比尔定律的范围内，有色物质的浓度、最大吸收波长、吸光度三者的关系是（　　）。

A. 增加、增加、增加　　B. 增加、减小、不变

C. 减小、增加、减小　　D. 减小、不变、减小

6. 物质与电磁辐射相互作用后，产生紫外-可见吸收光谱，这是由于（　　）。

A. 分子的振动　　B. 分子的转动

C. 原子核外层电子的跃迁　　D. 原子核内层电子的跃迁

7. 在分光光度法中宜选用的吸光度读数范围为（　　）。

A. 0～0.2　　B. 0.1～0.3　　C. 0.3～1.0　　D. 0.2～0.7

8. 符合朗伯-比尔定律的有色溶液稀释时，其最大吸收峰的波长位置（　　）。

A. 向长波移动　　B. 向短波移动

C. 不移动、吸收峰值下降　　D. 不移动、吸收峰值增加

9. 双波长紫外-可见分光光度计的输出信号是（　　）。

A. 样品吸收与参比吸收之差

B. 样品吸收与参比吸收之比

C. 样品在测定波长的吸收与在参比波长的吸收之差

D. 样品在测定波长的吸收与在参比波长的吸收之比

10. 某分析工作者，在分光光度法测定前用参比溶液调节仪器时，只调至透光率为95.0%，测得某有色溶液的透光率为35.2%，此时溶液的真正透光率为（　　）。

A. 40.2%　　B. 37.1%　　C. 35.1%　　D. 30.2%

二、判断题

1. 摩尔吸光系数与溶液的浓度、液层厚度没有关系。（　　）

2. 朗伯-比尔定律只适用于可见光区，不适用于紫外光区。（　　）

3. 分光光度法灵敏度高，特别适用于常量组分的测定。（　　）

4. 光照射有色溶液时，A 与 T 的关系为 $\lg T=A$。（　　）

5. 当某一波长的单色光照射某溶液时，若 $T=100\%$，说明该溶液对此波长对光无吸收。 (　　)

6. 朗伯-比尔定律中，浓度 c 与吸光度 A 之间的关系是通过原点的一条直线。 (　　)

7. 今有 1.0 mol/L $CuSO_4$ 溶液，若向该溶液中通 NH_3，其摩尔吸光系数不发生改变。 (　　)

8. 若待测物、显色剂、缓冲溶液等有吸收，可选用不加待测液而其他试剂都加的空白溶液为参比溶液。 (　　)

9. 双波长分光光度法和双光束分光光度法都是以空白试剂作为参比溶液。 (　　)

10. 某物质的摩尔吸光系数越大，则表明该物质的浓度越大。 (　　)

项目二

确定吸收红外光物质的结构

知识目标：

1. 掌握红外光谱分析基础知识；
2. 熟悉红外光谱仪工作原理；
3. 了解红外光谱仪的使用领域及作用。

能力目标：

1. 能针对不同物态的被测样选择正确的制样方法，且能规范制样；
2. 能根据红外吸收光谱数据准确进行化合物结构的鉴定、识别。

素质目标：

1. 通过红外吸收光谱法定性分析过程的学习，培养学生红外光谱分析的综合应用能力；
2. 通过红外吸收光谱法实验技术的学习，培养学生规范的分析操作能力。

典型应用

2006年4月，广州某医院多名重症肝炎病人先后突然出现急性肾功能衰竭的病症，经过排查，最终确定为使用了某制药公司生产的“亮菌甲素注射液”。经过反复查证，确定导致此次悲剧发生的罪魁祸首是注射液中的辅料。厂家购买廉价并且有毒性的工业原料二甘醇，化验员又错误将其当作丙二醇使用，最后造成多人死亡的重大事故。检验机构进行解析时，其中方法之一就是红外吸收光谱法，通过分析原料吸收了哪些波长的红外光，从结构和性质上对其进行区分，最终确定“凶手”。该起悲剧事件的起因是生产厂家的失信，失去诚信，酿成大祸。而诚实守信是中华民族的传统美德，是“立国之本、做人之本”，是国之所以强大，人之所以为人的重要的品德。

任务一　学习红外吸收光谱基本原理

一、概述

红外吸收光谱法（infrared absorption spectroscopy，IR）是一种分子吸收光谱法，是带状光谱，当物质分子受到频率连续变化的红外光照射时，吸收某些频率的红外光，产生分子振动和转动，能级从基态跃迁到激发态，使相应于这些吸收区域的透射光强度减弱，从而进行定性、定量和结构分析。

红外吸收光谱法具有以下特点：

① 光谱特征性强，某些特征基团具有多个特征吸收峰，且吸收峰不因环境及所在化合物的不同而发生大幅变化。

② 分析速度快，灵敏度高。

③ 样品耗量少（mg 及 ng 级）。

④ 适用对象广，包括除单原子分子及同核分子外的绝大部分无机及有机物；可用于气体、液体、固体物质；可用于微量及痕量样品的分析；可以做无损分析、表面分析及过程分析。目前，红外吸收光谱法的主要用途是识别分子中存在的特征基团，如—OH、—NH、—Ar、—C═O 等。

紫外-可见吸收光谱法常用于研究不饱和的特别是具有共轭体系的有机化合物，而红外吸收光谱法主要研究在振动中伴随有偶极矩变化的化合物，二者区别如表 1-5 所示。

表 1-5 红外吸收光谱法与紫外-可见吸收光谱法的区别

检测方法	红外吸收光谱法	紫外-可见吸收光谱法
起源不同	分子振动-转动能级跃迁	分子外层电子跃迁
特征不同	波长长、频率低、能量小、光谱复杂、特征性强	波长短、频率高、能量大、光谱简单、特征性差
适用范围不同	绝大部分有机化合物；某些无机化合物	芳香族，共轭结构脂肪族化合物；某些无机配合物
	物态：气、液、固	物态：液
	定性分析，鉴定化合物类别、官能团、推测结构	主要用于定量分析

波长为 0.75～1000μm 的光为红外光，在红外吸收光谱中经常用波数 $\tilde{\nu}$ 表示光谱范围，单位为 cm^{-1}，所有红外光的波数范围为 13333～10cm^{-1}。红外吸收光谱根据其测定的频率范围，可分为近红外，中红外及远红外光区，如表 1-6 所示。

表 1-6 红外光区划分及应用

光区名称	波长/mm	波数范围/cm^{-1}	吸收类型及特征	应用
近红外区（泛频区）	0.78～2.5	12800～4000	O—H、N—H 和 C—H 键等的倍频及合频吸收；属于禁阻跃迁，吸收弱，峰重叠较明显	某些物质的定量分析（较少使用），特别适合原位、无损及在线分析
中红外区（基本振动区）	2.5～50	4000～200（4000～400）	各种化学键的振动并伴随转动的基频吸收；强吸收度大	物质定性、定量及结构分析的主要光谱区
远红外区（转动区）	50～1000	200～10（400～10）	分子转动跃迁吸收；弱吸收	无机物的结构分析

红外吸收光谱法所研究的是分子中原子的相对振动和转动。不同的化学键或官能团，其振动能级从基态跃迁到激发态所需要的能量不同，从而吸收不同波长的红外光，在对应的波长处出现吸收峰，形成红外吸收光谱图。

乙醇的红外光谱图

红外吸收光谱图：以波长 λ（μm）或者波数 $\tilde{\nu}$（cm^{-1}）为横坐标，以透光率（T）为纵坐标，绘制化合物分子结构中不同的化学键或官能团吸收红外光情况的曲线图，如图 1-12 所示。

红外吸收光谱图中纵坐标的透光率数值、横坐标的波数数值，分别通过式(1-15)、式(1-16) 计算可得。

$$T=\frac{I}{I_0}\times 100\% \tag{1-15}$$

式中，I 是入射光透过强度；I_0 是入射光强度。

$$\tilde{\nu}(\text{波数})=\frac{10^4}{\lambda} \tag{1-16}$$

式中，$\tilde{\nu}$ 为波数，cm^{-1}；λ 为波长，μm。

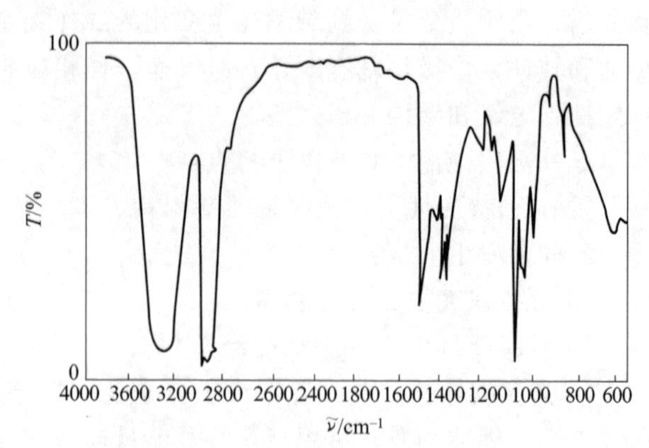

图 1-12 某物质红外吸收光谱图

红外吸收光谱图是红外吸收光谱法进行定性、定量分析的重要依据。光谱图中显示的吸收峰位置、吸收峰数目以及吸收峰强度，反映化合物分子的结构信息，可以用于化合物的定性分析。而吸收谱带的吸收强度与分子组成或化学基团的含量有关，可以用于定量、纯度分析。

二、红外吸收光谱的产生

当一定波长的红外光照射样品时，并不是所有分子的振动都能产生红外吸收光谱，化合物分子吸收红外光且能产生吸收光谱必须具备两个条件。

红外光谱分析原理

① 照射分子的红外光频率与分子某种振动频率相同。

$$\Delta E_{\nu}=\Delta E_{\nu 1}-\Delta E_{\nu 2}=h\nu \tag{1-17}$$

式中 ΔE_{ν}——能级之间的能量差；

$\Delta E_{\nu 1}$、$\Delta E_{\nu 2}$——高振动能级和低振动能级的能量；

h——普朗克常数；

ν——红外光频率。

② 分子在振动过程中发生偶极矩变化（$\Delta\mu\neq 0$，$\mu=qr$），如图 1-13 所示。例如双原子分子 N_2、H_2、O_2 等对称分子，振动时没有偶极矩变化，就没有红外活性，即不会产生红外吸收光谱。非对称分子，有偶极矩变化，具有红外活性，产生红外吸收光谱，如图 1-14 所示。

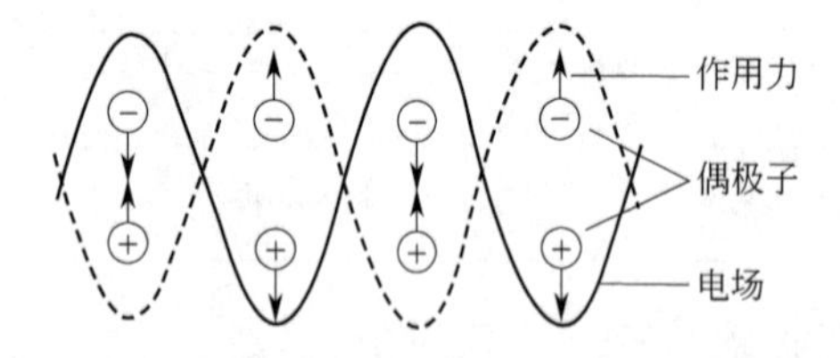

图 1-13 偶极子在交变电场中的作用示意图

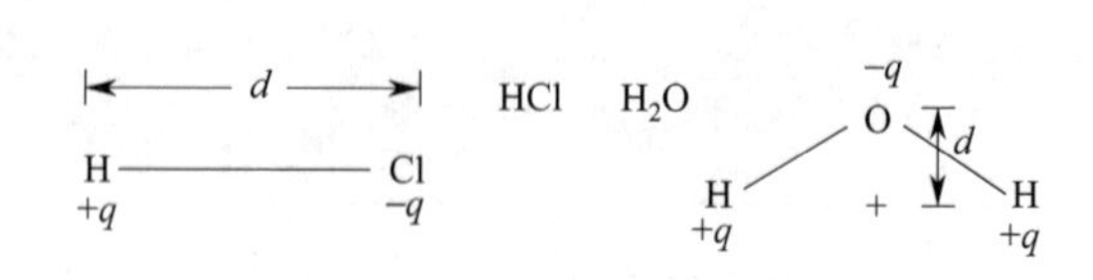

图 1-14 HCl、H_2O 的偶极矩

三、分子振动

1. 双原子分子振动

双原子分子振动可以近似看作是分子中的原子以平衡点为中心，以很小的振幅作周期性

的振动。分子是由各种原子通过化学键连接而成的，为了简化理解，如图 1-15 所示，可以将原子模拟成小球，m_1、m_2 分别代表两个小球的质量，将化学键看成是不同强度的弹簧。两个小球以平衡点为中心，以非常小的振幅（与原子间的距离相比）作周期性的简谐振动。

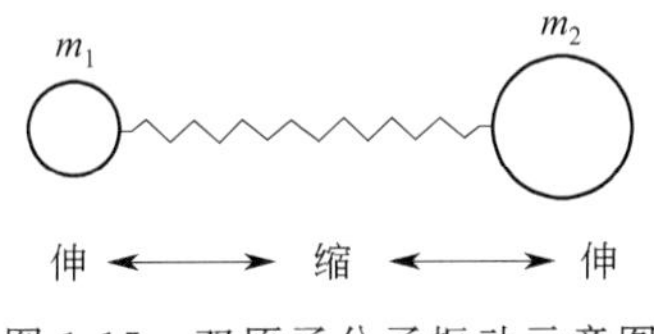

图 1-15　双原子分子振动示意图

这个体系的振动频率取决于弹簧的强度和小球的质量，即化学键的强度和原子质量。由经典力学理论 Hook 定律，可推导出该体系振动频率（以波数表示）的计算公式：

$$\nu=\frac{1}{2\pi}\sqrt{\frac{\kappa}{\mu}}\text{或}\tilde{\nu}=\frac{1}{2\pi c}\sqrt{\frac{\kappa}{\mu}} \tag{1-18}$$

式中，ν 为振动频率 Hz；$\tilde{\nu}$ 为波数，cm^{-1}；κ 为键力常数，N/cm；c 为真空中光速，3.0×10^{10} cm/s；μ 为两原子折合质量，g，$\mu=\frac{m_1m_2}{m_1+m_2}$（$m_1$、$m_2$ 分别是成键两原子的质量）。

由此式可知，影响振动频率及波数的直接因素是原子质量和化学键键力常数，即取决于分子的结构特征。振动频率与外界能量无关，外界能量只能使振动振幅加大，频率依然保持不变。

若把折合质量与原子的相对原子质量单位之间进行换算，折合为相对原子质量单位，κ 取 N/cm 作为单位，则 $\tilde{\nu}$ 可简化为：

$$\tilde{\nu}=\frac{(N_A\times10^5)^{1/2}}{2\pi c}\sqrt{\frac{\kappa}{\mu}}=1304\sqrt{\frac{\kappa}{\mu}}$$

式中，N_A 为阿伏伽德罗常数，$6.022\times10^{23}\,mol^{-1}$。

各种化学键键力常数见表 1-7。

表 1-7　各种化学键键力常数 κ　　单位：N/cm

化学键	κ	化学键	κ	化学键	κ
—C≡N	18	≡C—H	5.9	S—H	4.3
—C≡C—	15.6	C—F	5.9	H—Br	4.1
=C=O	15	C—O—	5.4	C—Cl	3.6
C=O	12.1	≡C—C	5.2	H—I	3.2
C=C	9.6	=C—H	5.1	C—Br	3.1
H—F	9.7	H—Cl	4.8	C—I	2.7
O—H	7.7	C—H	4.8		
N—H	6.4	C—C	4.5		

【例 1-4】由表 1-7 查知 C=C 键 $\kappa=9.6$N/cm，估算 C=C 键的波数。

解：

$$\tilde{\nu}=\frac{1}{2\pi c}\sqrt{\frac{\kappa}{\mu}}=1304\sqrt{\frac{\kappa}{\mu}}=1304\sqrt{\frac{9.6}{144/24}}=1649(cm^{-1})$$

键力常数 κ 越大，原子折合质量越小，化学键的振动频率越高，吸收峰将出现在高波数区；反之，则出现在低波数区。例如 C≡C 、C=C、C—C 三种碳碳键的原子折合质量相同，但键力常数的顺序为三键＞双键＞单键，因此在红外吸收光谱中，C≡C 的吸收峰出现在 $2222cm^{-1}$，而 C═C 约在 $1667cm^{-1}$，C—C 在 $1429cm^{-1}$。

2. 多原子分子的振动

多原子分子由于组成分子的原子数目增多、分子中的化学键或基团及空间结构的不同，其振动比双原子分子要复杂，但是，可以把它们的振动分解成许多简单的基本振动，称为简正振动。分子质心保持不变，整体不转动，每个原子都在其平衡位置作简正振动，其振动频率都相等；振动的运动状态可以用空间自由度（空间三维坐标）来表示，体系中的每一个原子都具有三个空间自由度。

多原子分子按照振动中键长与键角的变化情况分为两大类：伸缩振动和变形振动。图 1-16 为亚甲基的基本振动。

伸缩振动：化学键两端的原子沿着键轴的方向作来回周期性伸缩振动，振动时键长发生变化，而键角不变，用符号 ν 表示。

变形振动：基团的键角发生周期性变化，键长不变的振动，用符号 δ 表示。

具体符号可见图 1-16，常用角标 s 表示对称，as 表示不对称。

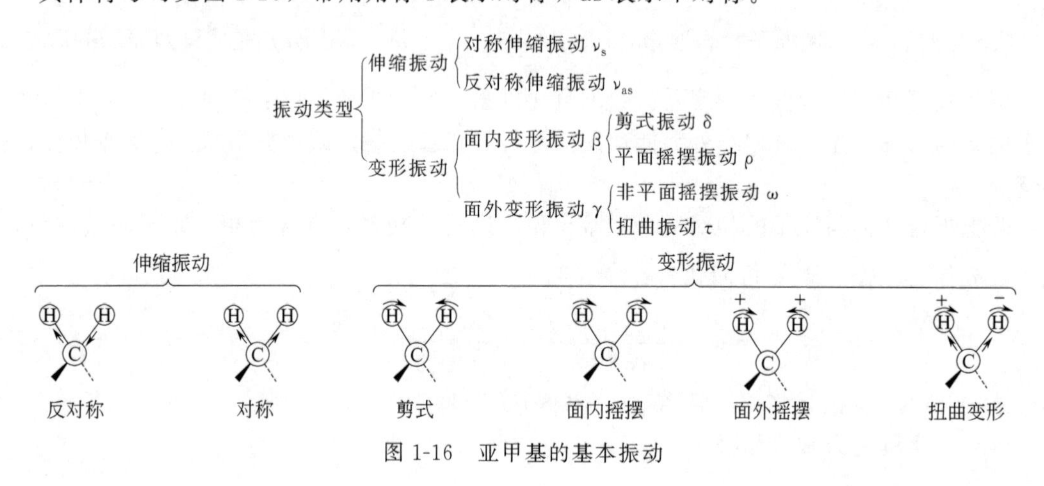

图 1-16　亚甲基的基本振动

四、基频峰和泛频峰

常温下分子处于最低振动能级，此时叫基态，$\nu=0$。分子吸收一定频率红外光，振动能级从基态跃迁至第一振动激发态产生的吸收峰（即 $\nu=0\rightarrow1$ 产生的峰）称为基频峰。分子的振动能级从基态跃迁至第二振动激发态、第三振动激发态等高能态时所产生的吸收峰（即 $\nu=0\longrightarrow\nu=2,3\cdots$ 产生的峰）称为泛频峰（倍频峰）。

基频峰的跃迁概率很大，所产生的红外吸收强度强，在红外吸收光谱分析中最有价值。泛频峰因跃迁概率小，强度较弱，难辨认，但是泛频峰在红外吸收光谱分析中增加了光谱的特征性。

五、基频峰的峰数、峰位、峰强

1. 峰数

红外吸收光谱图中，大小不一的凸起数即为峰数，大部分是从基态跃迁至第一激发态而产生的基频峰。基频峰的峰数与分子振动自由度（也即简正振动数）有关。多原子中基团的振动形式极为复杂，振动形式的总数可如下计算：

非线性分子振动自由度$=3n-6$；

线性分子振动自由度$=3n-5$。

n 为构成分子的原子数。

理论上，每个振动自由度对应于红外光谱图上一个基频吸收峰，红外吸收光谱图中吸收峰的数目应等于振动自由度，但是实际中，红外吸收光谱图上的峰数≤分子振动自由度数。

吸收峰数少于分子振动自由度（简正振动）的原因是：

① 某些振动方式为非红外活性，即没有偶极矩的变化（$\Delta\mu=0$）。

② 振动方式频率相同，吸收峰发生简并。

③ 仪器分辨率不高，有的吸收峰不在仪器的检测范围内。

水分子的振动形式

【例 1-5】 非线性分 H_2O 的振动自由度。

解：H_2O 的振动自由度$=3n-6=3\times3-6=3$，即会产生 3 个吸收峰，如图 1-17 所示。

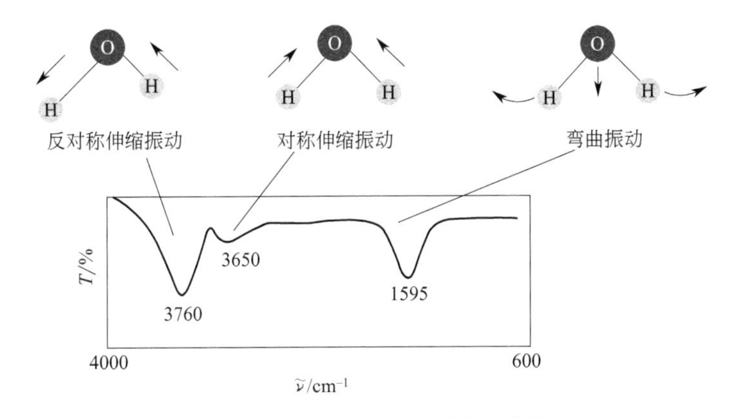

图 1-17 水分子的振动形式及峰数

【例 1-6】 线性分子 CO_2 的振动自由度。

解：CO_2 的振动自由度$=3n-5=3\times3-5=4$，即应出现 4 个吸收峰，实际只有 2 个峰，如图 1-18 所示。

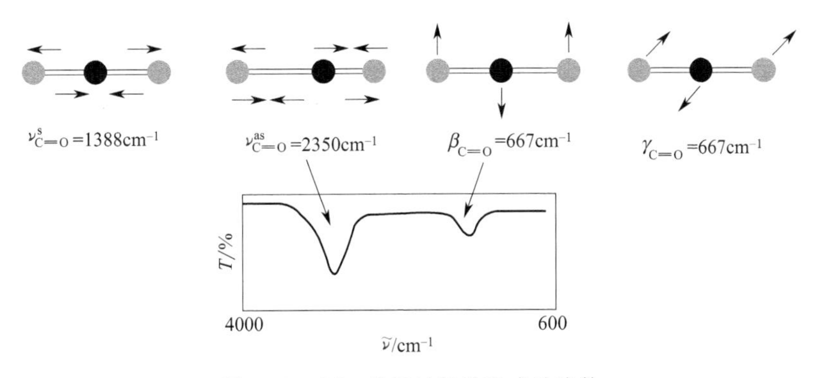

图 1-18 CO_2 分子的振动形式及峰数

因为有两个振动相同，吸收峰发生简并（$\beta_{C=O}=667cm^{-1}$，$\gamma_{C=O}=667cm^{-1}$）；$\nu^{s}_{C=O}=1388cm^{-1}$，$\Delta\mu=0$，无红外吸收。

除此之外，在实际红外吸收中，也存在吸收峰数多于分子振动自由度的情况，归其原因：

（1）振动耦合 当两个基团相邻，且振动频率相近时，会发生振动耦合裂分，使吸收频率偏离基频，发生裂分，一个向高频移动，一个向低频移动。例如当两个甲基连接在一个碳原子上时，其基频 $1380cm^{-1}$ 会消失，而在 $1385cm^{-1}$ 和 $1375cm^{-1}$ 附近各出现一个吸收峰。

（2）Fermi 共振 当倍频或组合频的吸收峰与某基频吸收峰相近时，会发生相互作用，使原来很弱的倍频或组合频吸收峰增强。例如苯甲酰氯的 C—Cl 伸缩振动在 $874cm^{-1}$，其倍频在 $1730cm^{-1}$，正好在 C═O 附近，发生 Fermi 共振使倍频吸收增强。

2. 峰位

基频峰出现的区域即为峰位。基频峰峰位计算式见式(1-18)。化学键的键力常数 κ 越大，原子折合质量越小，键的振动频率越大，吸收峰将出现在高波数区（短波长区），反之，出现在低波数区（高波长区）。

3. 峰强

红外吸收光谱图上，通常采用透光率（T）或吸光度（A）作为纵坐标以表示吸收峰的强弱。而一般情况使用摩尔吸光系数 ε 的大小来划分吸收峰的强弱，如表 1-8 所示。化合物分子红外吸收的 ε 较小，一般比紫外-可见吸收小 2～3 个数量级。红外吸收中瞬间偶极矩变化大，吸收峰强；跃迁概率越大，吸收峰越强。

表 1-8 红外吸收强度及其表示符号

摩尔吸光系数 ε	强度	符号	摩尔吸光系数 ε	强度	符号
>200	很强	vs	>5～25	弱	w
>75～200	强	s	0～5	很弱	vw
>25～75	中等	m			

六、特征吸收峰与相关峰

在红外光谱中，某些化学基团虽然处于不同分子中，但它们的吸收频率总是出现在一个较为窄的范围内，吸收强度较大，且频率不随分子结构变化而出现较大的改变，这类频率称为基团频率，其所在的位置称为特征吸收峰。通常特征吸收峰用于鉴定官能团。

例如 $3000 \sim 2800cm^{-1}$，$—CH_3$ 特征峰；$1850 \sim 1600cm^{-1}$，—C═O 特征峰。

同时还需注意，出现在不同分子中的相同的基团或化学键，因所处的化学环境各不相同，所出现的频率也稍许不同，这种差别常常能反映出物质结构上的特点。

例如，C═O 伸缩振动的频率范围在 $1850 \sim 1400cm^{-1}$，当与此基团相连接的原子是 C、O、N 时，C═O 谱带分别出现在不同的区域。

$—CH_2—CO—CH_2—$ $1715cm^{-1}$ 酮

$—CH_2—CO—O—$ $1735cm^{-1}$ 酯

$—CH_2—CO—NH—$ $1680cm^{-1}$ 酰胺

很多情况下，一个官能团有好几种振动形式，而每一种红外活性振动相应产生一个吸收峰，因而有若干个相互依存而又相互佐证的吸收峰，称为相关吸收峰。用相关峰可更准确地鉴别官能团，这是应用红外光谱进行定性鉴定的一个重要原则，如图 1-19 所示。

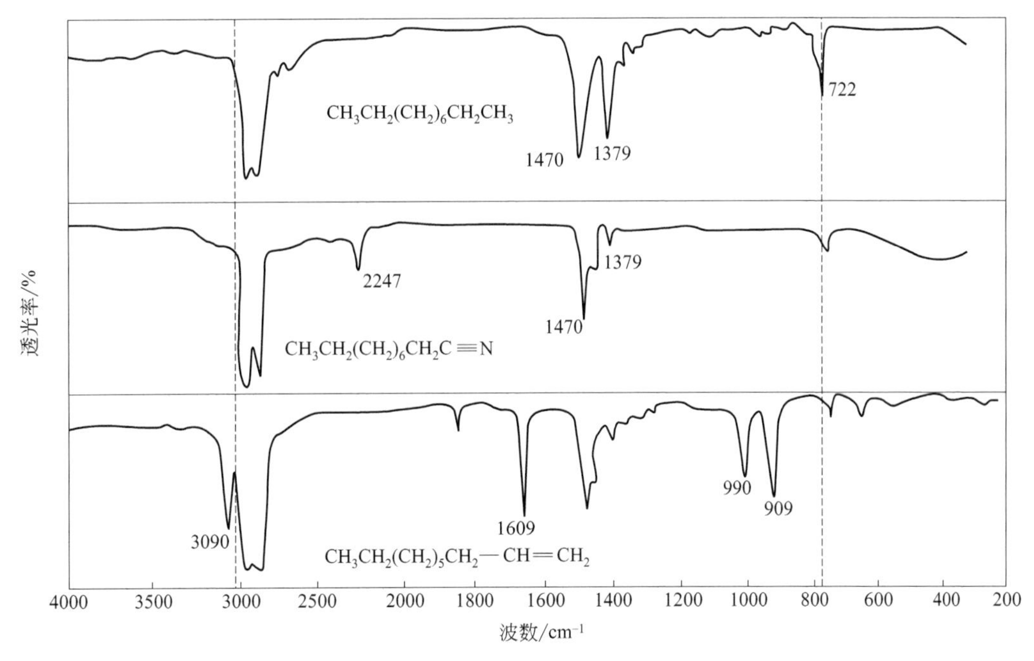

图 1-19　正癸烷、正癸腈、1-正癸烯的红外光谱图（特征吸收峰和相关峰）

只要掌握了各种基团的振动频率（基团频率）及其位移规律，就可应用红外光谱来检定化合物中存在的基团及其在分子中的相对位置。常见官能团红外吸收特征频率表见附录一。

七、官能团区和指纹区

红外吸收光谱法主要研究基频吸收较强的中红外光谱区。

中红外光谱区一般划分为官能团区（4000～1300cm^{-1}）和指纹区（1300～450cm^{-1}）。官能团区出现的峰比较少，特征性强，用于基团鉴定。指纹区吸收复杂，出现的峰比较多，用来确定物质的精细结构，作为旁证使用。利用红外吸收光谱鉴定有机化合物结构，需要熟悉红外区域与基团的关系，从而进行结构判断（中红外区基团吸收频率表见附录二）。

1. 官能团区

(1) 含氢基团 X—H（X 为 O、N、C）的伸缩振动区　波段 4000～2500cm^{-1}，如表 1-9 所示。

表 1-9　氢键区（X-H）伸缩振动区

基团	频率/cm^{-1}	说明
O—H	3670～3230	强吸收带、存在氢键时，峰展宽并移向低波数区
N—H	3500～3100	比 O—H 峰稍弱而尖，$—NH_2$ 为双峰，—NHR 为单峰，存在氢键时峰展宽，并移向低波数区
=C—H	3100～3000	峰较弱但比较尖锐
≡C—H	3300 附近	强而尖吸收带
—C—H	3000～2800	中等强度峰
—C=O—H	2880～2650	2 个强度相等的中强峰

例如，醇、酚中 O—H：3700～3200cm^{-1}，中等强度的尖峰；羧基中 O—H：3600～2500cm^{-1}，峰型宽而钝。乙酰苯胺红外吸收谱图如图 1-20 所示，$—NH_2$ 双峰，中等强度较尖

峰。C—H：饱和 CH，如图 1-21 所示，CH_3（$2962cm^{-1}$、$2872cm^{-1}$），CH_2（$2926cm^{-1}$、$2853cm^{-1}$）。不饱和 CH，如醛基（—CHO）中 C—H：有 $2820cm^{-1}$ 及 $2720cm^{-1}$ 两个峰。

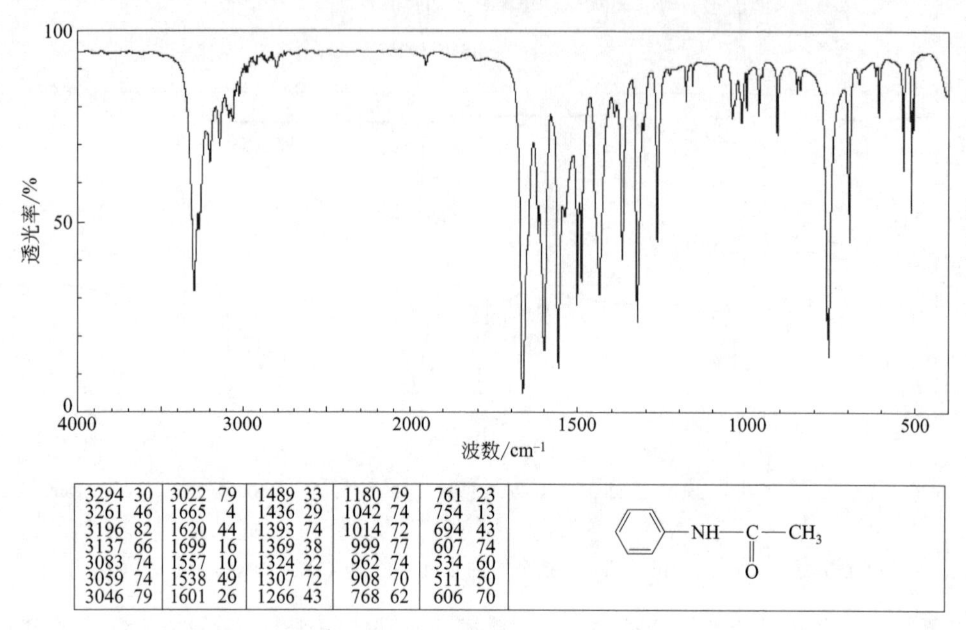

3294	30	3022	79	1489	33	1180	79	761	23
3261	46	1665	4	1436	29	1042	74	754	13
3196	82	1620	44	1393	74	1014	72	694	43
3137	66	1699	16	1369	38	999	77	607	74
3083	74	1557	10	1324	22	962	74	534	60
3059	74	1538	49	1307	72	908	70	511	50
3046	79	1601	26	1266	43	768	62	606	70

图 1-20　乙酰苯胺红外吸收谱图

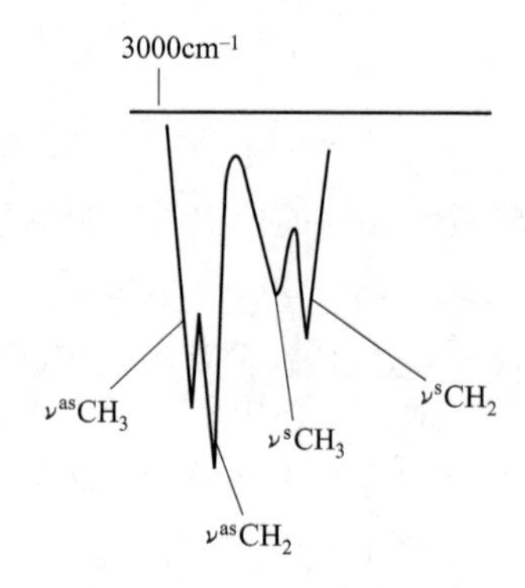

图 1-21　饱和 CH 红外吸收谱图

（2）三键与累积双键伸缩振动吸收区　波段 $2500\sim1900cm^{-1}$。此波段出现的峰较少，如表 1-10 所示。仅含 C、H、N 时，峰较强，尖锐；有 O 原子存在时，O 越靠近 C≡N，峰强度越弱。

表 1-10　三键与累积双键区伸缩振动区

基团	波数/cm^{-1}	说明
C≡C	2260～2100	中强或弱吸收，对称分子 R—C≡C—R，无此吸收带
C≡N	2260～2210	中等强度吸收带，与其他不饱和键共轭时，移向低波数区
C═C═C	1950～1930	中等强度峰
C═C═O	～2150	中等强度峰
N═C═O	2280～2260	中等强度峰

(3) 双键伸缩振动区 波段 2000～1500cm^{-1}。特征吸收峰如下：

① C═O 伸缩振动出现在波段 1960～1650cm^{-1}，是红外光谱中特征性强且最强的吸收峰，以此很容易判断酮类、醛类、酸类、酯类、酸酐及酰胺、酰卤等含有 C═O 的有机化合物。

例如：酸酐的 C═O，双吸收峰，1820～1750cm^{-1}，两个羰基振动耦合裂分。

羧酸的 C═O，1700～1725cm^{-1}，酯类 1750～1725cm^{-1}，醛类 1740～1720cm^{-1}，酮类，比醛低 15～10cm^{-1}。

② C═N、C═C、N═O、—NO_2 的伸缩振动出现在 1675～1500cm^{-1}。在这波段区中，单核芳烃的 C═C 骨架振动区 1680～1650cm^{-1} 附近呈现 2～4 个（中等至弱的吸收）特征吸收峰，可用来鉴别有无苯环。

③ 苯的衍生物在 2000～1670cm^{-1}，出现 C—H 和 C═C 键的面外弯曲振动的泛频吸收。吸收强度弱，可用来判断取代基位置，如图 1-22 所示。

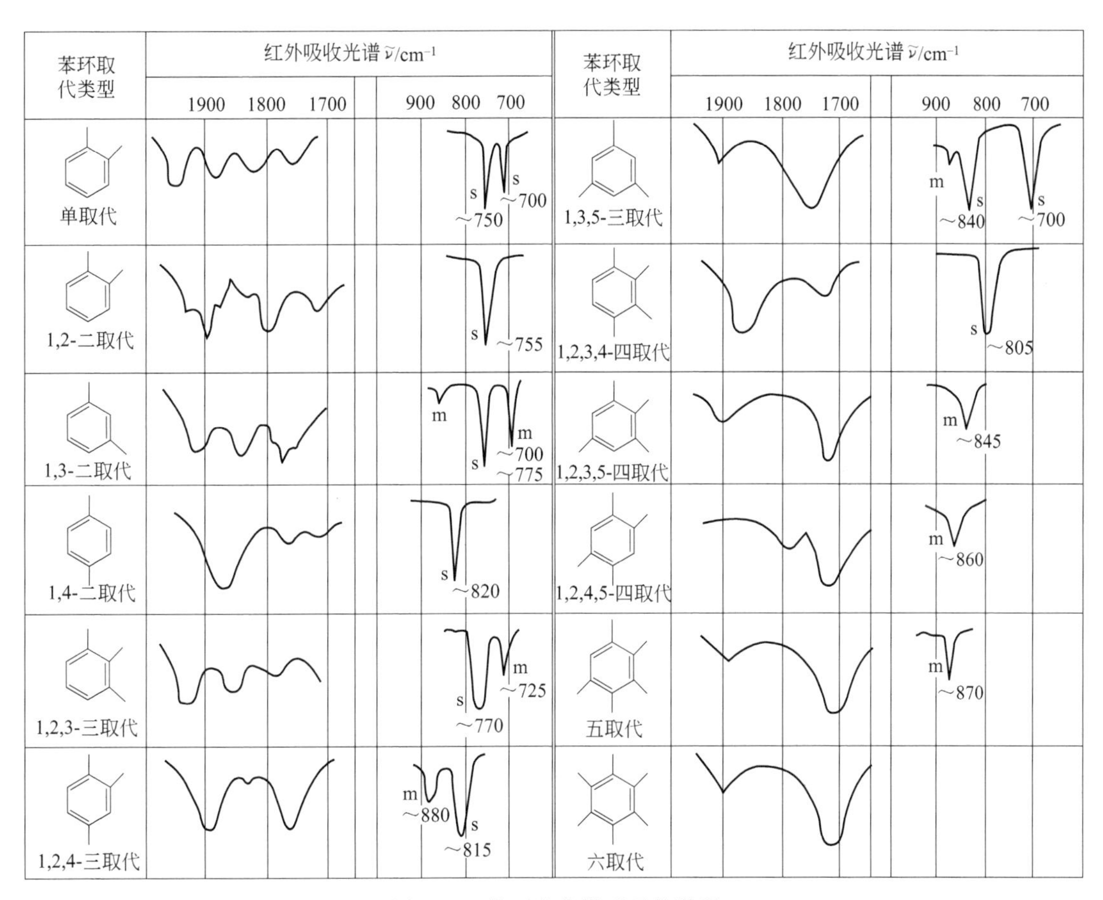

图 1-22 苯环取代类型吸收谱形

④ C—H 弯曲振动，波段 1500～1300cm^{-1}。这个区域的光谱吸收复杂，主要包括 C—H、N—H 变形振动以及 C—C 单键骨架伸缩振动等。

2. 指纹区

① 单键伸缩振动区，波段 1300～900cm^{-1}，如 C—O、C—N、C—S、C—F、Si—O、P—O 等，这个波段的光谱信息很丰富。C—O 主强峰，分布醇、醚、酚、羧酸、酯。

② 芳烃、烯烃弯曲振动区═C—H，波段900～450cm^{-1}，如图1-22所示。其吸收峰位置为：

无取代的苯：6个C—H，680～670cm^{-1}，单吸收带；

单取代苯：5个C—H，700～690cm^{-1}，750～740cm^{-1}，两个吸收带；

邻位双取代苯：4个C—H，750～740cm^{-1}，单吸收带；

间位双取代苯：3个C—H，700～690cm^{-1}，800～780cm^{-1}，两个吸收带，另一个C—H，～860cm^{-1}，弱带，供参考；

对位双取代苯：2个C—H，850～800cm^{-1}，单吸收带。

应该指出，并不是所有谱带都能与化学结构联系起来的，特别是“指纹区”。指纹区的主要价值在于表示分子的特征，因而宜于用来与标准谱图（或已知物谱图）进行比较，以得出未知物与已知物结构是否相同的确切结论。红外吸收光谱的解释在许多情况下往往需从经验出发，这是因为化学键的振动频率与周围的化学环境，有相当敏感的依赖关系。

八、影响基团频率因素

1. 外部因素

(1) 测量物质的物理状态

① 气态：分子间的作用力较小，可以发生自由转动、振动，可观察转动精细结构。光谱谱带的波数相对较高，谱带较矮而宽。

② 液态、固态：分子间作用力较强，可能发生缔合或形成氢键。例如气态丙酸 $\tilde{\nu}_{C=O}=1780cm^{-1}$，尖峰，液态丙酸 $\tilde{\nu}_{C=O}=1712cm^{-1}$，宽峰。

(2) 溶剂效应 在极性溶剂中，极性基团的极性增加，使键力常数减小，波数降低，而吸收强度增大；溶剂的浓度能使溶剂分子与溶质形成氢键，光谱所受的影响更显著。

例如CH_3OH，在CCl_4中，$\tilde{\nu}_{O-H}=3644cm^{-1}$，尖峰；在$N(CH_2CH_3)_3$中，$\tilde{\nu}_{O-H}=3243cm^{-1}$，宽峰。

2. 内部因素

(1) 诱导效应（I效应） 由于取代基具有不同的电负性，通过静电诱导作用，引起分子内电子云分布变化，从而改变键力常数κ，使键或基团的特征频率发生位移，通常取代基数目增大（电负性增大），诱导效应增大，振动频率向高频移动。如表1-11所示，C═O的诱导效应使吸收峰向高频方向移动。

表1-11 C═O的诱导效应

化合物	$H_3C-C(=O)-H$	$BrH_2C-C(=O)-C$	$Cl_2HC-C(=O)-Cl$	$F-C(=O)-Cl$	$F-C(=O)-F$
$\tilde{\nu}_{C=O}/cm^{-1}$	1752	1794	1803	1868	1928
电负性	4.47	5.41	5.59	6.92	7.90

(2) 中介效应（M效应） 中介效应也称为共振效应。当含有孤对电子的原子（如O、N、S等）与多重键的原子相连接时，也可引起类似的共轭作用（有时也称为p-π共轭），称为中介效应。例如酰胺$RCONH_2$分子中氮原子对C═O吸收谱带的影响作用，如图1-23

所示。氮孤对电子与 C ═O 上 π 电子重叠，电子云往电负性更大的 O 原子方向转移，使得 C ═O 的极性更大，双键性减弱，键长变大，键力常数下降，所以波数变小，向低波数 $1680cm^{-1}$ 移动。

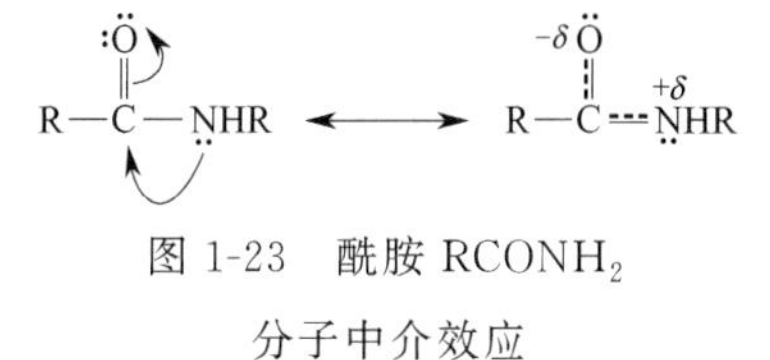

图 1-23 酰胺 $RCONH_2$ 分子中介效应

若同时存在着诱导效应和中介效应，因两者影响振动频率移动的方向相反，则振动频率最终移动的方向和程度取决于两种效应的净结果，见表 1-12。

表 1-12 C ═O 的 M 效应和 I 效应

化合物	R—C(═O)—ÖR′ （I 效应>M 效应）	R—C(═O)—R′	R—C(═O)—S̈R′ （I 效应<M 效应）
$\tilde{\nu}_{C═O}/cm^{-1}$	1735	1715	1690

当 I 效应>M 效应时，振动向高波数方向移动，如酰卤、酯类的 C ═O。

当 I 效应<M 效应时，振动向低波数方向移动，如酰胺中的 C ═O。

（3）共轭效应（C 效应） 共轭形成了大 π 键，π 电子的离域性增大，体系中电子云分布平均化，结果使双键的键长略有增加（电子云密度降低），κ 减小，吸收峰往低波数方向移动。由于 C ═O 与苯环的共轭而使 C ═O 的 κ 减小，振动频率降低，如表 1-13 所示。

表 1-13 C ═O 的共轭效应

化合物	R—C(═O)—R′	R—C(═O)—C₆H₅	C₆H₅—C(═O)—C₆H₅	C₆H₅—C(═O)—CH═CH—R
$\tilde{\nu}_{C═O}/cm^{-1}$	1715	1685	1665	1660

（4）空间效应 空间效应是一些空间因素引起的对基团振动频率的影响，如化合物成环、基团引入对分子空间的影响等。

① 环张力效应。由于环节数不同，环内角发生改变，同一种化学键的键力常数不同，随环张力的增大（环的缩小），吸收峰向高波数区移动。见表 1-14。

表 1-14 环张力效应

化合物	环己酮	环戊酮	环丁酮
$\tilde{\nu}/cm^{-1}$	1663	1680	1700

② 空间位阻效应。当共轭体系引入取代基时，可能会因取代基的空间阻碍（位阻）而削弱甚至破坏共轭效应，使吸收峰向高波数区移动，见表 1-15。

表 1-15 空间位阻效应

化合物	C₆H₅—C(═O)—CH₃	2,6-二(CH₃)C₆H₃—C(═O)—CH₃	2,6-二[CH(CH₃)₂]C₆H₃—C(═O)—CH₃
$\tilde{\nu}/cm^{-1}$	1663	1680	1700

（5）氢键效应 氢键是由质子给予体 x-H 及质子接受体 y-C 之间的作用力而形成的一

种相互作用力，导致质子给予体及接受体化学键的键力常数 κ 发生变化，因此振动频率也发生变化。对于伸缩振动来说：由于氢键力的作用，使参与形成氢键的原化学键（即 x-H 及 y-C）的 κ 值都减小，所以波数降低，吸收强度变大峰变宽，见表 1-16。

表 1-16　羧酸的氢键效应

化合物	测量物态	缔合状态	$\tilde{\nu}/cm^{-1}$
R—C(=O)—OH	气体或非极性溶剂中	单体存在	$\tilde{\nu}_{C=O}$，~1760
		R—C(=O)—OH	$\tilde{\nu}_{O-H}$，3600~3500
	液、固态	二聚体存在	$\tilde{\nu}_{C=O}$，~1710
		R—C(=O···H—O)(—O—H···O=)C—R（环状二聚体）	$\tilde{\nu}_{O-H}$，3200~2500

对于变形振动，由于受到氢键力的束缚作用，弯曲振动所需的能量变大，所以波数也升高。氢键可分为分子内氢键及分子间氢键两种。分子间氢键对吸收峰的影响比分子内氢键更显著。分子内氢键不受溶液浓度的影响，分子间氢键与溶质的浓度及溶剂的性质有关。因此，可以采用改变溶液浓度的方法测量红外光谱，以判别两种不同的氢键。

图 1-24 表示以 CCl_4 为溶剂，不同浓度乙醇的红外吸收光谱。当乙醇浓度小于 0.01mol/L 时，分子间不形成氢键，只显示处于游离状态的 O—H 的吸收（3640cm^{-1}）；但随着溶液中乙醇浓度的增加，游离 O—H 的吸收减弱，而二聚体的吸收（3515cm^{-1}）和多聚体的吸收（3350cm^{-1}）相继出现，并显著增加；当乙醇浓度为 1.0mol/L 时，主要以多聚体的形式存在。

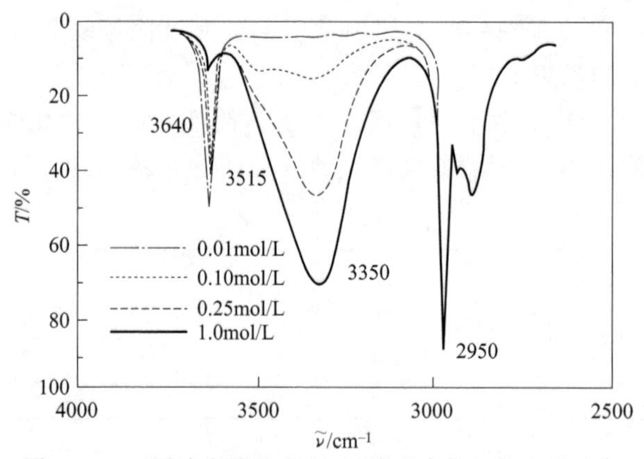

图 1-24　不同浓度乙醇在 CCl_4 溶液中的红外光谱片段

任务二　熟悉红外光谱仪的结构

红外分光光度计的结构

红外光谱仪目前主要有色散型和干涉型（傅里叶变换红外光谱仪）两大类。

红外光谱仪（IR）与紫外-可见分光光度计（UV-VIS）仪器结构相比较，其异同点如表 1-17 所示。

表 1-17　红外光谱仪与紫外-可见分光光度计结构区别

<table>
<tr><th rowspan="2">部件</th><th rowspan="2">UV-VIS</th><th colspan="2">IR</th></tr>
<tr><th>色散型</th><th>干涉型</th></tr>
<tr><td>光源</td><td>氘灯、钨灯</td><td colspan="2">能斯特灯、硅碳棒等</td></tr>
<tr><td>单色器</td><td>光栅(样品池前)</td><td>光栅(样品池后)</td><td>干涉仪</td></tr>
<tr><td>样品池</td><td>石英/玻璃比色皿</td><td colspan="2">KBr、NaCl、CsI 等盐片,盐片窗口固定池等</td></tr>
<tr><td>检测器</td><td>光电倍增管</td><td>热电偶、热电检测器、高莱池检测器</td><td>热电检测器、光电导检测器</td></tr>
</table>

一、色散型红外光谱仪

色散型红外光谱仪由光源、样品池、单色器、检测器和记录系统组成。

色散型红外光谱仪一般均采用双光束，即光源发射的红外光被分成两束，一束通过试样，另一束通过参比利用斩光器使试样光束和参比，光束交替通过单色器，然后被检测器检测。当试样光束与参比光束强度相等时，检测器不产生交流信号；当试样有吸收，两光束强度不等时，检测器产生与光强差成正比的交流信号，从而获得吸收光谱，如图 1-25 所示。

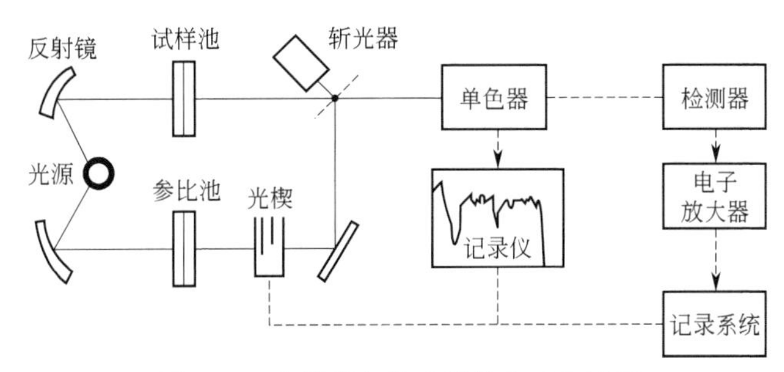

图 1-25　色散型红外光谱仪的工作原理

1. 光源

红外光源主要由能斯特灯和硅碳棒提供，波数范围 5000～400cm^{-1}。

能斯特灯是由稀土金属氧化物烧结的空心棒或实心棒，主要成分有氧化锆（75%）、氧化钇、二氧化钍等。工作适宜温度在 1300～1700℃，使用时需要提前预热，因为能斯特灯温度高于 800℃时才能成为导体并发光。能斯特灯的优点是能发射高强度的光，使用寿命可达 6 个月至 1 年。缺点是机械强度差，稍受压或受扭就会损坏，经常开关也会缩短其使用寿命。

硅碳棒是用高纯碳化硅烧结而成的，室温下可导电发光。其优点是波长范围宽，发光面积大，耐高温、腐蚀，抗氧化，升温快，寿命长，高温变形小，安装维修方便及价格便宜等。缺点是电极触头发热需水冷，随工作时间延长，其电阻会增大。

2. 样品池

红外光谱仪的样品池一般为一个可插入固体薄膜或液体池的样品槽。样品池窗片材料要用对红外光透过性好的碱金属、碱土金属的卤化物。如果需要对特殊的样品（如超细粉末等）进行测定则需要装配相应的附件。红外光谱仪可测定固、液、气态样品。气态样品一般注入抽成真空的气体样品池进行测定；液体样品一般注入液体吸收池中，在样品池的两窗之间形成薄液膜进行测定；固体试样常与纯 KBr 混匀压片后直接测定。

3. 单色器

单色器由狭缝、准直镜和色散元件（光栅或棱镜）通过一定的排列方式组合而成，它的作用是将进入入射狭缝的复合光分解成为单色光照射到检测器上。

4. 检测器

(1) 真空热电偶 真空热电偶是利用不同导体构成回路时的温差电现象，将温差转变为电热差。以一片涂黑的金箔作为红外辐射的接受面，在其一面上焊接两种热电势差别较大的不同金属、合金或半导体，作为热电偶的热接端，而在冷接端（通常为室温）连接金属导线，密封于高真空腔体内，在腔体上对着涂黑金属接受面的方向上开一小窗，窗口放红外透光材料盐片。当红外辐射通过盐窗照射到金箔片上时，热接端的温度升高，产生温差电势差，回路中就有电流通过，而且电流大小与红外辐射的强度成正比，其结构如图 1-26 所示。

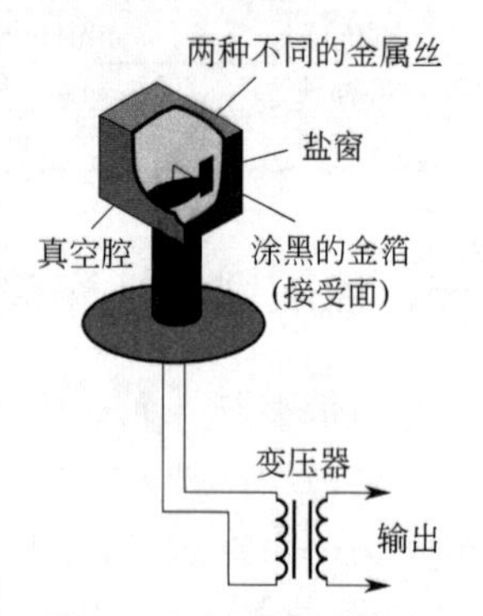

图 1-26 热电偶检测器的结构

(2) 高莱池检测器 高莱池是一种高灵敏度的气胀式检测器。红外辐射穿越盐窗，照射到气室黑金属薄膜上，气室温度升高使惰性气体（氙气或氩气）膨胀，使得另一端涂银的软镜膜变形凸出，导致检测器光源经过透镜、线栅照射到软镜膜后反射到达光电倍增管的光量改变。光电管产生的信号与红外照射的强度有关，从而达到检测的目的。高莱池检测器结构如图 1-27 所示。

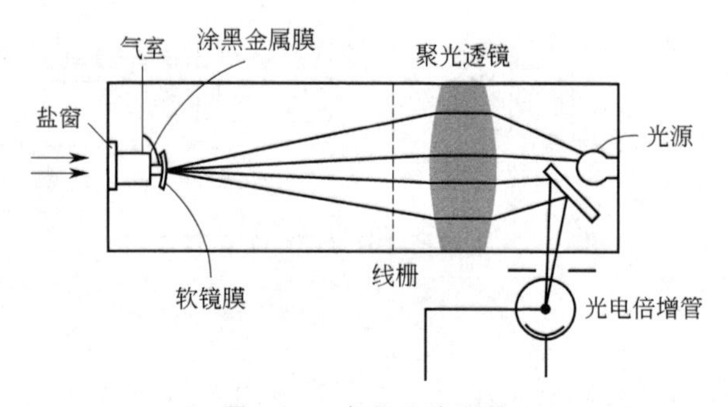

图 1-27 高莱池检测器

(3) 热电检测器 热电检测器以硫酸三甘肽（TGS）这类热电材料的单晶片为检测元件，正面镀铬，反面镀金成两电极，连接放一起置于带有盐窗的高真空玻璃容器内。TGS 是铁氧体，在居里点（49℃）以下，能产生很大的极化效应，温度升高时，极化度降低。红外辐射照射到 TGS 薄片上，引起温度的升高，极化度降低，表面电荷减少，相当于“释放”出部分电荷，经放大后进行检测记录。TGS 检测器的特点是响应速度快，噪声影响小，能实现高速扫描。故也用于傅里叶变换红外光谱仪中。

5. 记录系统

一般都由记录仪自动记录谱图。通过计算机控制仪器操作、参数优化、图文检索等。

傅里叶变换红外光谱仪的结构和原理

二、傅里叶变换红外光谱仪 (FTIR)

干涉型傅里叶变换红外光谱仪主要部件有光源、样品池、检测器和记录系统。与色散型红外光谱仪类似，不再阐述，区别是傅里叶变换红外光谱仪没有单色器，被迈克尔逊干涉仪取代。

迈克尔逊干涉仪是傅里叶变换红外光谱仪的核心部件，主要由定镜、动镜、光束分裂器和检测器组成，作用是将复合光变为干涉光。如图 1-28 所示。

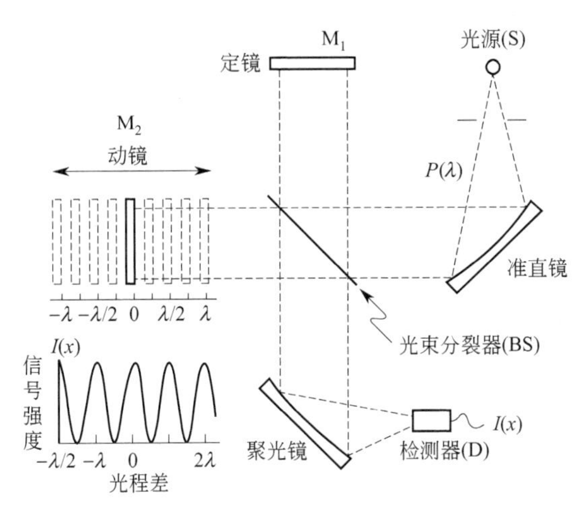

图 1-28 迈克尔逊干涉仪结构示意图

傅里叶变换红外光谱仪的干涉仪定镜固定不动，动镜可以沿镜轴前后移动，定镜和动镜交界处放有一个呈 45°角的分束器。光源发出的红外光进入干涉仪，干涉仪中的凹面镜（准直镜）将平行光部分反射到定镜，射向定镜的这部分光由定镜反射射向分束器，一部分发生反射（称为无用光），一部分透射进入后继光路，称第一束光；射向动镜的光束由动镜反射回来，一部分发生透射（成为无用部分），一部分反射进入后继光路，称为第二束光。当两束光通过样品到达检测器时，因存在光程差发生干涉。干涉光的强度与两光束的光程差有关，当光程差为半波长的偶数倍时，发生相长干涉，干涉图由红外检测器获得，经过计算机傅里叶变换处理后得到红外光谱图，工作流程如图 1-29 所示。

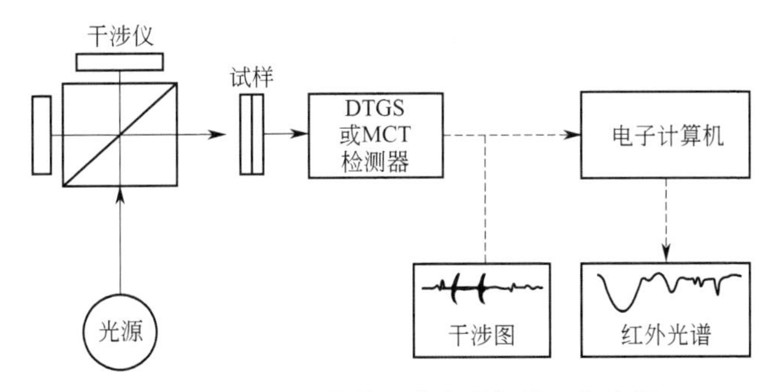

图 1-29 傅里叶变换红外光谱仪的工作流程

由于傅里叶变换红外光谱仪可以在任何测量时间内获得辐射源所有频率的所有信息，同时也消除了色散型光栅仪器的狭缝对光谱通带的限制，使光能的利用率大大提高，因此具有许多优点。

① 测量时间短。在不到一秒钟的时间内可以得到一张谱图，比色散型光栅仪快数百倍，可以用于 GC-IR。

② 分辨率高。波数精度达到 $0.01cm^{-1}$。

③ 测量精度高。重复性可达 0.1%。

④ 杂散光小。小于 0.01%。

⑤ 灵敏度高。在短时间内可以进行多次扫描，多次测量得到的信号进行累加，噪音可以降低，灵敏度可以增大，10^{-9}～10^{-12}g。

⑥ 测定光谱范围宽。10000～10cm^{-1}，1～1000μm。

任务三　学习红外吸收光谱实验技术

一、样品制备

要获得一张高质量红外光谱图，除了仪器本身的性能因素外，还必须有合适的样品制备方法。

红外吸收光谱法的试样可以是液体、固体或气体，一般要求如下：

第一，试样应该是单一组分的纯物质（纯度大于 98%）或符合商业规格，才有利于与纯物质的标准光谱进行对照。多组分试样应在测定前尽量预先用分馏、萃取、重结晶或色谱法进行分离提纯，否则各组分光谱互相重叠，难于判断。

第二，试样中不应含有游离水。水分本身在红外区有吸收，会严重干扰样品光谱图导致变形，而且会侵蚀吸收池的盐窗。

第三，试样的浓度和测试厚度应选择适当，以使光谱图中大多数吸收峰的透光率处于 15%～70%范围内。浓度太小，厚度太薄，会使一些弱的吸收峰和光谱的细微部分不能显示出来；过大、过厚，又会使强的吸收峰超越标尺刻度而无法确定它的真实位置和强度。有时为了得到完整的光谱需要用几种不同浓度或厚度的试样进行测绘。

1. 固体样品制备

（1）压片法　样品为粉末状时常采用压片法制样。将 1～2mg 试样与约 200mg 纯 KBr 研细混匀，置于模具中，用 50～100MPa 压力在油压机上压成透明薄片，即可用于测定。试样和 KBr 都应该经过干燥处理，研磨到粒度小于 2μm，以免散射光影响。

压片机结构如图 1-30 所示，为了保证压出的薄片表面光滑，对压片机的表面光洁度要求很高，进行压片时需要注意样品的粒度、湿度和硬度，以免磨损压片机压舌表面。

（2）石蜡糊法　将干燥处理后的试样研细，与液体石蜡或全氟代烃混合，调成糊状，夹在两 KBr 盐片中间进行测定。液体石蜡自身的吸收带简单，但此法不能用来研究饱和烷烃的吸收情况。

（3）薄膜法　主要用于高分子化合物，可将样品直接加热熔融然后涂制或压制成膜，或者是将样品溶解在低沸点的易挥发溶剂中，涂在盐片上，待溶剂挥发后成膜来测定。

2. 液体样品制备

（1）液体池法　对于沸点低、挥发性较大的液体可采用液体池法。吸收很强的液体，需使用溶剂稀释后进行测量，固体样品也可溶解后测定。液体池结构如图 1-31 所示。用注射器（不带针头）吸取待测样品，由下孔注入直到上孔看到样品溢出为止，用聚四氟乙烯塞子塞住上、下注射孔，用高质量的纸巾擦去溢出的液体后，便可测定，液层厚度一般为 0.01～

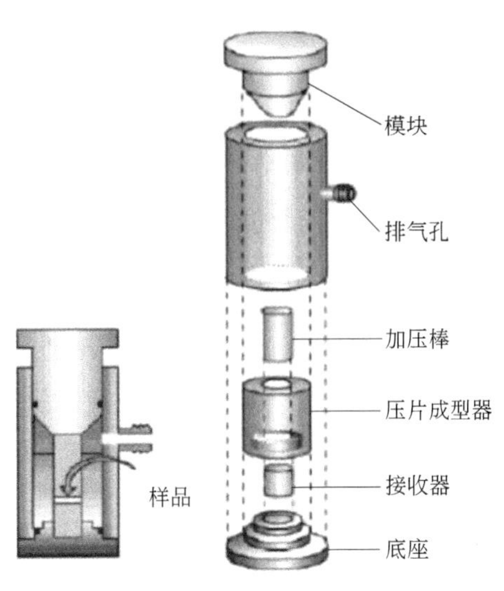

图 1-30　压片模具示意图

1mm。测量完毕，取出塞子，用注射器吸出样品，由下孔注入溶剂，冲洗 2～3 次，用吸耳球吸取红外灯附近的干燥空气吹入液池内以除去残留的溶剂，然后放在红外灯下烘烤至干，放入干燥器中保存。

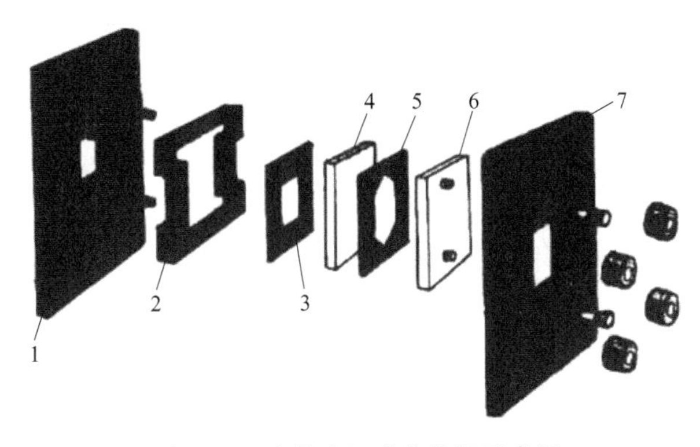

图 1-31　液体池组成的分解示意图

1—后框架；2—窗片框架；3—垫片；4—后窗片；5—聚四氟乙烯隔片；6—前窗片；7—前框架

(2) 液膜法　液膜法是定性上常用的方法，尤其是一些高沸点、黏度大、不易清洗的液体样品。在两盐片之间滴入 1～2 滴液体样品，形成液膜，用专门夹具夹放在仪器的光路上测量。这种方法重现性较差，不宜作定量分析。

3. 气体样品制备

气体样品可在气体吸收池内进行测定，吸收池两端使用红外透光的窗片（NaCl 或 KBr)，将气体吸收池抽真空，直接注入试样，如图 1-32 所示。当样品量特别少或样品面积特别小，需采用光束聚焦器，配备微量液体、固体、气体吸收池，通过反射系统测定。

二、样品池窗片材料选择

目前以中红外区应用最广泛。玻璃、石英等材料不能透过红外光，一般使用的光学材料为可透过红外光的 NaCl、KBr、CsI、KRS-5 等制成窗片，但 NaCl、KBr、CsI 等材料晶片

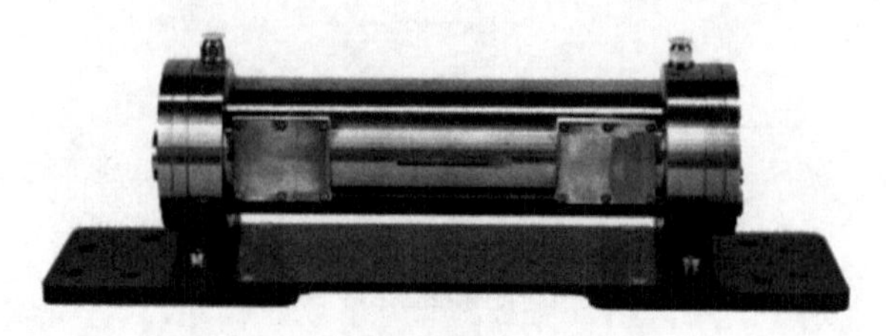

图 1-32　气体吸收池示意图

易吸水使表面“发乌”影响红外光透过，所以此类窗片要放置在干燥器中，注意防潮。晶体片质地脆，使用时要特别小心。固体样品常用纯 KBr 混匀压片，直接测定；含有水分样品采用 KRS-5 窗片、ZnSe、CaF_2 等材料测定。常见窗片材料如表 1-18 所示。

表 1-18　常见红外吸收样品池窗片材料

材料名称	化学组成	水中溶解度/(g/100mL 水)	折射率	透光范围/cm^{-1}
氯化钠	NaCl	35.7(0℃)	1.54	5000～625
溴化钠	KBr	53.5(0℃)	1.56	5000～400
碘化铯	CsI	44.0(0℃)	1.79	5000～165
氯化银	AgCl	不溶	2.0	5000～435
溴化银	AgBr	不溶	2.2	5000～285
氟化钙	CaF_2	0.0016(20℃)	1.43	5000～1110
金刚石	C	不溶	2.42	3400～2700、1650～600
锗	Ge	不溶	4.0	5000～430
硅	Si	不溶	3.4	5000～660

三、红外光谱仪附件技术

近年来傅里叶变换红外光谱技术在诸多领域广泛应用，而各种附件的出现及发展，更加拓宽了分析的测试范围。FTIR 分析的结果，在很大程度上取决于分析中选用的附件。适宜的附件不但有助于获得良好的红外光谱图，同时还可简化制样过程，甚至无需样品制备。因此，根据样品的性状和分析目的，对附件进行恰当的选择，这在 FTIR 分析中至关重要。

1. 衰减全反射技术（ATR）

衰减全反射技术是收集材料表面的光谱信息，适合测定普通红外光谱无法测定的厚度大于 0.1mm 的样品，如涂料、橡胶、塑料、纸、生物样品等。

衰减全反射附件应用于样品的测量，各谱带的吸收强度不但与样品的吸收性质有关，还取决于光线的入射深度。最后获得的红外谱图还需要经过 MIR 方程校正，见图 1-33。

2. 漫反射技术（DR）

漫反射技术是收集高散射样品的光谱信息，适合于粉末状样品的测定。漫反射光谱测定法其实是一种半定量技术，将漫反射光谱经过 KM（Kubelka-Munk）方程校正后可进行定量分析，见图 1-34。

漫反射测量时，无需 KBr 压片，可直接将粉末样品放入样品池中，用 KBr 粉末吸收后，测其漫反射谱图。用优质的金刚砂纸轻轻磨去表面的方法制备固体样，可简化样品准备过程，得到高质量的谱图。

3. 镜面反射光谱技术

镜面反射光谱技术是收集平整、光洁的固体表面的光谱信息。如金属表面的薄膜、金属

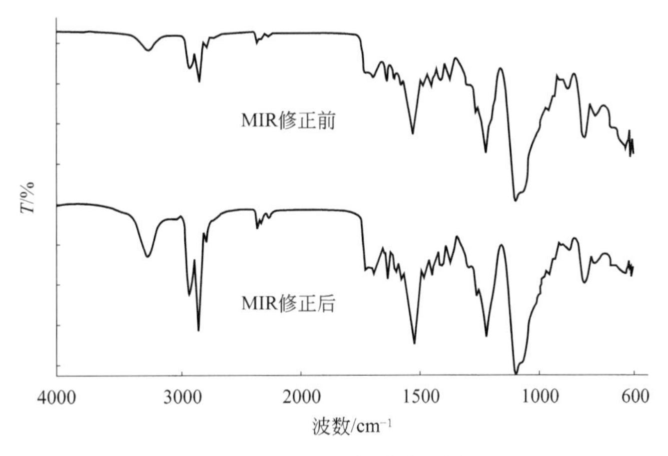

图 1-33　MIR 光谱修正图

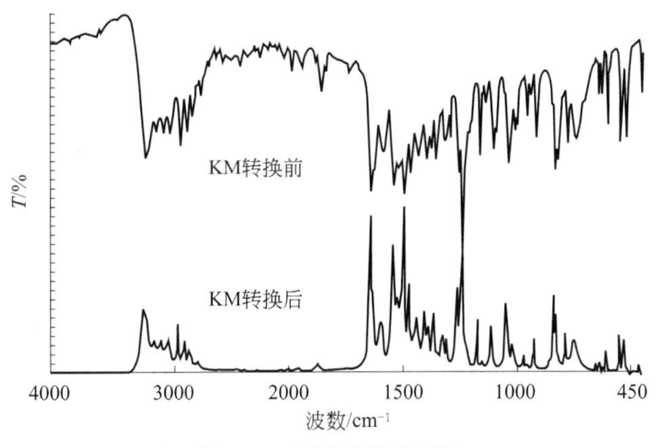

图 1-34　KM 光谱修正图

表面处理膜、食品包装材料和饮料罐表面涂层，厚的绝缘材料、油层表面、矿物摩擦面、树脂和聚合物涂层、铸膜塑料表面等。

在镜面反射测量中，由于不同波长位置下的折射指数有所不同，因而在强吸收谱带范围内，经常会出现类似于导数光谱的特征，这样测得的光谱难以解释，用 K-K（Kramers-Kroning）变换为吸收光谱后，可以解决解析上的困难，见图 1-35。

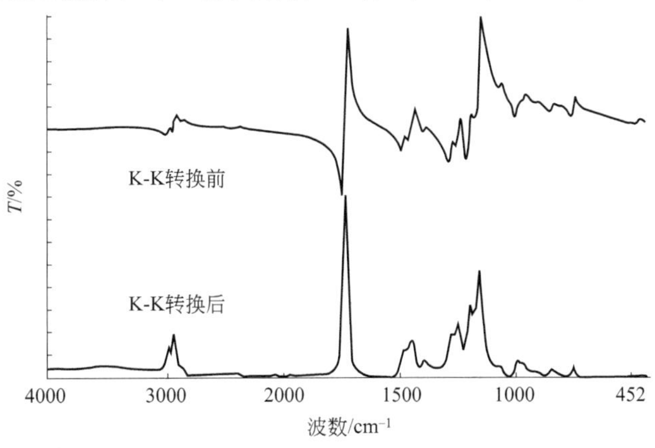

图 1-35　K-K 转换前后图

任务四　红外吸收光谱法分析应用

红外吸收光谱法广泛应用于有机化合物的定性分析和定量分析。

一、定性分析

红外光谱的定性分析主要应用于有机化合物的官能团定性和结构的分析。

在红外光谱定性分析中，无论是已知物的验证还是未知物的检定，都需要利用纯物质的图谱进行校验。最齐全、最常用的标准图谱集是“萨特勒（Sadtler）”标准红外光谱。

1. 已知物验证

将样品的谱图与标样谱图进行对照，或者与文献上的谱图进行对照，如果两张谱图各吸收峰的位置和形状完全相同，峰的相对强度一样，就可以认为样品是该种标准物；如果两张谱图不一样，或峰位不一致，则说明两者不为同一化合物。如用计算机谱图检索，则采用相似度来判别。使用文献上的谱图应当注意样品的物态、结晶状态、溶剂、测定条件以及所用仪器类型均应与标准谱图相同。要注意到一些其他因素，如有杂峰的出现，应考虑到是否有水分、CO_2 等的影响等。

2. 未知物检定

对未知物进行化合物结构检定分析时，一般分为如下几个步骤：

(1) 收集和了解样品的相关信息　样品来源、外观、形态、颜色、气味等外在表现，样品的分子量、沸点、熔点、折射率、物理常数等元素分析，缩小化合物的检定范围，方便选择适当的制样方法，作为判断未知物的佐证。

(2) 计算不饱和度

不饱和度计算式：

$$\Omega=1+n_4+\frac{n_3-n_1}{2} \tag{1-19}$$

式中，n_1、n_3 和 n_4 分别为分子中一价（通常为氢或卤素）、三价（通常为氮）和四价（碳）元素的原子数目。

$\Omega=0$ 时，表明化合物为无环饱和化合物；

$\Omega=1$ 时，表明分子有一个双键或一个饱和环；

$\Omega=2$ 时，表明分子有两个双键或两个饱和环，或一个双键再加上一个饱和环，或一个三键；

$\Omega=4$ 时，表明可能有一个苯环，以此类推。

【例 1-7】 求 $C_{10}H_{20}O$ 的不饱和度。

解：$\Omega=1+10+\frac{0-20}{2}=1$

(3) 图谱解析　先观察官能团区，找出存在的官能团，再看指纹区，如果是芳香族化合物，应定出苯环取代位置。谱图解释一般程序可总结为“四先四后一抓”。

①“先特征，后指纹”。通常先观察特征官能团区（4000～1350cm^{-1}），对照谱图中基

团频率区内的主要吸收带，找到各主要吸收带的基团归属，初步判断化合物中可能含有的基团和不可能含有的基团及分子的类型；然后再查看指纹区（1350～600cm^{-1}），进一步确定基团的存在及其连接情况和基团间的相互作用。

②“先强峰，后次强峰”。吸收峰的位置、强度和形状是红外光谱三要素。先寻找最强峰，找到所处位置（即吸收峰的波数），为判断特征基团提供依据，然后再查看次强峰。

③“先粗查，后细找”。根据图谱吸收峰出现的位置，通过查询红外光谱分区，粗判断。然后再细看是该区域内哪一个基团或官能团引起的吸收。

④“先否定，后肯定”。否定一个官能团的存在比肯定一个官能团的存在要容易，所以先否定不可能存在的官能团，再对可能存在的官能团做进一步解析。

⑤“一抓一组相关峰”。由于任何一个基团都存在着伸缩振动和弯曲振动，因此会在不同的光谱区域中显示出几个相关峰，通过观察一个峰和它的相关峰，可以更准确地判断基团的存在情况。

【例 1-8】 化合物 C_3H_6O 的红外光谱图如图 1-36 所示，试推断其结构。

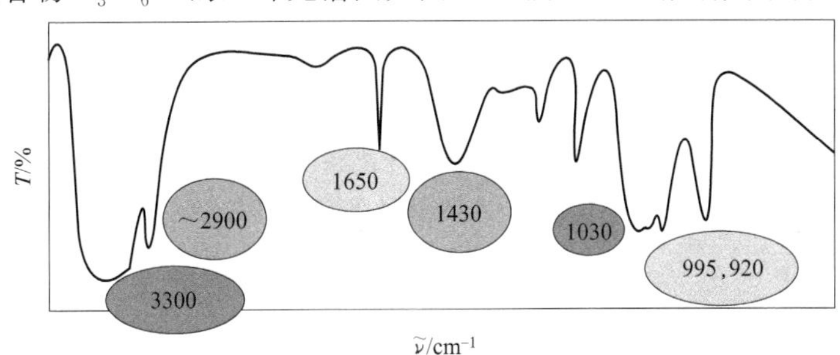

图 1-36　C_3H_6O 的红外光谱图

解：(1) 不饱和度计算：

$$\Omega=1+3+\frac{0-6}{2}=1$$

(2) 图谱分析

① 3300cm^{-1} 处有强而宽锐吸收峰，缔合—OH 形成的 ν_{OH}，醇类化合物在 1030cm^{-1} 处有吸收峰 ν_{C-O}。

② 1650cm^{-1} 处有吸收峰，$\nu_{C=O}$；含有 C ═C 基团，995cm^{-1}、920cm^{-1} 处有吸收峰，说明含有—CH ═CH_2 基团。

③ 3000～2800cm^{-1} 有吸收峰，饱和烷基 ν_{C-H} 吸收峰；1380cm^{-1} 处无吸收峰，说明不含—CH_3，1430cm^{-1} 是—CH_2—的吸收峰 ν_{CH_2}。

(3) 结构推断　化合物 C_3H_6O 的结构式为 CH_2 ═CH—CH_2—OH。

【例 1-9】 化合物 C_8H_7N 的红外光谱图具有如下特征吸收峰，请推断其结构。

(1) 3020cm^{-1}，(2) 1605cm^{-1} 及 1510cm^{-1}，(3) 817cm^{-1}，(4) 2950cm^{-1}，(5) 1450cm^{-1} 及 1380cm^{-1}，(6) 2220cm^{-1}。

解：

$\Omega=1+8+\frac{1-7}{2}=6$，可能为苯环加上两个双键或一个三键。

特征峰归属：

(1) ═CH，可能为苯环上 C—H 伸缩振动；

(2) 为苯环的骨架振动；

(3) 可能为苯环对位取代后 C—H 的面外弯曲振动；

(4) 可能为—CH_3 的伸缩振动；

(5) 可能为—CH_3 的弯曲振动；

(6) 可能为三键的伸缩振动，应为 C≡N。

故化合物结构最有可能为对甲基苯甲腈。

结构式：H_3C—⟨苯环⟩—C≡N。

二、定量分析

红外吸收光谱法定量分析理论依据是光吸收定律（朗伯-比尔定律），即在某一波长处，吸光度与物质的浓度呈现线性关系。

由于红外吸收光谱法的定量分析应用中存在以下不足：

① 谱图复杂，相邻峰重叠多，难以找到合适的检测峰。

② 峰型窄，狭缝宽。

③ 样品池厚度不易确定，参比池难以消除样品池、溶剂的影响。

定量分析

因此，红外吸收光谱法不适用于定量分析，如需使用，一般选择特征峰，有利于干扰的消除。

实验 1-4　薄膜、固体有机化合物的红外吸收光谱测定

【实验目的】

1. 掌握红外吸收光谱分析的基本原理。
2. 学习傅里叶变换红外吸收光谱仪的工作原理及使用方法。
3. 比较各种羰基在不同结构化合物中的红外吸收频率，理解取代效应和共轭效应的作用。
4. 掌握固体样品的制样技术。
5. 养成认真仔细、实事求是、文明规范操作的良好习惯。

【实验原理】

红外吸收光谱法是利用分子对红外光的吸收，使吸光分子发生振动能级和转动能级的跃迁，借助红外吸收光谱仪获得与化合物分子结构对应的红外光谱图，进一步通过解析红外吸收光谱图进行化合物分子结构鉴定的一种分析方法。

【仪器与试剂】

1. 仪器

红外光谱仪、压片机、压膜、玛瑙研钵。

2. 试剂

苯甲酸、二苯甲酮、聚苯乙烯、溴化钾。

【实验步骤】

1. 对选定的样品按照要求进行制样（固体样品用压片法制样）

样品压片时，取1～2mg试样与200mg纯KBr研细混匀，置于模具中压成透明薄片，即可用于测定，试样和KBr都应经过干燥处理，研磨到粒度小于2μm，以避免散射影响，在实验过程中，注意保证干燥的操作环境。

2. 设定仪器参数

测定各样品的红外吸收光谱图，并用仪器自带软件优化谱图。

3. 解析红外吸收光谱图

只需指认各基团的特征吸收峰，不必对每一个吸收峰作出解释。

实验1-5 醛和酮的红外吸收光谱图

【实验目的】

1. 掌握液体制样方法及液体池的使用。
2. 掌握红外光谱仪的操作。
3. 了解Sadtler标准红外光谱数据库。
4. 养成认真仔细、实事求是、文明规范操作的良好习惯。

【实验原理】

有机化合物分子中，存在相同化学键的原子团，同一频率区内会出现相同原子团的基频峰，但由于同一类型的原子团所处环境及有机化合物有所不同，它的基频峰频率和强度会发生变化。因此，掌握各种原子团基频峰的频率及其位移规律，就可应用红外吸收光谱来确定有机化合物分子中存在的原子团及其在分子结构中的相对位置，结合标准红外光谱图还可以鉴定有机化合物的结构。

【仪器与试剂】

1. 仪器

红外光谱仪、溴化钾窗片、注射器。

2. 试剂

苯甲醛（AR）、苯乙酮（AR）、四氯化碳（AR）、脱脂棉。

【实验步骤】

1. 试样的制备（液膜法制样）

取1～2滴苯甲醛或苯乙酮样品滴到两个溴化钾窗片间，形成一层薄的液膜（没有气泡），测定红外吸收光谱图。如果样品吸收很强，可用四氯化碳稀释成低浓度样品再进行测定。

2. 图谱查询

查询 Sadtler 中苯甲醛和苯乙酮标准红外光谱图，与测定实验结果进行比对。

【数据处理】

1. 图谱对照

在标准图谱库（Sadtler）查找苯甲醛和苯乙酮的标准红外图谱，与实验结果对照。

2. 图谱解析

找出苯甲醛醛基中 C—H 伸缩振动吸收峰及 C=O 伸缩振动吸收峰；苯乙酮 C=O 伸缩振动吸收峰。

【问题讨论】

1. 红外吸收光谱法定性分析的依据是什么？

2. 红外吸收光谱法中使用液体池测定的优势是什么？

练习题

一、选择题

1. 红外吸收光谱的产生是由于（　　）。

A. 分子外层电子、振动、转动能级的跃迁

B. 原子外层电子、振动、转动能级的跃迁

C. 分子振动-转动能级的跃迁

D. 分子外层电子的能级跃迁

2. 下列关于分子振动的红外活性的叙述中正确的是（　　）。

A. 凡是极性分子的各种振动都是红外活性的，非极性分子的各种振动都不是红外活性的

B. 极性键的伸缩和变形振动都是红外活性的

C. 分子的偶极矩在振动时周期性的变化，即为红外活性振动

D. 分子偶极矩的大小在振动时周期性的变化，必为红外活性振动，反之则不是

3. 在红外吸收光谱法中，用 KBr 制作为试样池，这是因为（　　）。

A. KBr 晶体在 4000～400cm^{-1} 范围内不会散射红外光

B. KBr 在 4000～400cm^{-1} 范围内有良好的红外光吸收特征

C. KBr 在 4000～400cm^{-1} 范围内无红外光吸收

D. KBr 在 4000～400cm^{-1} 范围内，对红外光无反射

4. 用于红外吸收光谱法分析的试样可以（　　）。

A. 是水溶液　　B. 含游离水　　C. 含结晶水　　D. 不含水

5. 一种能作为色散型红外光谱仪色散元件的材料为（　　）。

A. 玻璃　　B. 石英　　C. 卤化物晶体　　D. 有机玻璃

6. 用红外吸收光谱法测定有机物结构时，试样应该是（　　）。

A. 单质　　B. 纯物质　　C. 混合物　　D. 任何试样

7. 红外吸收光谱是（　　）。

A. 分子光谱　　B. 离子光谱　　C. 电子光谱　　D. 分子电子光谱

8. 凡是可用于鉴定官能团存在的吸收峰，称为特征吸收峰。特征吸收峰较多集中在（　　）区域。

A. 4000～1250cm^{-1}　　B. 4000～2500cm^{-1}

C. 2000～1500cm^{-1}　　D. 1500～670cm^{-1}

9. 并不是所有的分子振动形式其相应的红外谱带都能被观察到，这是因为（　　）。

A. 分子既有振动运动，又有转动运动，太复杂

B. 分子中有些振动能量是简并的

C. 因为分子中有 C、H、O 以外的原子存在

D. 分子某些振动能量太大

10. Cl_2 分子在红外光谱图上基频吸收峰的数目为（　　）。

A. 0　　B. 1　　C. 2　　D. 3

11. 苯分子的振动自由度为（　　）。

A. 18　　B. 12　　C. 30　　D. 31

12. 水分子有（　　）红外谱带，波数最高的谱带所对应的振动形式是（　　）振动。

A. 2 个，不对称伸缩　　B. 4 个，弯曲

C. 3 个，不对称伸缩　　D. 2 个，对称伸缩

13. 某化合物的分子量为 72，红外光谱图显示，该化合物含羰基，则该化合物可能的分子式为（　　）。

A. C_4H_8O　　B. $C_3H_4O_2$　　C. C_3H_6NO　　D. A 或 B

14. 下面四种气体中不吸收红外光的是（　　）。

A. H_2O　　B. CO_2　　C. CH_4　　D. N_2

15. 下列红外光源中，（　　）可用于远红外光区。

A. 碘钨灯　　B. 高压汞灯　　C. 能斯特灯　　D. 硅碳棒

16. 傅里叶变换红外光谱仪中的核心部分是（　　）。

A. 硅碳棒　　B. 迈克尔逊干涉仪

C. DTGS（氘代硫酸三甘肽）　　D. 光楔

17. 高莱池属于（　　）。

A. 高真空热电偶检测器　　B. 气体检测器

C. 测热辐射计　　D. 光电导检测器

18. 若固体样品在空气中不稳定，在高温下溶液升华，则红外样品的制备宜选用（　　）。

A. 压片法　　B. 石蜡糊法　　C. 熔融成膜法　　D. 漫反射法

19. 色散型红外光谱仪主要由（　　）部件组成。（多选题）

A. 光源　　B. 样品室　　C. 单色器　　D. 检测器

20. 红外光谱产生的必要条件是（　　）。（多选题）

A. 光子的能量与振动能级的能量相等　　B. 化学键振动过程中 $\Delta\mu\neq0$

C. 化合物分子不需具有 π 轨道　　D. 化合物分子应具有 n 电子

21. 影响基团频率的内部因素是（　　）。（多选题）

A. 电子效应　　B. 诱导效应　　C. 共轨效应　　D. 氢键的影响

22. 最有分析价值的基团频率在 4000～1300cm^{-1} 之间，这一区域称为（　　）。（多选题）

A. 基团频率区　　B. 官能团区　　C. 特征区　　D. 指纹区

23. 红外吸收光谱法固体制样方法有（　　）。（多选题）

A. 压片法　　B. 石蜡糊法　　C. 薄膜法　　D. 液体池法

24. 红外光源通常有（　　）。（多选题）

A. 热辐射红外光源　　B. 气体放电红外光源

C. 激光红外光源　　D. 氘灯光源

25. 用红外光谱测试薄膜状聚合物样品时，可采用（　　）。（多选题）

A. 全反射法　　B. 漫反射法　　C. 热裂解法　　D. 镜面反射法

二、判断题

1. 红外光谱不仅包括振动能级的跃迁，也包括转动能级的跃迁，故又称为振转光谱。（　　）

2. 在红外光谱中 C—H，C—C，C—O，C—Cl，C—Br 键的伸缩振动频率依次增加。（　　）

3. 傅里叶变换红外光谱仪与色散型仪器不同，采用单光束分光元件。（　　）

4. 在红外光谱分析中，压片法是将固定样品与一定量的碱土金属卤化物混合，在压片机上压片，然后进行测试。（　　）

5. 不考虑其他因素条件的影响，在酸、醛、酯、酰卤和酰胺类化合物中，出现 $C=O$ 伸缩振动频率的大小顺序是：酰卤＞酰胺＞酸＞醛＞酯。（　　）

6. 在红外光谱分析中，对不同的分析样品（气体、固体和液体）应选用相应的吸收池。（　　）

7. 使用红外吸收光谱法进行定量分析的灵敏度和准确度均高于紫外-可见分光光度法。（　　）

三、问答题

1. 产生红外吸收的条件是什么？是否所有的分子振动都能产生红外吸收光谱？为什么？

2. 影响红外吸收峰强度的主要因素有哪些？

3. 色散型红外光谱仪和紫外-可见分光光度计的主要部件各有哪些？二者最本质的区别是什么？

4. 影响基团频率的因素有哪些？什么是“指纹区”？其特点是什么？

5. 色散型红外光谱仪由哪几部分组成？每个部分的主要作用是什么？

6. 简述红外光谱解析步骤。

7. 某无色液体，其分子式为 C_8H_8O，红外吸收光谱图如下图所示，试推断其结构。

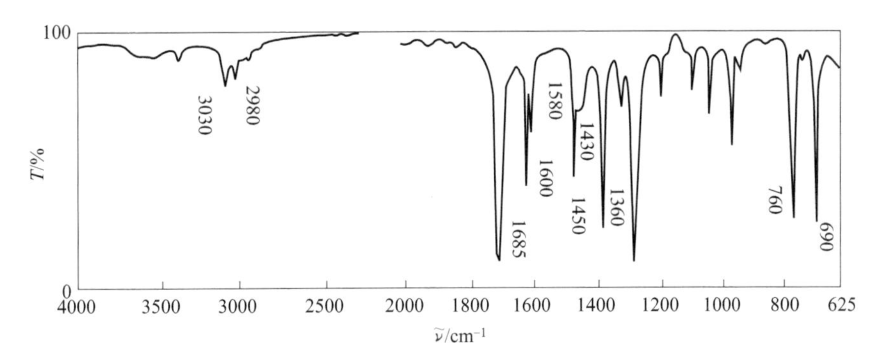

8. 某化合物为液体，只有 C、H、O 三种元素，分子量为 58，其红外吸收光谱如下图所示，试解析该化合物的结构。

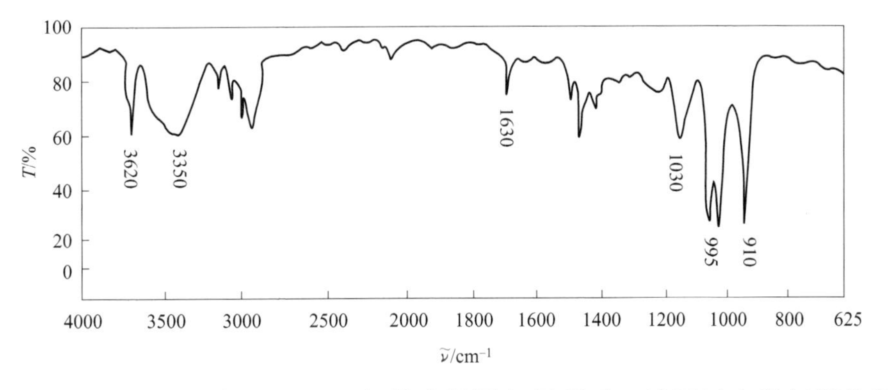

9. 某未知物的分子式为 C_7H_9N，红外光谱图如图所示，试通过光谱解析推断其分子结构。

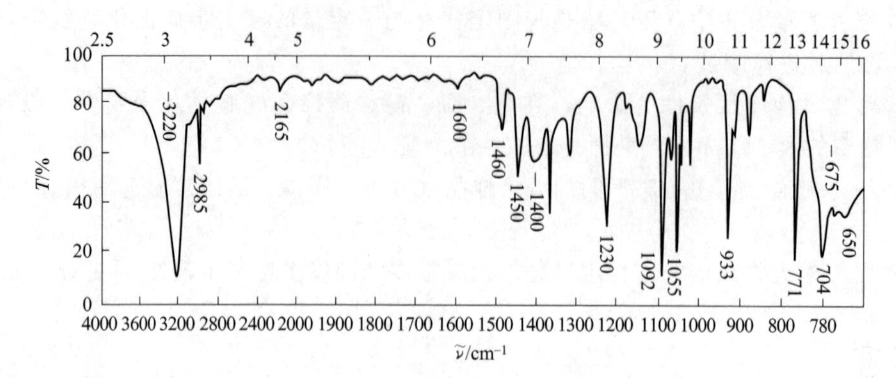

10. 已知化合物 C_4H_8O 的红外光谱吸收峰有 2820cm^{-1}、2720cm^{-1}、1730cm^{-1} 和 1380cm^{-1}，试推断其结构。

项目三

吸收特征谱线的原子物质的测定

知识目标：

1. 理解原子吸收光谱法的产生和基本原理；
2. 掌握原子吸收光谱仪的结构、各部件的作用及工作过程；
3. 掌握原子吸收光谱分析的定量方法；
4. 熟悉原子吸收光谱法分析条件的选择、主要的干扰及消除办法。

能力目标：

1. 能够根据要求正确制备样品，选择合适的测定条件；
2. 能够选择合适的定量分析方法测定物质含量；
3. 能够正确操作常见型号的原子吸收光谱仪。

素质目标：

1. 培养学生文明操作、规范操作的良好习惯；
2. 培养学生认真仔细、实事求是、一丝不苟的职业精神。

典型应用

用“锌”看世界

微量元素锌是人体必需的元素之一，被称为“生命之花”，参与人体内 300 多种酶的合成。人体内锌的总含量为 2.5g 左右，主要分布在眼睛、毛发、骨骼和男性生殖器内，缺锌会导致儿童生长发育迟缓、注意力不集中，影响身高等；成年人表现为手指起刺、手指甲白斑、地图舌、受伤后伤口愈合速度减慢、自身免疫力下降等。我国约有 1 亿人口受缺锌的影响，其中 30%～60% 为学龄儿童，且主要分布在广大的农村地区。1982 年，在我国新疆喀什等地发现人体缺锌综合征。我国人群的饮食习惯多以含锌量较低的谷物类为主，导致体内的锌含量较低，一些以肉类为主要食材的国家人群则锌含量较高。如何表征锌元素呢？目前主流测定方法为原子吸收光谱法。

任务一　熟悉原子吸收光谱法基本原理

一、概述

原子吸收光谱法（atomic absorption spectroscopy，AAS）是 20 世纪 50 年代创立的一

种新型仪器分析方法，是基于待测元素的基态原子蒸气对其特征谱线的吸收，由特征谱线的特征性和谱线被减弱的程度对待测元素进行定量分析的一种仪器分析方法。

原子吸收光谱法与紫外-可见分光光度法类似，都是基于吸收原理建立的分析方法，遵循光吸收定律。但就吸收机理而言，二者有本质区别，前者是基态气态原子吸收，后者是液态分子吸收。分子吸收除了分子外层电子能级跃迁外，同时还有振动能级和转动能级的跃迁，是一种宽带吸收，分子吸收光谱是宽带光谱，可以用连续光源测定。原子吸收只有原子外层电子跃迁，是一种窄带吸收，原子吸收光谱是线状光谱，只能用锐线光源测定。

原子吸收光谱法与分子吸收光谱法相比较，具有以下特点：

① 灵敏度高，检出限低。火焰原子吸收光谱法的测定灵敏度可达 10^{-9}g，石墨炉原子吸收光谱法的测定灵敏度可达 10^{-10}～10^{-14}g。

② 选择性好，抗干扰强。每种元素都有其特定的吸收谱线，共存元素大多数情况下对待测元素不产生干扰。

③ 精密度、准确度高。

④ 分析速度快。

⑤ 应用范围广。

二、原子吸收光谱的产生

众所周知，任何元素的原子都是由原子核和绕核运动的电子构成，原子核外电子按其能量的高低分层分布而形成不同的能级。因此，一个原子可以具有多种能级状态。能量最低的能级状态称为基态能级（$E_0=0$），其余能级称为激发态能级，而能量最低的激发态则称为第一激发态。正常情况下，原子处于基态，核外电子在各自能量最低的轨道上运动。如果将一定外界能量如光能提供给该基态原子，当外界光能量 E 恰好等于该基态原子中基态和某一较高能级之间的能级差 ΔE 时，该原子将吸收这一特征波长的光，外层电子由基态跃迁到相应的激发态，而产生原子吸收光谱。即

$$A^{o}+h\nu \longrightarrow A^{*}$$

$$\Delta E=E_{A^{*}}-E_{A^{o}}=h\nu \qquad (1\text{-}20)$$

式中，A^{o}、A^{*} 分别表示基态原子、激发态原子；$E_{A^{o}}$、$E_{A^{*}}$ 分别表示对应的能级。

如图 1-37 所示，钠原子有高于基态 2.2eV 和 3.6eV 的两个激发态。图中，当处于基态的钠原子受到 2.2eV 和 3.6eV 能量的激发就会从基态跃迁到较高的Ⅰ和Ⅱ能级，而跃迁所要的能量就来自于光。2.2eV 和 3.6eV 的能量分别相当于波长 589.0nm 和 330.3nm 的光线的能量，而其他波长的光不被吸收。

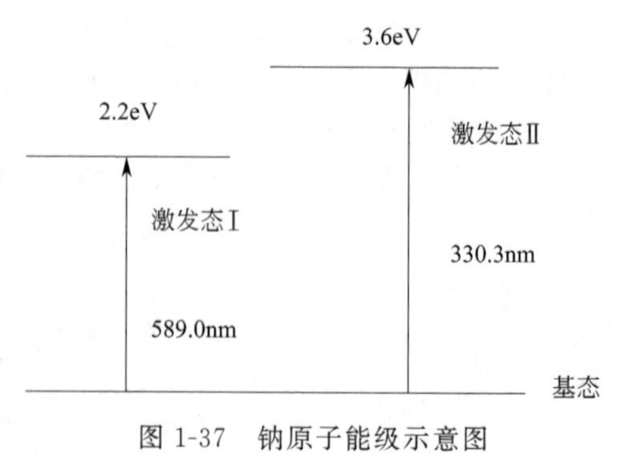

图 1-37　钠原子能级示意图

原子核外电子从基态跃迁至第一激发态所吸收的谱线称为共振吸收线，简称共振线。电子从第一激发态返回基态时所发射的谱线称为共振发射线。由于基态与第一激发态之间的能级差最小，电子跃迁概率最大，故共振吸收线最易产

生。对多数元素来讲，共振线是所有吸收线中最灵敏的，该吸收线也称为灵敏线。在原子吸收光谱分析中通常以共振线为吸收线。

原子吸收光谱的特征谱线

三、原子吸收光谱轮廓与变宽

理论和实验表明，无论是原子发射线还是原子吸收线，并非是一条严格的几何线，都具有一定形状，即谱线强度按频率有一分布值，而且强度随频率的变化是急剧的。通常是以 K-ν 曲线表示的，即以吸收系数 K 为纵坐标，频率 ν 为横坐标的曲线图，见图 1-38，原子吸收光谱曲线反映了原子对不同频率的光具有不同的吸收。曲线中极大值相对应的频率称中心（特征）频率（波长），符号为 ν_0，相应的吸收系数称中心吸收系数或峰值吸收系数，符号为 K_0。K-ν 曲线又称原子吸收光谱轮廓或吸收线轮廓。吸收线轮廓的宽度也叫光谱带宽，以半宽度 $\Delta\nu$（或 $\Delta\lambda$）的大小表示。原子吸收线的 $\Delta\nu$ 一般为 0.001～0.005nm。

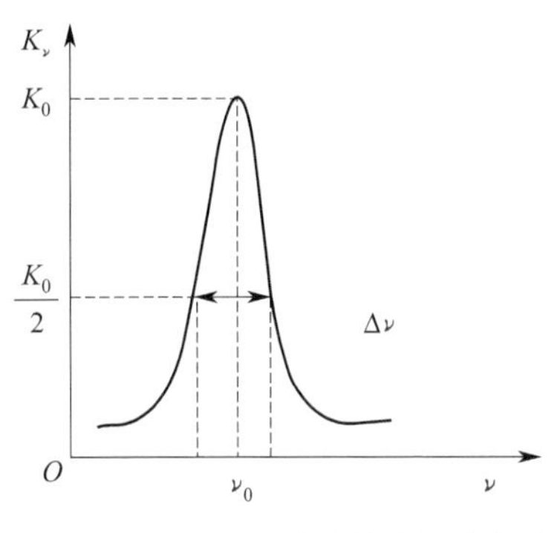

图 1-38　原子吸收谱线轮廓与半宽度

原子吸收光谱理论上应为一条直线，即线状光谱，但实际上是有一定宽度的谱线，其变宽的原因有两个方面：一方面是由原子性质所决定，如自然宽度；另一方面是由外界因素影响引起的，如多普勒变宽、洛伦茨变宽等。

1. 自然宽度（$\Delta\nu_N$）

在无外界因素影响的情况下，吸收线本身的宽度为自然宽度。自然宽度的大小与激发态的原子平均寿命有关，激发态原子平均寿命越长，吸收线自然宽度愈窄，对于多数元素的共振线来讲，自然宽度约为 10^{-5}nm。

2. 多普勒变宽（$\Delta\nu_D$）

多普勒变宽也称热变宽，这是由于原子在空间作无规则热运动所引起的一种吸收线变宽现象。多普勒变宽随温度升高而加剧，并随元素种类而异，在一般火焰温度下，多普勒变宽可以使谱线增宽 10^{-3}nm，是原子吸收谱线变宽的主要原因。

3. 压力变宽

吸光原子与其他粒子相互碰撞而引起的谱线变宽现象为压力变宽，也称碰撞变宽。根据碰撞粒子的不同，压力变宽可分为两种变宽，一种是洛伦茨变宽，即待测元素的原子与其他元素原子相互碰撞而引起的吸收线变宽，它随原子区内原子蒸气压力增大和温度升高而增大；另一种是共振变宽，即待测元素的原子之间相互碰撞而引起的吸收线变宽，只有在待测元素浓度较高时才有影响，一般可以忽略。压力变宽主要是洛伦茨变宽。在 101.325kPa 以及一般火焰温度下，大多数元素共振线的洛伦茨变宽与多普勒变宽的增宽范围具有相同的数量级，一般为 10^{-3}nm。

4. 场致变宽和自吸变宽

在外界电场或磁场作用下，也能引起原子能级分裂而使谱线变宽，这种变宽称为场致变宽。另外，光源辐射共振线，由于周围较冷的同种原子吸收掉部分辐射，使光强减弱，这种现象叫谱线的自吸收。在实际应用中应选择合适的灯电流来避免自吸变宽效应。

在通常的原子吸收分析实验条件下，吸收线轮廓主要受到多普勒变宽和洛伦茨变宽的影响，而其他元素的粒子浓度很小时，则主要受多普勒变宽的影响。

四、原子吸收线的测量

1. 积分吸收

在吸收线轮廓内，吸收系数的积分称为积分吸收系数，简称为积分吸收，它表示吸收的全部能量。从理论上可以得出，积分吸收与原子蒸气中吸收光的原子数成正比，数学表达式为：

$$\int K_{\nu}\mathrm{d}_{\nu}=\frac{\pi e^{2}}{mc}N_{0}f \tag{1-21}$$

式中，e 为电子电荷；m 为电子质量；c 为光速；N_0 为单位体积内基态原子数；f 振子强度，即能被入射光激发的每个原子的平均电子数，在一定条件下，对一定元素，f 可视为一定值。当分析线确定后，式中$\frac{\pi e^{2}}{mc}f$ 是一个常数，可用 k 表示，上式可简化为：

$$\int K_{\nu}\mathrm{d}_{\nu}=kN_{0} \tag{1-22}$$

由式(1-22) 可见，积分吸收与基态原子数成正比。一般来说，激发态原子数不足基态原子总数的千分之一，激发态原子数可忽略不计，基态原子数几乎等于待测元素原子的总数 N。因此，积分吸收与待测元素原子的总数成正比。基态原子数正比于原子对特定波长光的吸收概率。这是原子吸收光谱分析法的重要理论依据。

若能测定积分吸收，则可求出待测元素的原子浓度。但是，测定谱线宽度仅为 10^{-3}nm 的积分吸收，需要分辨率高达 50 万的色散仪器，目前的技术情况尚未能实现。

2. 峰值吸收

目前，一般采用测量峰值吸收系数的方法代替测量积分吸收系数的方法。采用发射线的中心频率与吸收线中心频率一致且发射线半宽度比吸收线半宽度小得多的锐线光源即可实现峰值吸收的测量，见图 1-39。这样就不需要用高分辨率的单色器，而只要将其与其他谱线分离，就能测出峰值吸收。

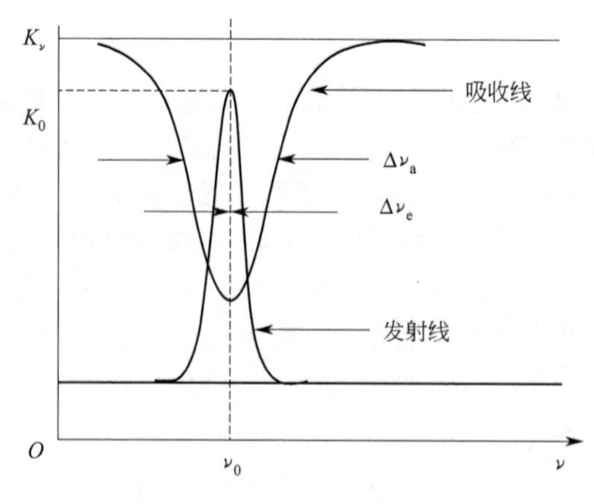

图 1-39　锐线光源的必备条件

拓展阅读

连续光源与锐线光源

拔毛前称量：500kg

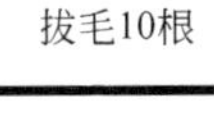

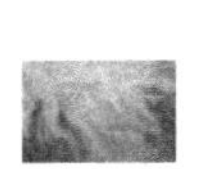

产生了Δm

拔毛后称量：500kg

对于连续光源和锐线光源的理解，可以形象地理解为牛和牛毛的关系。从上图中可以看到：在称量和减少牛毛的过程中，产生Δm，但相比较一头重达500kg的牛来说，减少的牛毛是不能显现的，这就是连续光源（牛）与锐线光源（牛毛）的区别，在检测待测元素特征光的发射能量变化时，必须用牛毛级别的锐线光源即用发射线宽度小于吸收线宽度的谱线才能准确获得其减小量“Δm”。

在一般原子吸收测量条件下，原子吸收轮廓取决于多普勒变宽（热变宽）宽度，通过运算可得峰值吸收系数：

$$K_0=\frac{2\sqrt{\pi\ln 2}}{\Delta\nu_D}\times\frac{e^2}{mc}N_0 f \tag{1-23}$$

式(1-23)中峰值吸收系数与原子浓度成正比，只要能测出K_0，就可得出N_0。

3. 吸收定律

在实际分析中，一般要求测定待测样品中待测元素浓度，而非原子数。对于原子吸收值的测量，是以一定光强的单色光I_0通过原子蒸气，然后测出透射光的强度I_t，此吸收过程符合朗伯-比尔定律，即

$$A=\lg(I_0/I_t)=KNL=Kc \tag{1-24}$$

式中，K为吸收系数；N为自由原子总数（基态原子数）；L为吸收层厚度。

当实验条件一定时，N正比于待测元素的浓度c，该式是原子吸收光谱分析的定量依据。

任务二　熟悉原子吸收光谱仪的结构及使用

原子吸收光谱仪由光源、原子化器、单色器和检测器四个基本部分组成，基本构造和工作流程如图1-40所示。

原子吸收分光光度计的结构

一、光源

1. 光源的作用

光源的作用是发射待测元素基态原子蒸气所需吸收的特征共振辐射。对光

源的基本要求是：

① 发射线半宽度远小于吸收线半宽度；

② 辐射强度大且稳定；

③ 连续背景小；

④ 光谱纯度高，在光源通带内没有其他干扰光谱；

⑤ 操作方便，使用寿命长。

目前，空心阴极灯是符合上述要求的理想光源，应用最广。

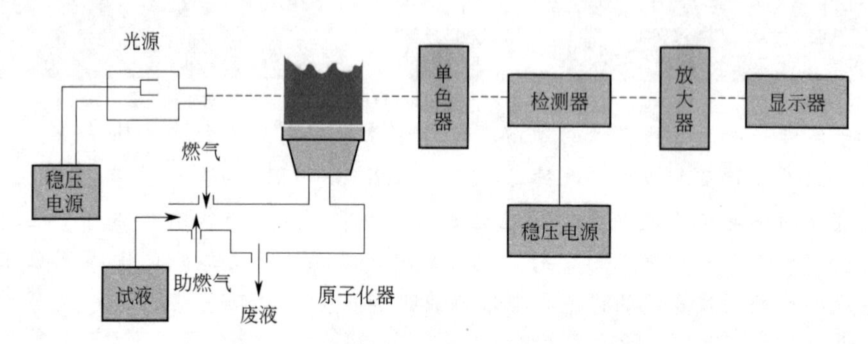

图 1-40　原子吸收光谱仪基本结构示意图

2. 空心阴极灯的结构

空心阴极灯是由玻璃管制成的、封闭着低压惰性气体的放电管，如图 1-41 所示，主要是由一个阳极和一个空心阴极组成。阴极为空心圆柱形，由待测元素的高纯金属或合金直接制成，贵重金属以其箔衬在阴极内壁。阳极为钨棒，上面装有钛丝或钽片作为吸气剂。灯的光窗材料根据所发射的共振线波长而定，在可见波段用硬质玻璃，在紫外波段用石英玻璃。制作时先抽成真空，然后再充入压强为 260～400Pa 的少量氖气或氩气等惰性气体，其作用是载带电流、使阴极产生溅射及激发原子发射特征的锐线光谱。

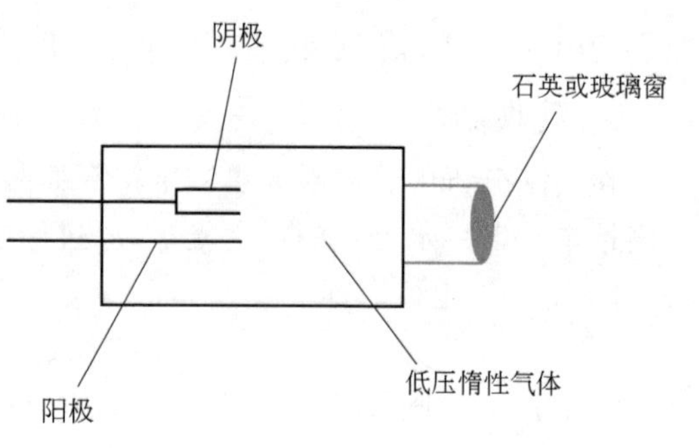

图 1-41　空心阴极灯结构示意图

3. 空心阴极灯工作原理

当空心阴极灯两极间加上 300～430V 电压后，管内气体中存在着的极少量阳离子向阴极运动，并轰击阴极表面，使阴极表面的电子获得外加能量而逸出。逸出的电子在电场作用下，向阳极作加速运动，在运动过程中与充气原子发生非弹性碰撞，产生能量交换，使惰性气体原子电离产生二次电子和正离子。在电场作用下，这些质量较重、速度较快的正离子向阴极运动并轰击阴极表面，不但使阴极表面的电子被击出，而且还使阴极表面的原子获得能量，从晶格能的束缚中逸出而进入空间，这种现象称为阴极的“溅射”。“溅射”出来的阴极元素的原子，在阴极区再与电子、惰性气体原子、离子等相互碰撞，进而获得能量被激发，发射出阴极物质元素的特征光谱。

空极阴极灯发射的光谱，主要是阴极元素的光谱。用不同种元素作阴极材料，可制成相应元素的空心阴极灯。若阴极元素只含一种元素，则制成的是单元素灯。若阴极元素含多种元素，则可制成多元素灯。多元素灯的发光强度一般都较单元素灯弱。

二、原子化器

1. 原子化器的作用、要求及分类

原子化器的作用是提供能量，使试样干燥、蒸发和原子化，产生基态原子蒸气。入射光在这里被基态原子吸收，因此也可把它视为“吸收池”。

对原子化器的基本要求：

① 必须具有足够高的原子化效率；

② 必须具有良好的稳定性和重现性；

③ 操作简单及具有较低的干扰水平。

原子化器分为火焰原子化器和非火焰原子化器。非火焰原子化器又包含石墨炉原子化器和化学原子化法。

2. 火焰原子化器

火焰原子化法是目前广泛应用的一种原子化方式。最常用的是预混合型火焰原子化器，其结构如图 1-42 所示。它由雾化器、雾化室和燃烧器三部分组成。它是将液体试样经喷雾器形成雾粒，雾粒在雾化室中与气体（燃气与助燃气）均匀混合，除去大液滴，再进入燃烧器，经燃烧形成气态原子蒸气。

火焰原子化器的工作原理

图 1-42　预混合型火焰原子化器结构

(1) 雾化器　原子吸收法中所采用的雾化器是一种气压式、能将试样转化成气溶胶的装置。它的作用是将试液变成细小的雾粒。雾粒越细、越多，在火焰中生成的基态自由原子就越多。目前，应用最广的是气动同心型雾化器。当气体从喷雾器喷嘴高速喷出时，由于伯努利效应的作用，在喷嘴附近产生负压，使样品溶液被抽吸，经由吸液毛细管流出，并被高速的气流破碎成为气溶胶（雾滴），喷雾器喷出的雾滴碰到玻璃球上，可进一步细化成更小的雾滴，与燃气、助燃气混合进入燃烧器。目前，雾化器多采用不锈钢、聚四氟乙烯或玻璃等制成。一个质量优良的雾化器，产生直径在 5～10μm 范围的气溶胶应占大多数。

(2) 雾化室　雾化室的作用主要是去除大雾滴，并使燃气和助燃气充分混合，以便在燃烧时得到稳定的火焰。其中的扰流器可使雾滴变细，同时可以阻挡大的雾滴进入火焰。一般的喷雾装置的雾化效率为 5%～15%。

(3) 燃烧器 燃烧器的作用是产生火焰，并将试液的细雾滴在火焰中经过干燥、熔化、蒸发和离解等过程后，产生大量的基态自由原子及少量的激发态原子、离子和分子。通常要求燃烧器的原子化程度高、火焰稳定、吸收光程长、噪声小等。燃烧器有单缝和三缝两种。燃烧器的缝长和缝宽，应根据所用燃料确定。目前，单缝燃烧器应用最广。

燃烧器多为不锈钢制造，高度上下前后可调，以便选取适宜的火焰部位测量。为了改变吸收光程，扩大测量浓度范围，燃烧器可旋转一定角度。

火焰燃烧速度：燃烧速度是指由着火点向可燃烧混合气其他点传播的速度。它影响火焰的安全操作和燃烧的稳定性。要使火焰稳定，可燃混合气体的供应速度应大于燃烧速度。但供气速度过大，会使火焰离开燃烧器，变得不稳定，甚至吹灭火焰；供气速度过小，将会引起回火。

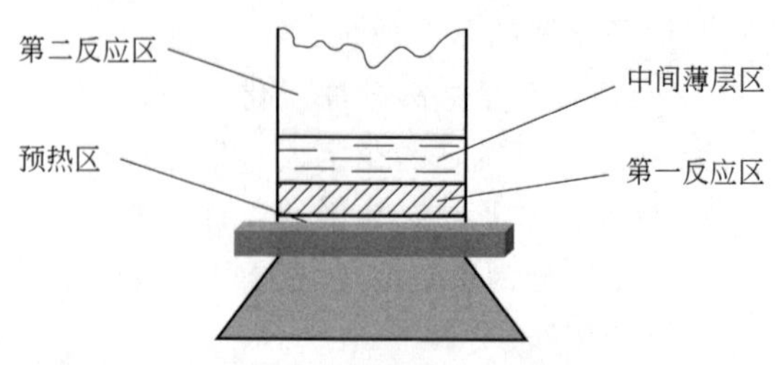

图 1-43 火焰结构示意图

火焰结构：正常火焰由预热区、第一反应区、中间薄层区和第二反应区组成，见图 1-43。

预热区，亦称干燥区，燃烧不完全，温度不高，试液在这里被干燥，呈固态颗粒。第一反应区，亦称蒸发区，是一条清晰的蓝色光带。燃烧不充分，半分解产物多，温度未达到最高点。干燥的试样固体微粒在这里熔化、蒸发或升华。通常较少用这一区域作为吸收区进行分析工作。但对于易原子化、干扰较小的碱金属，可在该区进行分析。中间薄层区，亦称原子化区，燃烧完全，温度高，被蒸发的化合物在这里被原子化，是原子吸收分析的主要应用区。第二反应区，亦称电离区。燃气在该区反应充分，中间温度很高，部分原子被电离，往外层温度逐渐下降，被解离的基态原子又重新形成化合物，因此这一区域不能用于实际原子吸收分析工作。

火焰的燃气和助燃气比例：在原子吸收分析中，通常采用乙炔、煤气、丙烷、氢气作为燃气，以空气、氧化亚氮、氧气作为助燃气。同一类型的火焰，燃气、助燃气比例不同，火焰性质也不同。按火焰燃气和助燃气比例的不同，可将火焰分为三类：化学计量火焰、富燃火焰和贫燃火焰。

① 化学计量火焰：指燃气与助燃气之比与化学反应计量关系相近，又称为中性火焰。此火焰温度高、稳定、干扰小、背景低，适合用于多种元素的测定。

② 富燃火焰：指燃气与助燃气之比大于化学计量的火焰，即燃气多，助燃气少，又称还原性火焰。这类火焰呈黄色，层次模糊，温度稍低，还原性较强，适合于易形成难离解氧化物元素的测定。

③ 贫燃火焰：指燃气与助燃气之比小于化学计量的火焰，即燃气少，助燃气多，又称氧化性火焰。此类火焰呈蓝色，温度较低，氧化性较强，适于易离解、易电离元素的原子化，如碱金属等。

火焰的温度：一般选择火焰的温度应使待测元素恰能离解成气态的基态自由原子为宜。若温度过高，会增加原子电离或激发，从而使基态自由原子减少，导致分析灵敏度降低。若温度过低，基态自由原子数目也会减少，原子化效率降低。不同类型的火焰，具有不同的温度，表 1-19 列出几种常见火焰的燃烧特性。

表 1-19　常见火焰的燃烧特性

燃气	助燃气	最高着火温度/K	最高燃烧温度/K
乙炔	氧气	608	3160
	空气	623	2430
	氧化亚氮		2990
煤气	氧气	450	3013
	空气	560	1980
丙烷	氧气	490	2850
	空气	510	2198
氢气	氧气	723	2933
	空气	803	2318
	氧化亚氮		2880

选择适宜的火焰条件是一项重要的工作，可根据试样的具体情况，通过实验或查阅有关的文献确定。除此以外，选择火焰时，还应考虑火焰本身对光的吸收。烃类火焰在短波区有较大的吸收，而氢火焰的透射性能则好得多。对于分析线位于短波区的元素的测定，在选择火焰时应考虑火焰透射性能的影响。

3. 石墨炉原子化器

石墨炉原子化器是常用的非火焰原子化器，应用最广的石墨炉原子化器是管式石墨炉原子化器。本质上，它是一个电加热器，利用电能加热盛放样品的石墨容器，使之达到高温，以实现样品的蒸发和原子化。

(1) 石墨炉原子化器结构　石墨炉原子化器结构如图 1-44 所示，由加热电源、惰性气体保护系统和石墨管炉组成。石墨管长约 50mm，内径约 5mm。石墨管固定在两个电极之间，管的两端开口，安装时其长轴与原子吸收分析的光束通路重合。样品用微量注射器直接由进样孔注入石墨管中。为了防止样品及石墨管氧化，盖板盖上后，石墨管内构成保护气室，室内通以惰性气体氩气或氮气，以保护原子化的样品不再被氧化，同时也延长石墨管的使用寿命。石墨管作为电阻发热体，通电后可达到 2000～3000℃高温，以蒸发样品和使样品原子化。

石墨炉
工作原理

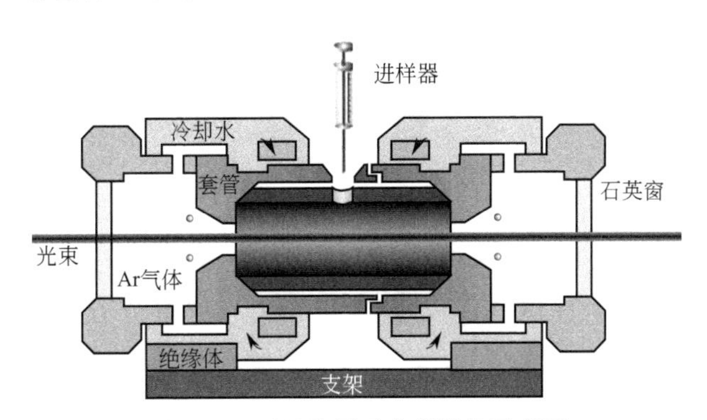

图 1-44　石墨炉原子化器结构示意图

(2) 石墨炉原子化过程　石墨炉原子过程包括干燥、灰化、原子化和净化四个阶段，由微机控制实行程序升温。图 1-45 为石墨炉原子化过程示意图。

干燥：其目的是除去溶剂，以避免溶剂存在时导致灰化和原子化过程发生飞溅。干燥的温度一般稍高于溶剂的沸点，如水溶液一般控制在 105℃。干燥的时间视进样量的不同而有所不同，一般每微升试液需约 1.5s。

灰化：其目的是尽可能除去易挥发的基体和有机化合物，这个过程相当于化学处理，不仅减少了可能发生干扰的物质，而且对待测物质也起到富集的作用。灰化的温度及时间一般要通过实验选择，通常温度在100～1800℃，时间为0.5～1min。

原子化：其目的是使样品解离为中心原子。原子化的温度和时间随待测元素的变化而变化，经常通过实验选择最佳的原子化温度和时间，这是原子吸收光谱分析的重要条件之一。一般温度可达2500～3000℃，时间为3～10s。在原子化过程中，应停止氩气通过，以延长原子在石墨炉管中的平均停留时间。

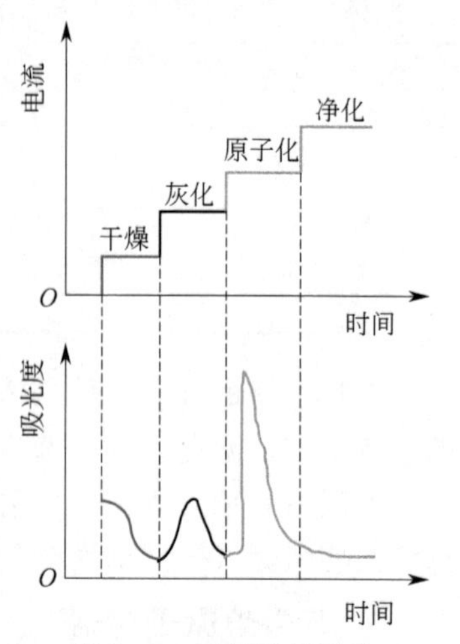

图1-45　石墨炉原子化四个阶段图

净化：也称高温除残，它是在一个样品测定结束后，把温度提高，并保持一段时间，以除去石墨管中的残留物，净化石墨管，减少因样品残留所产生的记忆效应。除残温度一般高于原子化温度10%左右，除残时间根据实际情况而定。

(3) 石墨炉原子化法的特点　与火焰原子化法相比，石墨炉原子化的优点是：

① 样品原子化是在充有惰性保护气的气室内，于强还原性石墨介质中进行的，有利于难熔氧化物的分解和自由原子的快速生成；

② 用样量小，通常固体样品为0.1～10mg，液体样品为1～50μL，样品全部蒸发，原子在测定区的有效停留时间长，几乎全部样品参与光吸收，绝对灵敏度高；

③ 排除了化学火焰中常常产生的待测组分与火焰组分之间的相互作用，减小了化学干扰；

④ 固体样品与液体样品均可直接进样。

石墨炉原子化法的缺点是：取样量小，样品组成的不均匀性影响较大，测定精密度不如火焰原子化法好；有强的背景吸收；设备比较复杂，费用较高。

4. 化学原子化法

化学原子化法，又称低温原子化，它是利用某些元素（如Hg）本身或元素的氢化物（如AsH_3）在低温下的易挥发性，将其导入气体流动吸收池内进行原子化。目前通过该原子化方式测定的元素有Hg，As，Sb，Se，Sn，Bi，Ge，Pb，Te等。生成氢化物是一个氧化还原过程，所生成的氢化物是共价分子型化合物，沸点低，易挥发分离分解。以As为例，反应过程可表示如下：

$$AsCl_3 + 4NaBH_4 + HCl + 8H_2O \longrightarrow AsH_3\uparrow + 4KCl + 4HBO_2 + 13H_2$$

AsH_3在热力学上是不稳定的，在900℃温度下就能分解出自由As原子，实现快速原子化。

三、单色器

单色器的作用是从激发光源的复合光中分离出待测元素的分析线，它是光学系统中最重要的部件之一。单色器由入射狭缝、出射狭缝、反射镜和色散元件组成，其中色散元件是核心部件。色散元件一般为光栅，光栅色散率均匀，分辨率高。尤其是复制光栅技术的发展，已能生产出价格低廉的优质复制光栅，所以近代商品原子吸收光谱仪几乎都采用平面或凹面光栅单色器。进入21世纪，已有采用中阶梯光栅单色器的仪器推向市场，这种仪器分辨能力强、结构小巧，具有很强的发展潜力。

四、检测器

检测器的作用是将单色器分离的待测元素分析谱线光信号转变为电信号，并将电压信号放大，最终由数字显示器、指示仪表或记录仪显示记录下来。

原子吸收分光光度计工作流程

原子吸收光谱法中检测器通常使用光电倍增管。光电倍增管是一种多极真空光电管，内部有电子倍增机构，内增益极高，是目前灵敏度最高、响应速度最快的一种光电检测器，广泛应用于各种光谱仪器上。常用光电倍增管有两种结构，分别为端窗式与侧窗式，其工作原理相同。端窗式从倍增管的顶部接收光，侧窗式从侧面接收光，目前光谱仪器中应用较广泛的是侧窗式光电倍增管。

光电倍增管的工作电源应有较高的稳定性。如工作电压过高、照射的光过强或光照时间过长，都会引起疲劳效应。

任务三　原子吸收光谱法分析条件选择

一、分析条件的选择

1. 分析线的选择

一般选用元素的共振线作分析线，但当有其他组分干扰或测定高含量组分时可选用非共振线。表1-20列出了常用元素的分析线。

表1-20　常用元素的分析线

元素	λ/nm	元素	λ/nm	元素	λ/nm
Ag	328.07,338.29	Dy	335.96,404.60	Lu	335.96,328.17
Al	309.27,308.22	Er	400.80,415.11	Mg	285.21,279.55
As	193.64,197.20	Eu	459.40,462.72	Mn	279.48,403.68
Au	242.80,267.60	Fe	248.33,352.29	Mo	313.26,317.04
B	249.68,249.77	Ga	287.42,294.42	Na	589.00,330.30
Ba	553.55,455.40	Gd	386.14,407.87	Nb	334.37,358.03
Be	234.86	Ge	265.16,275.46	Nd	463.42,471.90
Bi	223.06,222.83	Hf	307.29,286.64	Ni	232.00,341.48
Ca	422.67,239.86	Hg	253.65	Os	290.91,305.87
Cd	228.80,326.11	Ho	410.38,405.39	Pb	216.70,283.31
Ce	520.00,369.70	In	303.94,325.61	Pd	247.64,244.79
Co	240.71,242.49	Ir	209.26,208.88	Pr	495.14,513.34
Cr	357.87,359.35	K	766.49,769.90	Pt	265.95,306.47
Cs	852.11,455.54	La	550.13,418.73	Rb	780.02,794.76
Cu	324.75,327.40	Li	670.78,323.26	Re	346.05,346.47

2. 灯电流的选择

空极阴极灯的发光强度与工作电流有关。使用灯电流过小，放电不稳定；灯电流过大，溅射作用增强，原子蒸气密度增大，谱线变宽，甚至引起自吸，导致测定灵敏度降低，灯寿命缩短。因此在实际工作中应选择合适的工作电流。灯电流选择的原则是：保证稳定和适当光强度输出的条件下，尽量选用较低的工作电流。通常选用最大允许电流的1/2～2/3为工作电流。

3. 原子化条件的选择

火焰原子化法主要是选择适当的火焰。对于分析线在200nm以下的元素，不宜选用乙炔火焰，因乙炔火焰在此波区有明显的吸收，干扰测定。对于易电离的元素，宜选用低温火焰。而对于易生成难离解化合物的元素，则宜选用高温火焰。火焰类型确定后，燃气与助燃气之比应通过实验进一步确定。

石墨炉原子化法主要应选择合适的干燥、灰化、原子化及净化等阶段的温度和时间。干燥一般在105～125℃的条件下进行；灰化要选择能除去试样中基体与其他组分而被测元素不损失的情况下，尽可能高的温度；原子化温度选择可达到原子吸收最大吸光度值的最低温度；净化或称清除阶段，温度应高于原子化温度，时间仅为3～5s，以便消除试样的残留物产生的记忆效应。

4. 燃烧器高度的选择

燃烧器高度影响测定灵敏度、稳定性和干扰程度。在火焰中进行原子化的过程是一种极为复杂的反应过程。不同元素在火焰中形成的基态原子的最佳浓度区域高度不同，因而灵敏度也不同，选择燃烧器高度使光束从原子浓度最大区域通过。对于不同的元素，自由原子的浓度随火焰高度的分布是不同的。所以测定时，应调节其高度使光束从原子浓度最大处通过，以得到较高的灵敏度。一般在燃烧器狭缝口上方2～5mm附近处，火焰具有最大的基态原子浓度，灵敏度最高。最佳的燃烧器高度，可通过绘制吸光度-燃烧器高度曲线来选定。

5. 狭缝宽度的选择

狭缝宽度的选择与诸多因素有关，原子吸收光谱法谱线的重叠较少，一般可选用较宽的狭缝，以增强光的强度，降低检测器噪声，提高信噪比，改善检测极限。比如，单色器分辨率高、光源辐射弱、共振吸收线较弱时宜用较宽狭缝。但当火焰背景发射很强，在吸收线附近有干扰谱线或非吸收光存在时，应使用较窄狭缝。合适的狭缝宽度应当通过实验确定。

6. 进样量的选择

在原子吸收光谱法中，进样量过小，待测试样的吸光度太小，进样量过大，在火焰原子化法中，对火焰会产生冷却效应；在石墨炉原子化法中，会使除残产生困难。

火焰原子化法中，一定范围内，原子蒸气吸光度随样品进样量增加而增大，但样品量超过一定值后，吸光度反而会下降。故在保证有一定气流量且燃气与助燃气比例一定的情况下，可通过测定吸光度随样品量的变化曲线，曲线上最大吸光度对应进样量即为火焰原子化法的最佳进样量。

石墨炉原子化法取样量主要取决于石墨管内容积的大小，通常固体进样量0.1～10mg，液体进样量1～50μL。

二、干扰及消除

原子吸收光谱法的干扰源主要包括非光谱干扰和光谱干扰。非光谱干扰包括物理干扰、化学干扰、电离干扰。光谱干扰包括谱线干扰和背景干扰。

1. 物理干扰

物理干扰是指试样溶液与标准溶液物理性质存在差异而产生的干扰。如黏度、表面张力、溶液密度等影响样品雾化效率和气溶胶到达火焰传送速度的因素，可导致原子吸收强度发生变化，这种干扰即为物理干扰。

消除办法：配制与待测试样组成相近的标准溶液或采用标准加入法，若试样溶液的浓度高，还可采用稀释法。

2. 化学干扰

化学干扰是由于待测元素原子与共存组分发生化学反应生成稳定的化合物，影响待测元素的原子化而引起的干扰。

消除办法有：

① 选择合适的原子化方法。提高原子化温度，减小化学干扰。使用高温火焰或提高石墨炉原子化温度，使难离解的化合物分解。采用还原性强的火焰与石墨炉原子化法，可使难离解的氧化物还原、分解。

② 加入释放剂。释放剂的作用是其与干扰物质生成比待测元素更稳定的化合物，使待测元素释放出来。例如，磷酸根干扰钙的测定，可在试液中加入镧、锶盐，镧、锶与磷酸根首先生成比磷酸钙更稳定的磷酸盐，就相当于把钙释放出来而不被干扰。

③ 加入保护剂。保护剂的作用是其可与待测元素生成易分解的或更稳定的配合物，防止待测元素与干扰组分生成难离解化合物。保护剂一般是有机配位剂。例如，EDTA、8-羟基喹啉。

④ 加入基体改进剂。对于石墨炉原子化法，在试样中加入基体改进剂，使其在干燥或灰化阶段与试样发生化学变化，其结果是可以增加基体的挥发性或改变待测元素的挥发性，以消除干扰。

3. 电离干扰

电离干扰指的是在高温条件下，原子发生电离，使基态原子数目减少，从而导致吸光度下降的干扰。待测元素的电离会随温度升高而增加。

消除方法：加入过量的消电离剂。消电离剂是比待测元素电离电位低的元素，相同条件下消电离剂先于原子发生电离，产生大量的电子，抑制待测元素的电离。例如，测钙时可加入过量的 KCl 溶液消除电离干扰。钙的电离电位为 6.1eV，钾的电离电位为 4.3eV。由于钾电离产生大量电子，使钙离子得到电子而生成原子。

4. 谱线干扰

(1) 吸收线重叠 吸收线重叠是指样品中共存元素吸收线与待测元素分析线波长很接近时，两谱线重叠或部分重叠，会使测定结果偏高。

消除方法：选择待测元素的其他吸收线或从待测试样中将干扰元素进行预先分离。

(2) 光谱通带内存在的非吸收线 非吸收线可能是待测元素的其他共振线与非共振线，也可能是光源中杂质的谱线。一般通过减小狭缝宽度与灯电流或另选谱线消除非吸收线干扰。

5. 背景吸收

背景吸收也属于光谱干扰，它是由于原子化器（火焰和石墨炉）中存在的气体分子和盐类所产生的吸收以及存在的固体颗粒对光的散射引起的干扰。其中，分子吸收与光散射是形成背景吸收的主要因素。

分子吸收干扰是指在原子化过程中生成的分子对辐射的吸收。分子吸收是带状光谱，会在一定的波长范围内形成干扰。例如，碱金属卤化物在紫外区有吸收；不同的无机酸会产生不同的影响，在波长小于 250nm 时，H_2SO_4 和 H_3PO_4 有很强的吸收带，而 HNO_3 和 HCl 的吸收很小。因此，原子吸收光谱分析中多用 HNO_3 和 HCl 配制溶液。

背景吸收消除原理

光散射干扰是原子化过程中产生的微小的固体颗粒使光发生散射，造成透过光减小、吸收值增加的干扰现象。

任务四　原子吸收光谱法的应用

原子吸收光谱法主要用于定量分析。常用的定量分析有标准曲线法、标准加入法和内标法等。

一、标准曲线法

原子吸收光谱法中的标准曲线法同紫外-可见分光光度法中相似，配制一组合适的、具有浓度梯度的标准溶液，由低浓度到高浓度，在选定的工作条件下分别测定其吸光度。以测得的吸光度 A 值为纵坐标，待测元素的含量或浓度 c 为横坐标作图，得到 A-c 标准曲线。再在相同测定条件下测样品溶液的吸光度，根据测得的吸光度，在 A-c 标准曲线中查得样品中待测元素的浓度或含量。

标准曲线法简便快速，适用于组成简单样品的分析。在使用本法时要注意以下几点：

(1) 所配制的标准溶液的浓度，应在吸光度与浓度呈直线关系的范围内；

(2) 标准溶液与试样溶液都应用相同的试剂处理；

(3) 标准溶液的组成应尽可能接近实际样品的组成；

(4) 应该扣除空白值；

(5) 在整个分析过程中操作条件应保持不变；

(6) 由于喷雾效率和火焰状态经常变动，标准曲线的斜率也随之变动，因此，每次测定前应用标准溶液对吸光度进行检查和校正。

二、标准加入法

当样品的基体成分较为复杂，难以得到与其组成接近的标准溶液，或样品中待测元素含量极微时，可采用标准加入法。

1. 计算法

取相同体积的试样溶液两份，分别移入两个大小相同的容量瓶 A 和 B 中，另取一定量的标准溶液加入 B 中，然后将两份溶液稀释至刻度，测出 A 及 B 两溶液的吸光度。设试样中待测元素（容量瓶 A 中）的浓度为 c_x，加入标准溶液（容量瓶 B 中）的浓度为 c_0，A 溶

液的吸光度为 A_x，B 溶液的吸光度为 A_0，则可得：

$$A_x = Kc_x \tag{1-25}$$

$$A_0 = K(c_0 + c_x) \tag{1-26}$$

将两式相除得：

$$c_x = \frac{A_x}{A_0 - A_x} c_0 \tag{1-27}$$

2. 作图法

在实际测定中，往往采用作图法，也称直线外推法。

取若干个大小相同的容量瓶，分别加入相同体积的待测溶液，再加入不同体积待测元素的标准溶液，稀释到刻度线，使加入标准溶液的浓度分别为 0、c_0、$2c_0$、$3c_0$、$4c_0$、…，设试样中待测元素的浓度为 c_x，那么容量瓶中每份溶液的浓度分别为 c_x、$c_x + c_0$、$c_x + 2c_0$、$c_x + 3c_0$、$c_x + 4c_0$、…，最后分别测得其吸光度（A_x、A_1、A_2、A_3、A_4、…），以 A 为纵坐标，以加入的待测元素标准溶液浓度为横坐标绘制曲线，见图 1-46。这时曲线并不通过原点。显然，相应的截距所反映的吸收值正是试样中待测元素所引起的效应。如果外延此曲线使其与横坐标相交，原点与交点的距离，即为所求试样中待测元素的浓度 c_x。

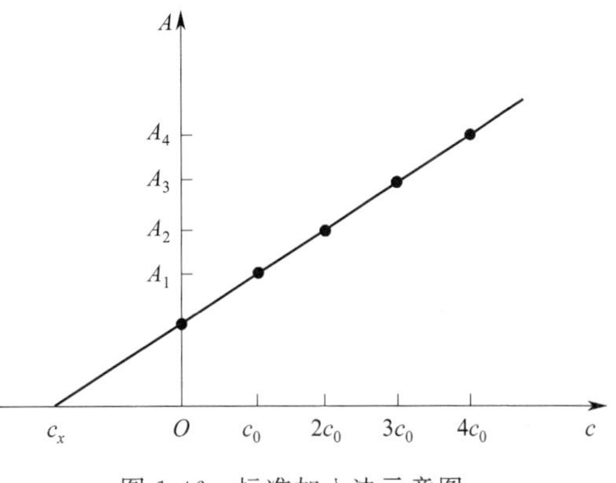

图 1-46　标准加入法示意图

使用标准加入法应注意以下几点：

① 待测元素的浓度与其相应的吸光度应呈直线关系，且标准曲线不能通过原点。

② 为了得到较为精确的外推结果，最少应采用 4 个点（包括样品溶液本身）来作外推曲线，并且第一份加入的标准溶液与样品溶液的浓度之比应适当，这可通过试喷样品溶液和标准溶液，比较两者的吸光度来判断。增量值的大小可这样选择，使第一个加入量产生的吸光度值约为试样原吸光度值的一半。

③ 本法能克服基体效应带来的影响，但对于分子吸收和背景吸收引起的干扰不能克服，这是因为相同的信号，既加到样品测定值上，也加到增量后的样品测定值上，因此只有扣除了背景之后，才能得到待测元素的真实含量，否则得到的结果将偏高。

④ 对于斜率太小的曲线（灵敏度差），容易引进较大的误差。

【例 1-10】某药厂生产的葡萄糖酸钙加锌口服液，需要对产品中的钙和锌做出厂检验、质量控制，样品经过前处理后，使用原子吸收法测定钙离子的含量，测得其吸光度为 0.320，然后在 100.00mL 处理后的样液中加入浓度为 0.25mol/L 的钙离子标准液 0.10mL，混匀后在同一条件下测得吸光度为 0.400，请计算口服液中钙离子质量浓度为多少。

解：定量分析方法为标准加入法。

$A_1 = Kc_x = 0.320$

$$A_2 = K\frac{100.00c_x + 0.25\times0.10}{100.00 + 0.10} = \frac{0.320}{c_x}\times\frac{100.00c_x + 0.25\times0.10}{100.00 + 0.10} = 0.400$$

解得 $c_x = 1.00\times10^{-3}$ mg/L。

三、内标法

在原子吸收光谱法中，还常用内标法来消除由于实验条件（如气体流量、火焰状态、石墨炉温度等）变化而引起的误差。

内标法是在标准溶液和样品溶液中分别加入一定量的样品中不存在的内标元素，测定分析线与内标线的强度比，并以吸光度的比值 A/A_0 对待测元素的含量或浓度 c 绘制标准曲线如图 1-47 所示，计算样品中待测元素的含量或浓度。此法要求内标元素与待测元素在原子化过程中应具有相似的物理特性和化学特性，适用于双波道型和多波道型的原子吸收光谱仪。

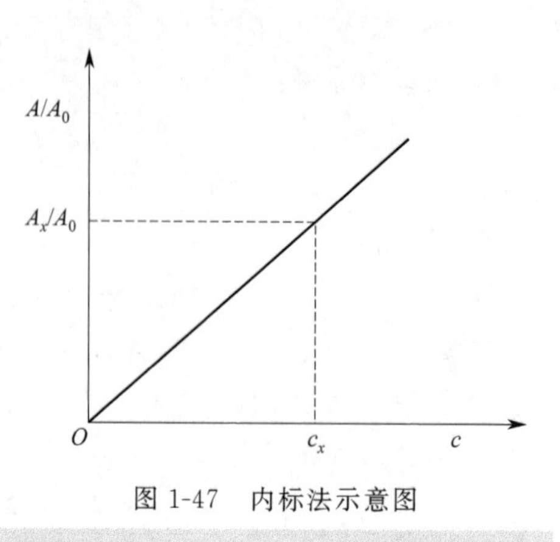

图 1-47 内标法示意图

实验 1-6 原子吸收光谱法测定自来水中的铜（标准曲线法）

【实验目的】

1. 会正确并熟练使用原子吸收光谱仪进行定量分析；
2. 掌握标准曲线的绘制方法，学会评价标准曲线的线性；
3. 养成认真仔细、实事求是、文明规范操作的良好习惯。

【实验原理】

整个实验过程包括：实验溶液的配制，开机前气路检查，空心阴极灯的安装调试，开机点火、设置最佳的测定条件，标准系列溶液和样品溶液的测定，标准曲线的绘制及样品中铜含量的确定等。

标准曲线法是原子吸收光谱分析中最常用的方法之一，该法是配制已知浓度的标准系列溶液，在一定的仪器条件下，依次测出它们的吸光度，以标准溶液的浓度为横坐标，相应的吸光度为纵坐标，绘制标准曲线。样品溶液经适当处理后，在与测量标准曲线吸光度相同的实验条件下测量其吸光度，根据样品溶液的吸光度，在标准曲线上即可查出样品溶液中被测元素的含量，再换算成原始样品中待测元素的含量。

标准曲线法常用于分析共存的基体成分较为简单的样品。如果样品中共存的基体成分比较复杂，则应在标准溶液中加入相同类型和浓度的基体成分，以消除或减少基体效应带来的干扰，必要时应采用标准加入法进行定量分析。自来水中其他杂质元素对铜的原子吸收光法测定基本上没有干扰，样品经适当稀释后，即可采用标准曲线法进行测定。

【仪器与试剂】

1. 仪器

原子吸收光谱仪、空气压缩机、高纯乙炔气体（瓶）、铜空心阴极灯，各种规格的玻璃器皿若干：烧杯、容量瓶、吸量管（移液管）。

2. 试剂

铜标准贮备液（100.00μg/mL）：准确称取 0.0500g 金属铜（含量 99.99%以上）于 100mL 烧杯中，盖上表面皿，加入 10mL 硝酸溶液溶解，然后把溶液转移到 500mL 容量瓶中，用 1∶100 硝酸溶液稀释到刻度，摇匀备用。

【实验步骤】

1. 配制试验溶液

(1) 铜标准使用液（10.00μg/mL）。准确吸取 10.00mL 上述铜标准贮备液于 100mL 容量瓶中，用 1∶100 硝酸溶液稀释至刻度，摇匀备用。

(2) 配标准系列溶液。准确吸取 0.00mL、1.00mL、2.00mL、3.00mL、4.00mL、5.00mL 10.00μg/mL 的铜标准使用液，分别置于 6 只 25mL 容量瓶中，用去离子水稀释至刻度，摇匀备用。该标准系列溶液铜的质量浓度分别为 0.00μg/mL、0.40μg/mL、0.80μg/mL、1.20μg/mL、1.60μg/mL、2.00μg/mL。

(3) 配制自来水样溶液。准确吸取适量自来水样置于 25mL 容量瓶中，用去离子水稀释至刻度，摇匀。

2. 测定标准系列溶液的吸光度

根据实验条件，将原子吸收光谱仪按操作步骤进行调节，待仪器读数稳定后可进样。在测定之前，先用去离子水喷雾，调节读数至零点，然后按照浓度由低到高的原则，依次测量铜标准系列溶液的吸光度并记录。

3. 测定水样吸光度

用去离子水喷雾后，在相同的实验条件下，测量水样溶液的吸光度。

4. 关机

测量结束后，按仪器说明依次用去离子水喷雾，熄火，关闭乙炔气体、空气压缩机、仪器电源等，及时清理台面，并做好仪器的使用登记。

【数据记录与处理】

1. 记录实验条件

元素	铜
吸收线波长 λ/mA	燃烧器高度 h/mm
空心阴极管电流 I/mA	乙炔流量 Q/(L/min)
狭缝宽度 d/mm	空气流量 Q/(L/min)

2. 绘制标准曲线

将标准系列溶液的吸光度值记录下来，然后以吸光度为纵坐标、质量浓度为横坐标绘制标准曲线，并计算回归方程和相关系数。

3. 测量水样中铜的含量

测量自来水样溶液的吸光度，然后在上述标准曲线上查得水样中铜的浓度（或用回归方程计算）。若经过稀释，需乘上相应的倍数，求得水样中铜的含量，以 μg/mL 表示。

【问题讨论】

1. 如何进行线性回归处理？线性回归方程中的各个符号分别代表什么？

2. 线性相关系数的大小反映了什么问题?

实验 1-7 复方乳酸钠葡萄糖注射液中氯化钾的含量测定

【实验目的】

1. 掌握原子吸收光谱法原理及仪器使用方法;
2. 熟悉原子吸收光谱法测定药品中金属元素及其化合物含量的原理和方法;
3. 养成认真仔细、实事求是、文明规范操作的良好习惯。

【实验原理】

复方乳酸钠葡萄糖注射液是通过调节体液容量、渗透压,补充钾、钠、钙及氯离子并供给热量。当体内循环血液量及组织液减少时,本品可作为组织液的补充调整剂,对电解质紊乱及酸中毒有纠正作用。

本法采用火焰原子化法测定复方乳酸钠葡萄糖注射液中氯化钾的含量,样品中其他杂质元素对氯化钾的原子吸收光谱法测定基本上没有干扰,样品经适当稀释后,即可采用标准曲线法进行测定。

【仪器与试剂】

1. 仪器

原子吸收光谱仪、电子天平、容量瓶(100mL)。

2. 试剂

氯化钾对照品、复方乳酸钠葡萄糖注射液、乳酸钠、氯化钠、氯化钙、无水葡萄糖、去离子水。

【操作步骤】

1. 试剂准备

(1) 对照品溶液的制备　取经 130℃干燥 2h 的氯化钾,精密称定,加去离子水制成每 1mL 中含氯化钾 15μg 的溶液,即得对照品溶液。

(2) 标准系列制备　精密量取对照品溶液 19.00mL、19.50mL、20.00mL、20.50mL、21.00mL、21.50mL 与 22.00mL,分别置 100mL 容量瓶中,分别精密加下述溶液:乳酸钠 0.31g、氯化钠 0.60g、氯化钙($CaCl_2 \cdot H_2O$)0.20g 及无水葡萄糖 5.00g,加水溶解并稀释至刻度,摇匀,同时配制空白溶液。

(3) 供试品试液的制备　精密量取本品 1.00mL,置 100mL 容量瓶中,加水稀释至刻度,摇匀,即得供试品试液。

2. 仪器准备

检查仪器,开主机电源机预热 30min,安装空心阴极灯,通过主机键盘输入工作电流,预热 15min。

3. 测定条件选择

(1) 打开计算机，然后打开工作站。

(2) 选择测定元素。

(3) 输入一定负高压后，调整灯位，对光路并调节燃烧器高度。

(4) 选择测定波长和条件能量值。

(5) 输入积分时间和测定次数。

4. 样品测定

(1) 打开空气压缩机。

(2) 调节乙炔流量。

(3) 点火。

(4) 燃烧 3min 后喷去离子水，燃烧稳定后按增益键调零。

(5) 取上述各溶液及供试品溶液，照原子吸收光谱法，在 767mm 的波长处测定，计算即得氯化钾含量。

【数据记录与处理】

对照品溶液中 KCl 的含量/(μg/mL)	2.85	2.92	3.00	3.08	3.15	3.22	3.30
吸光度(λ=767nm)							

以浓度为横坐标，以吸光度为纵坐标绘制标准曲线。根据供试品溶液的吸光度从标准曲线上查出相应的浓度。

$$\text{KCl 含量}=\frac{c_{\text{供试品}}(\mu g/mL)\times 100\times 1000(mL)}{10^6\times 0.30(g)\times 0.5245}\times 100\%$$

式中，100 为稀释倍数；0.5245 为 K/KCl 的换算因子。

【问题讨论】

原子吸收光谱法受到哪些因素的影响?

练习题

一、选择题

1. 原子吸收谱线的宽度主要决定于（　　）。

A. 自然变宽　　B. 多普勒变宽和自然变宽

C. 多普勒变宽和压力变宽　　D. 场致变宽

2. 原子吸收光谱产生的原因是（　　）。

A. 分子中电子能级的跃迁　　B. 转动能级跃迁

C. 振动能级跃迁　　D. 原子外层电子跃迁

3. 在原子吸收光谱法中，原子蒸气对共振辐射的吸收程度与（　　）。

A. 透射光强度 I 有线性关系　　B. 基态原子数 N_0 成正比

C. 激发态原子数 N_j 成正比　　D. 被测物质 N_j/N_0 成正比

4. 多普勒变宽产生的原因是（　　）。

A. 被测元素的激发态原子与基态原子相互碰撞

B. 原子的无规则热运动

C. 被测元素的原子与其他粒子的碰撞

D. 外部电场的影响

5. 当特征辐射通过试样蒸气时，被（　　）吸收。

A. 激发态原子　　B. 离子

C. 分子　　D. 基态原子

6. 在原子吸收光谱仪中，广泛采用的光源是（　　）。

A. 无极放电灯　　B. 空心阴极灯

C. 氢灯　　D. 钨灯

7. 原子吸收光谱仪中，光源的作用是（　　）。

A. 发射很强的连续光谱

B. 发射待测元素基态原子所吸收的特征共振辐射

C. 产生足够强度的散射光

D. 提供试样蒸发和激发所需的能量

8. 双光束与单光束原子吸收光谱仪比较，前者突出的优点是（　　）。

A. 灵敏度高　　B. 可以消除背景的影响

C. 便于采用最大的狭缝宽度　　D. 可以抵消因光源的变化而产生的误差

9. 空心阴极灯的主要操作参数是（　　）。

A. 灯电流　　B. 灯电压　　C. 预热时间　　D. 内充气体压力

10. 空心阴极灯的构造是（　　）。

A. 待测元素作阴极，铂丝作阳极，内充低压惰性气体

B. 待测元素作阳极，钨棒作阴极，内充氧气

C. 待测元素作阳极，铂网作阴极，内充惰性气体

D. 待测元素作阴极，钨棒作阳极，内充低压惰性气体

11. 使用原子吸收光谱法分析时，下述火焰温度最低的是（　　）。

A. 煤气-空气　　B. 氢气-氧气

C. 乙炔-空气 D. 乙炔-氧化亚氮

12. 在原子吸收分析中，下列（ ）火焰组成的温度最高。

A. 空气-乙炔 B. 空气-煤气

C. 笑气-乙炔 D. 氧气-氢气

13. 选择不同的火焰类型主要是根据（ ）。

A. 分析线波长 B. 灯电流大小

C. 狭缝宽度 D. 待测元素性质

14. 富燃焰是助燃比（ ）化学计量的火焰。

A. 大于 B. 小于 C. 等于 D. 不确定

15. 在原子吸收分析中，测定元素的灵敏度很大程度取决于（ ）。

A. 空心阴极灯 B. 原子化系统

C. 分光系统 D. 检测系统

16. 火焰原子化法与非火焰原子化法相比，优点是（ ）。

A. 干扰较少 B. 易达到较高的精密度

C. 检出限较低 D. 选择性较强

17. 石墨炉原子化法与火焰原子化法相比，优点是（ ）。

A. 灵敏度高 B. 重现性好

C. 分析速度快 D. 背景吸收小

18. 在原子吸收光谱法中，当吸收为1%时，其吸光度为（ ）。

A. −2 B. 2 C. 0.01 D. 0.0044

19. 在原子吸收光谱法中，配制与待测试样具有相似组成的标准溶液，可减小（ ）。

A. 光谱干扰 B. 基体干扰 C. 背景干扰 D. 电离干扰

20. 在原子吸收光谱法中，利用塞曼效应可扣除（ ）。

A. 光谱干扰 B. 电离干扰 C. 背景干扰 D. 物理干扰

21. 影响谱线变宽的主要因素有（ ）。（多选题）

A. 原子的无规则热运动

B. 待测元素的原子受到强磁场或强电场的影响

C. 待测元素的激发态原子与基态原子相互碰撞

D. 待测元素的原子与其他离子相互碰撞

22. 采用峰值吸收代替积分吸收测量，必须满足（ ）。（多选题）

A. 发射线半宽度小于吸收线半宽度 B. 发射线的中心频率与吸收线的中心频率重合

C. 发射线半宽度大于吸收线半宽度 D. 发射线的中心频率小于吸收线的中心频率

23. 吸收线的轮廓，用以下（ ）来表征。（多选题）

A. 波长 B. 谱线半宽度 C. 中心频率 D. 吸收系数

24. 下述可用作原子吸收光谱仪光源的有（ ）。（多选题）

A. 空心阴极灯 B. 氢灯 C. 钨灯 D. 无极放电灯

25. 石墨炉原子化法与火焰原子化法相比，其缺点是（ ）。（多选题）

A. 重现性差 B. 原子化效率低

C. 共存物质干扰大 D. 某些元素能形成耐高温的稳定化合物

二、判断题

1. 在原子吸收光谱法中，可以通过峰值吸收的测量来确定待测原子的浓度。（ ）

2. 在原子吸收测定中，基态原子数不能代表待测元素的原子数。（ ）

3. 原子在激发或吸收过程中，由于受外界条件的影响可使原子谱线的宽度变宽。由于温度引起的变宽叫多普勒变宽，由磁场引起的变宽叫塞曼变宽。（ ）

4. 原子吸收光谱仪中单色器在原子化器之前。（ ）

5. 原子吸收光谱法中，光源的作用是产生 180～375nm 的连续光谱。（ ）

6. 原子化器的作用是将试样中的待测元素转化为基态原子蒸气。（ ）

7. 原子吸收光谱仪和 751 型分光光度计一样，都是以氢弧灯作为光源的。（ ）

8. 贫燃型火焰是指燃烧气流量大于化学计量时形成的火焰。（ ）

9. 灯电流的选择原则：在保证放电稳定和有适当光强输出情况下，尽量选用低的工作电流。（ ）

10. 用火焰原子化法测定食品中钙时，常加入镧盐或锶盐溶液是为了消除磷酸根的干扰。（ ）

模块二

电化学分析

信息导读

一、电化学分析法概述

电化学分析是仪器分析的一个重要分支，是利用物质在溶液中的电化学性质及其变化，建立的定性和定量分析方法。通常电化学分析法是构成一个化学电池，以溶液的电导、电位、电流和电量等电化学参数与被测物质含量之间的关系作为计量基础，进行定性、定量分析。

1. 电化学分析法分类

① 通过试液的浓度（活度）在特定实验条件下与化学电池某电化学参数之间的关系求得分析结果的方法，这是电化学分析法的主要类型。电导分析法（测定电阻参量）、电位分析法（测定电动势参量）、电解分析法（测定电量参量）、库仑分析法（测定电流-时间参量）、极谱法和伏安法（测定电压-电流参量）均属于这种类型。

② 利用电化学参数的变化来指示滴定分析终点的方法。这类方法以容量分析为基础，根据所用标准溶液的浓度（活度）和消耗的体积求出分析结果。这类方法根据所测定的电化学参数不同分为电导滴定、电位滴定和电流滴定法。

2. 电化学分析法的特点

① 灵敏度较高，一般测定范围 $10^{-4} \sim 10^{-8}$ mol/L，极谱和伏安法可以测定 $10^{-10} \sim 10^{-12}$ mol/L；

② 准确度高，重现性和稳定性好；

③ 使用范围广，可作常量、微量和痕量分析；

④ 仪器设备较简单，价格低廉。

二、电位分析法

电位分析法是利用电极电位与溶液中待测离子活度（或浓度）的关系进行定量分析的分析方法。在溶液中将一支与被测物质的活（浓）度有关的电极（指示电极）和另一支电极电势已知且保持恒定的电极（参比电极）插入待测溶液中组成一个化学电池，通过测定电池的电动势（即电位差），即可分析溶液中待测组分的含量。电位分析法分为直接电位法和电位滴定法两类。

直接电位法简便，常用于溶液 pH 的直接测定，以及通过使用离子选择性电极进行一些阳离子或阴离子活度（或浓度）的直接测定。

电位滴定法具有分析准确度高、适用范围广等优点，广泛用于四大滴定反应（酸碱反应、氧化还原反应、配位反应、沉淀反应）中。特别是对于某些滴定突跃小，体系有色或混池，不能应用指示剂准确指示终点的反应，用电位滴定法可获得理想分析效果。

三、原电池

电化学分析法中都存在一个化学能和电能可以互相转化的化学电池装置，原电池和电解池均属于化学电池。原电池是将本身化学能转变为电能，是电位分析法的理论依据。电解池是外电源提供能量，将电能转变为化学能的装置（本书不涉及）。

原电池有两个电极，分别浸在适当的电解质溶液中，通过金属导线连接，通过盐桥连接两个电解质溶液，形成一个电流通路。电子通过外接导线从负极流到正极，溶液中离子从电极上获得电子或将电子传递给电极，发生氧化还原反应。

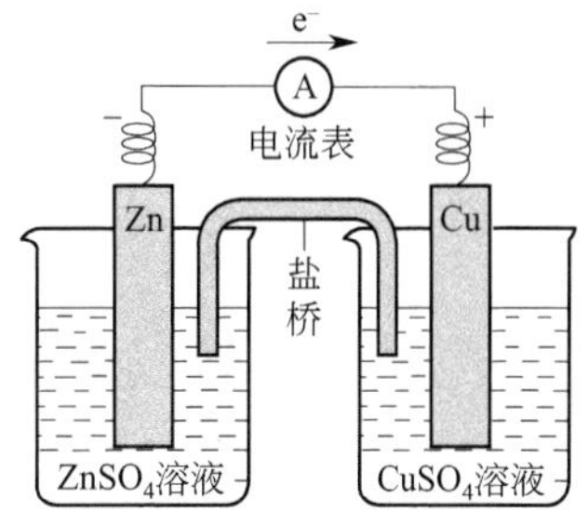

图 2-1 铜-锌原电池

原电池原理如图 2-1 所示，Zn 片插入 $ZnSO_4$ 溶液中，Cu 片插入 $CuSO_4$ 溶液中，通过盐桥连接。Zn 电极失去电子被氧化为 Zn^{2+} 游离在溶液中，电子则流向 Cu 电极方向；溶液中的 Cu^{2+} 得到电子还原为金属 Cu 沉积在 Cu 电极上，两极反应如表 2-1 所示。

表 2-1 铜-锌原电池两极反应

电极名称	负极	正极
电极材料	Zn	Cu
电极反应	$Zn-2e \longrightarrow Zn^{2+}$	$Cu^{2+}+2e \longrightarrow Cu$
反应类型	氧化反应	还原反应
电池总反应	$Zn+Cu^{2+} = Zn^{2+}+Cu$	
电子流向	由负极沿导线流向正极	
盐桥中(KCl)离子流向	阳离子(K^+)$\xrightarrow{趋向}$正极 阴离子(Cl^-)$\xrightarrow{趋向}$阴极	

通常用电池表达式来表示原电池。

$$(-)Zn|ZnSO_4(a_1)\|CuSO_4(a_2)|Cu(+)$$

式中，a_1、a_2 分别表示两电解质溶液的活度（当溶液浓度很小时，可以将活度近似看作浓度，用 c_1、c_2 表示）。两边的单竖线“|”表示金属和溶液的两相界面，两种溶液通过盐桥连接时，用双竖线“‖”表示。电池的负极写在左边，发生氧化反应，正极写在右边，发生还原反应。若有气体，应在 a_1、a_2 处注明其分压、温度，若不注明，则指 25℃、101.3kPa。

四、电极电位（势）和电动势

原电池中，两种导体接触时，其界面的两种物质可以是固体-固体、固体-液体及液体-液体。因两相中的化学组成不同，在界面处会发生物质的迁移，若进行迁移的物质带有电荷，则在两相之间产生一个电位差。因为任何金属晶体中都含有金属离子自由电子，一方面金属表面的一些原子，有一种把电子留在金属电极上而自身以离子形式进入溶液的倾向，金属越活泼，溶液越稀，这种倾向越大；另一方面，电解质溶液中的金属离子又有一种从金属表面获得电子而沉淀在金属表面的倾向，金属越不活泼，溶液浓度越大，这种倾向也越大，这两

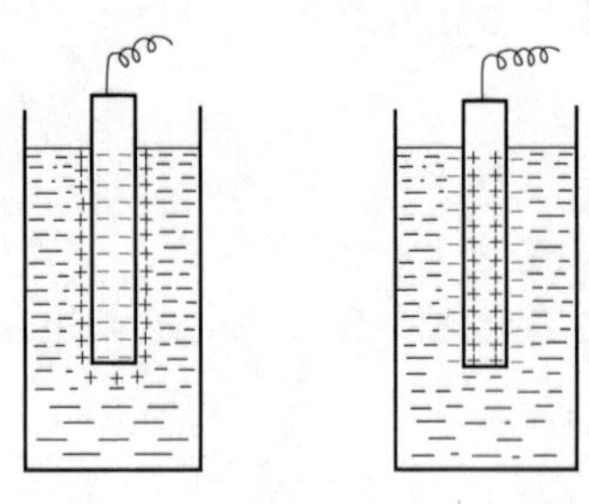

图 2-2　金属的电极电位示意图

种倾向同时进行着，并达到暂时的平衡。若金属失去电子的倾向大于获得电子的倾向，达到平衡时将使金属离子进入溶液，使电极带负电，电极附近的溶液带正电；反之，若金属失去电子的倾向小于获得电子的倾向，使电极带正电而其附近溶液带负电。因此，在金属与电解质溶液界面形成一种扩散层，即在两相之间产生了一个电位差，这种电位差就是电极电位（势），符号 φ 表示，见图 2-2。例如铜-锌原电池的两极的电极电位分别表示为：正极 $\varphi_{Cu^{2+}/Cu}$，负极 $\varphi_{Zn^{2+}/Zn}$。

原电池的两电极之间的电势差，称为原电池的电动势，用符号 E 表示。

电动势与电极电位的关系式：

$$E=\varphi_{(+)}-\varphi_{(-)} \tag{2-1}$$

例如铜-锌原电池的电动势可表示为：$E=\varphi_{Cu^{2+}/Cu}-\varphi_{Zn^{2+}/Zn}$。

五、电位分析法依据——能斯特方程

电极电位的大小不仅与电极本质有关，还与溶液中离子的活度（或浓度）、温度等因素有关，可以通过能斯特方程量化求解。

能斯特方程表达式：

$$\varphi_{M^{n+}/M}=\varphi^{\ominus}_{M^{n+}/M}+\frac{RT}{nF}\cdot \ln a_{M^{n+}} \tag{2-2}$$

式中，$\varphi^{\ominus}_{M^{n+}/M}$ 表示某金属电对的标准电极电位，V；$a_{M^{n+}}$ 表示某金属离子 M^{n+} 的活度，mol/L；R 表示摩尔气体常数 [8.314J/(mol·K)]；F 表示法拉第常数（96486.7C/mol）；T 表示热力学温度，K；n 表示电极反应式转移电子数。

25℃，以浓度代替活度，公式可简化为：

$$\varphi_{M^{n+}/M}=\varphi^{\ominus}_{M^{n+}/M}+\frac{0.0592}{n}\lg c_{M^{n+}} \tag{2-3}$$

正极为已知电极（参比），负极为未知电极（指示），原电池电动势用能斯特方程可书写为：

$$E=\varphi_{(+)}-\varphi_{(-)}$$

$$E=\varphi_{参比}-\varphi_{指示}=\varphi_{参比}-\varphi^{\ominus}_{M^{n+}/M}-\frac{0.0592}{n}\lg c_{M^{n+}}$$

$$=K-\frac{0.0592}{n}\lg c_{M^{n+}} \tag{2-4}$$

式中，$\varphi_{参比}$ 在一定条件下可视为常数；$\varphi^{\ominus}_{M^{n+}/M}$ 标准电极电位查表可得，合并用 K 表示。

因此，只要测量出原电池电动势，就可以求出与指示电极电极电位有关的未知待测离子 M^{n+} 的浓度，这就是直接电位法的依据。

如果未知离子是 H^{+}，式(2-4) 可变为式(2-5)，求解外部溶液的 pH 值。

$$E=K+\frac{0.0592}{n}pH_{外} \tag{2-5}$$

如果离子 M^{n+} 是被滴定的待测物，在滴定过程中，电极电位 $\varphi^{\ominus}_{M^{n+}/M}$ 将随着被滴定溶液中离子浓度的变化而变化，电池的电动势也随之发生改变。当滴定至化学计量点附近时，离子的活度（或浓度）发生突变，随之电动势 E 发生突跃。因此，通过测量电动势的变化实现滴定终点的确定，根据标准滴定溶液的消耗体积即可计算待测物的含量，这是电位滴定法的依据。

拓展阅读

能斯特（Walther Nernst），德国物理化学家。1864 年 6 月 25 日生于波兰布里森。他从小学就爱好文学，后来是他的化学老师使他对化学和物理学产生了浓厚的兴趣。能斯特的主要成就有：发现热力学第三定律“绝对零度不能达到”，并应用这个定律解决了许多工业生产上的实际问题，如炼铁炉设计、金刚石人工制造和合成氨生产以及平衡常数直接计算等，他还用量子论研究低温下固体比热（容）。用实验证明，在绝对零度下理想固体的比热（容）也是零。与老师奥斯特瓦尔德共同研究溶液的沉淀和其平衡关系，提出溶度积等重要概念，用以解释沉淀平衡等。同时，他还独立地研究金属和溶液界面的性质，导出能斯特方程，开创用电化学方法来测定热力学函数值，对热力学的发展有突出贡献，他因此获得了 1920 年诺贝尔化学奖。他还提出光化学反应链式理论——光引发后以一个键一个键传递下去，直至链结束为止，并用它解释氯气和氢气在光催化下合成氯化氢的反应。发明新的白热灯代替旧的碳精灯，即能使光能和热能集中于一点的能斯特灯。

能斯特不仅是一位化学家，而且是一位物理学家和化学史学家。此外，他还从事了许多其他研究工作，并取得了卓著成果。1941 年 11 月 8 日，能斯特在柏林病逝，享年 77 岁。

六、电极

电极是一种传感器，它将电活性物质的活度（浓度）信号转化为电信号，是关键的电化学仪器部件。在电位分析法中，需要参比电极和指示电极组成原电池，获得电动势，从而计算待测离子的活度（或浓度）。

1. 参比电极

在恒温恒压下，具有已知且恒定电极电位的电极称为参比电极。常用的参比电极有标准氢电极（SHE）、饱和甘汞电极（SCE）、银-氯化银电极。参比电极需满足以下要求：电极电位已知且恒定；对温度或活度变化没有滞后现象，受外界影响小；稳定性高、重现性好。

（1）标准氢电极（SHE） 按照 IUPAC 的规定，以标准氢电极作为标准电极，规定标准氢电极（298.15K，$c_{H^+}=1.0mol/L$，压力 101.3kPa 时）的电极电位为 $\varphi^{\ominus}_{H^+/H_2}=0V$。标准氢电极和任意电极在标准状态下组成原电池，通过测定电池的电动势，就可计算任意电极的标准电极电位，电极的标准电极电位用 $\varphi^{\ominus}_{M^{n+}/M}$ 表示。

【例 2-1】将标准氢电极和标准铜电极组成原电池，试验表明铜电极是正极，氢电极是负极，测得原电池的电动势 $E^{\ominus}$ 为 +0.344V，求标准电极电位 $\varphi^{\ominus}_{Cu^{2+}/Cu}$ 的值。

$$Pt, H_2(101.3kPa|H^+(1.0mol/L) \| Cu^{2+}(1.0mol/L)|Cu$$

解：电池电动势 $E^{\ominus}=\varphi^{\ominus}_{(+)}-\varphi^{\ominus}_{(-)}=\varphi^{\ominus}_{Cu^{2+}/Cu}-\varphi^{\ominus}_{H^+/H_2}$

$$+0.344V=\varphi^{\ominus}_{Cu^{2+}/Cu}-0$$

$$\varphi^{\ominus}_{Cu^{2+}/Cu}=+0.344V$$

（2）甘汞电极 甘汞电极由 Hg_2Cl_2-Hg 混合物、汞和 KCl 溶液组成，如图 2-3 所示。

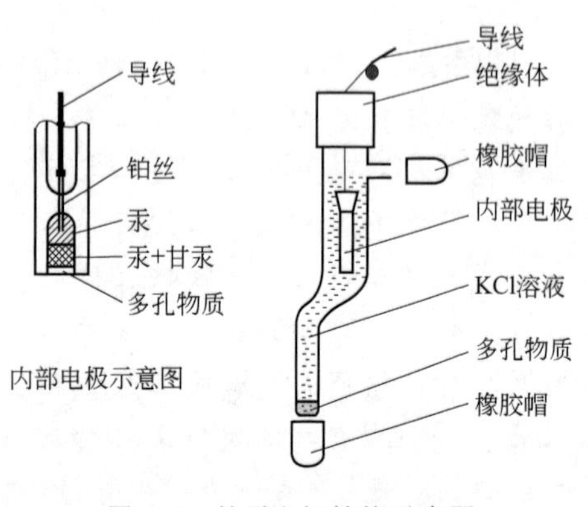

图 2-3 甘汞电极结构示意图

甘汞电极的电极反应式：

$$Hg_2Cl_2+2e \longrightarrow 2Hg+2Cl^-$$

25℃时甘汞电极的电极电位：

$$\varphi_{Hg_2Cl_2/Hg}=\varphi^{\ominus}_{Hg_2Cl_2/H}-0.0592\lg c_{Cl^-} \quad (2\text{-}6)$$

由能斯特方程可知，甘汞电极的电极电位取决于氯离子的浓度，氯离子由 KCl 溶液提供，由于 KCl 溶液中氯离子浓度随温度变化而改变，所以只要电极中 KCl 溶液浓度、温度一定，其电极电位就是一个定值。如表 2-2 所示，不同氯离子浓度状态下的甘汞电极的电极电位。其中饱和甘汞电极（SCE）是常用的甘汞电极，但在 80℃以上时电位值不稳定，此时可用银-氯化银电极。

表 2-2 25℃时甘汞电极的电极电位

电极	0.1mol/L 甘汞电极	标准甘汞电极(NCE)	饱和甘汞电极(SCE)
KCl 浓度/(mol/L)	0.1	1.0	饱和溶液
电极电位/V	+0.3365	+0.2828	+0.2438

（3）银-氯化银电极 将银丝表面覆盖一层 AgCl，浸入一定浓度的 KCl 溶液中，即构成银-氯化银电极，如图 2-4 所示。

Ag-AgCl 电极的电极反应：

$$AgCl+e \longrightarrow Ag+Cl^-$$

25℃时 Ag-AgCl 电极的电极电位：

$$\varphi_{AgCl/Ag}=\varphi^{\ominus}_{AgCl/Ag}-0.0592\lg c_{Cl^-} \quad (2\text{-}7)$$

即在一定温度下 Ag-AgCl 电极电位取决于 KCl 溶液中 Cl^- 的浓度，也是一个定值，如表 2-3 所示。银-氯化银电极在高达 275℃的温度仍能使用，在高温环境测定时，首选银-氯化银电极作为参比电极。

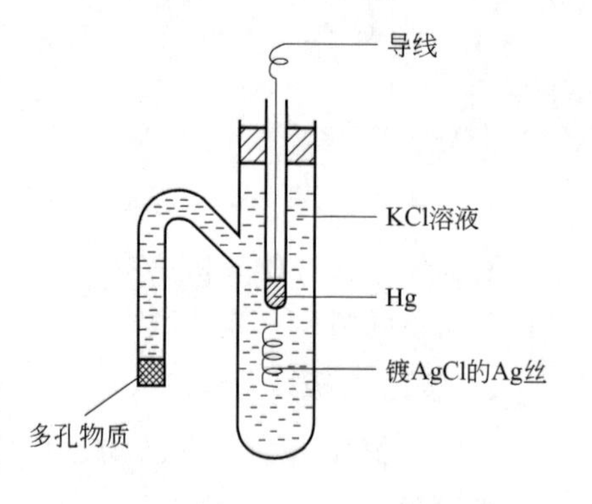

图 2-4 Ag-AgCl 电极结构示意图

表 2-3 25℃时 Ag-AgCl 电极的电极电位

电极	0.1mol/L Ag-AgCl 电极	标准 Ag-AgCl 电极	饱和 Ag-AgCl 电极
KCl 浓度/(mol/L)	0.1mol/L	1.0mol/L	饱和溶液
电极电位/V	+0.2880	+0.2223	+0.2000

2. 指示电极

指示电极是能够反映溶液中待测离子活度（或浓度）变化的电极。常用的指示电极有金属基电极和膜电极（离子选择性电极）。

(1) 金属基电极 金属基电极是最早使用的一类电极，其特点是电极电位的产生与氧化还原反应的电子转移有关。根据参与金属的不同，可分为四类。

第一类电极：金属-金属离子电极，是将金属插入该金属离子溶液中构成的电极。电极结构为 M/M^{n+}。第一类电极的电位仅与金属离子的浓度有关。

例如：Ag-$AgNO_3$ 电极（银电极）

电极反应：$Ag^{+}+e \longrightarrow Ag$

25℃电极电位为：
$$\varphi=\varphi^{\ominus}_{Ag^{+}}+0.0592\lg c_{Ag^{+}} \tag{2-8}$$

第二类电极：金属-金属难溶盐阴离子电极，这类电极有两个界面，电位稳定，重现性好，主要用作参比电极。例如银-氯化银电极（$Ag|AgCl$，Cl^{-}）

电极反应：
$$AgCl+e \longrightarrow Ag+Cl^{-}$$

25℃电极电位为：
$$\varphi_{Ag^{+}/Ag}=\varphi^{\ominus}_{AgCl/Ag}-0.0592\lg c_{Cl^{-}} \tag{2-9}$$

第三类电极：金属与两种具相同阴离子的难溶盐或难解离的配离子组成的电极。例如汞电极，金属汞浸入含少量 Hg^{+}-EDTA 配合物及被测离子 M^{n+} 的溶液中所组成。

电极体系可表示为：$Hg|HgY^{2-}$，MY^{n-4}，M^{n+}

25℃电极电位为：
$$\varphi_{Hg^{2+}/Hg}=\varphi^{\ominus}_{Hg^{2+}/Hg}+\frac{0.0592}{2}\lg[Hg^{2+}] \tag{2-10}$$

式(2-10) 可简化为：
$$\varphi_{Hg^{2+}/Hg}=K+\frac{0.0592}{2}\lg[M^{n+}]$$

由此可见，在一定条件下，汞电极的电极电位仅与 $[M^{n+}]$ 有关，因此可用作以 EDTA 滴定 M^{n+} 的指示电极。

第四类电极：零类电极（惰性电极）。用惰性材料如铂、金或石墨等做成片状或者棒状，浸入同一元素的氧化还原电对溶液中构成的电极。电极不参与反应，但其晶格间的自由电子可与溶液进行交换，故惰性金属电极可作为溶液中氧化态和还原态获得电子或释放电子的场所。例如（$Pt|Fe^{3+}$，Fe^{2+}）电极。

电极反应：
$$Fe^{3+}+e \longrightarrow Fe^{2+}$$

25℃电极电位为：
$$\varphi_{Fe^{3+}/Fe^{2+}}=\varphi^{\ominus}_{Fe^{3+},Fe^{2+}}+0.0592\lg\frac{a_{Fe^{3+}}}{a_{Fe^{2+}}} \tag{2-11}$$

(2) 膜电极 膜电极对溶液中特定离子有选择性响应，故又称离子选择性电极。其响应机理是在相界面上发生了离子的交换和扩散，而非电子的转移。膜电极的关键是被称为选择膜的敏感元件。敏感元件可由单晶、混晶、液膜、高分子功能膜及生物膜等构成，从而形成不同种类的指示电极供测定使用。

这类电极具有灵敏度高、选择性好等优点，是电化学分析中一类重要电极，运用广泛。其具体内容将在离子选择性电极（膜电极）章节中作详细讲解。

项目

物质含量的电位分析法测定

知识目标：

1. 掌握电位分析法定量依据；
2. 了解参比电极和指示电极的工作原理及分类。

能力目标：

1. 能描述各种类型电极、电极反应、电极电位表达式；
2. 能正确使用酸度计。

素质目标：

培养学生精益求精的实验态度和规范操作的良好习惯。

典型应用

牙膏是用于清洁牙齿，保护口腔卫生，对人体安全的一种日用必需品。但随着科技发展，人们发现了氟化物可以防龋，并且多年实践证明，氟化物与牙齿接触后，使牙齿组织中易被酸溶解的氢氧磷灰石形成不易溶的氟磷灰石，从而提高了牙齿的抗腐蚀能力。有研究证明，常用这种牙膏，龋齿发病率降低40%左右。但同时氟是一种有毒物质，过量的氟不但会造成牙齿单薄，更会降低骨头的硬度。因为氟元素的含量极少，化学分析的方法无法测定牙膏中的氟含量，因此常采用电位分析法测定牙膏中的氟含量。

电化学分析法的灵敏度及准确度都很高，所需设备简单，适用面广，特别是现代仪器分析与计算机联用，实现了分析工作的自动化。目前，电位分析法已成为产业、卫生和科学研究等部门广泛应用的一种重要分析手段。

任务一　认识离子选择性电极（膜电极 SIE）

电位分析法是根据指示电极的电极电位与相应离子的活度（或浓度）的关系，通过测定由指示电极、参比电极和待测溶液组成的原电池的电动势，确定被测离子活度（或浓度）的一种分析方法。离子选择性电极作为测量系统中的指示电极非常重要，它所表现的电极电位值与未知物的活度（或浓度）有关。因离子选择性电极的重要组成部分是活性膜或敏感膜，决定着电极的性质，所以离子选择性电极也称膜电极。

随着敏感元件材料研发的不断进步，研制出了多种类型的离子选择性电极，如表 2-4 所示。

表 2-4　离子选择性电极分类

<table>
<tr><td rowspan="8">离子选择性电极</td><td rowspan="6">原电极（敏感膜直接与试液接触）</td><td rowspan="2">晶体膜电极</td><td>均相膜电极</td><td>如 F^-、Cl^-、Cu^{2+}</td></tr>
<tr><td>非均相膜电极</td><td>如 Ag_2S 掺入硅橡胶的 S^{2-} 电极等</td></tr>
<tr><td rowspan="4">非晶体膜电极</td><td>刚性基质电极</td><td>如 pH、pNa 玻璃电极等</td></tr>
<tr><td rowspan="3">流动载体电极</td><td>带正电荷，如 NO_3^-、ClO_4^- 电极等</td></tr>
<tr><td>带负电荷，如 Ca^{2+}、Mg^{2+} 电极等</td></tr>
<tr><td>中性，如 K^+ 选择性电极等</td></tr>
<tr><td rowspan="2">敏化离子选择性电极（与特殊的膜组织组成复合电极）</td><td colspan="3">气敏电极，如 CO_2、NH_3 电极等</td></tr>
<tr><td colspan="3">生物电极，如氨基酸电极、酶电极等</td></tr>
</table>

一、晶体膜电极

晶体膜电极是以离子导电的固体膜为敏感膜。敏感膜一般是将金属难溶盐加压或拉制成单晶、多晶或混晶的活性膜，对构成晶体的金属离子或难溶盐的阴离子有响应。

氟离子选择性电极是目前最成功的均相单晶膜电极，氟电极由切成 1～2mm 厚的 LaF_3 单晶片作为传感膜，Ag-AgCl 为内参比电极，内充 0.001mol/L 的 NaF 和 0.1mol/L 的 NaCl 作为内参比溶液。氟电极具有较高的选择性，氟电极能斯特响应范围为 1～10^{-6} mol/L，检测限可达 10^{-7} mol/L，其结构如图 2-5 所示。

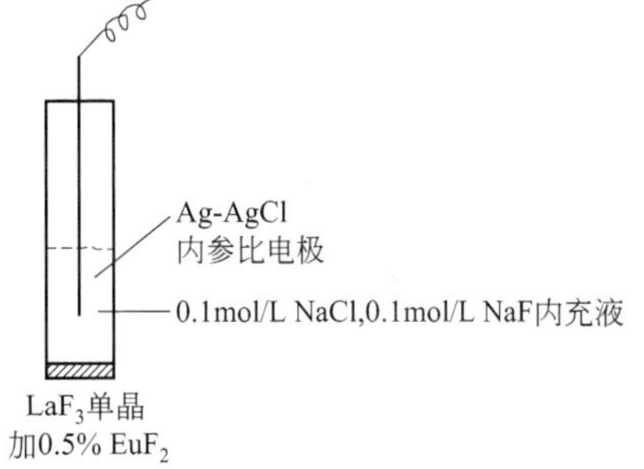

图 2-5　氟离子选择性电极结构示意图

当把氟电极放入被测试液中时，待测离子吸附在膜表面，与膜上相同的离子发生交换，并通过扩散进入膜相，膜相中存在的晶格缺陷产生的离子也可扩散进入溶液相。这样，在晶体膜与溶液界面上建立了双电层结构，产生膜电位。

在 25℃时，其膜电位表达式为：

$$\varphi_{膜} = K - 0.0592\lg a_{F^-} \tag{2-12}$$

氟电极的整体电极电位，即

$$\varphi_{F^-} = \varphi_{内} + \varphi_{膜} = \varphi_{Ag/AgCl} + K - 0.0592\lg a_{F^-} = K' - 0.0592\lg a_{F^-} \tag{2-13}$$

式中，φ_{F^-} 为氟离子选择电极电位；a_{F^-} 为氟离子活度；K' 为常数，与内参比电极、内参比溶液和膜的性质有关。

氟电极、甘汞电极与待测溶液组成原电池时，25℃时的原电池电动势为：

$$E = \varphi_{甘汞} - \varphi_{F^-} \tag{2-14}$$

二、非晶体膜电极

1. pH 玻璃电极

pH 玻璃电极主要由玻璃球形的敏感膜（SiO_2、Na_2O 和 CaO 等）组成。膜厚度为 0.05～0.1mm，内参比溶液为 0.1mol/L 的 HCl 溶液，内插一根内参比电极 Ag-AgCl 金属棒，如图 2-6 所示。其中复合电极与单玻璃电极相比，复合电极集指示电极和外参比电极于一体，使用起来更为方便和可靠。

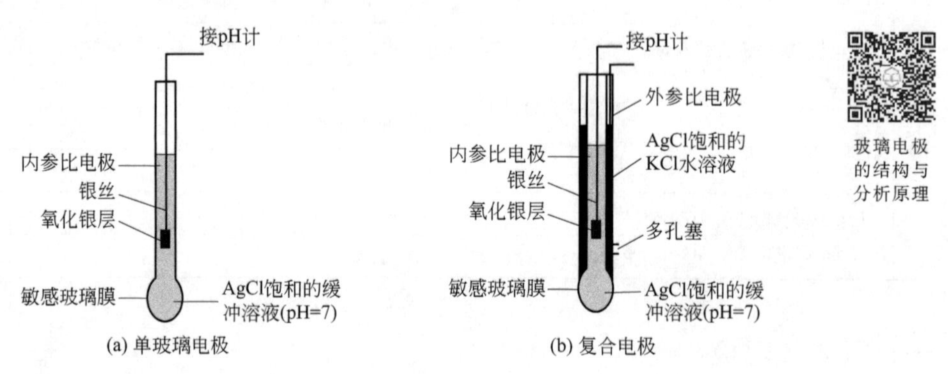

图 2-6　pH 玻璃电极结构示意图

由纯 SiO_2 制成的石英玻璃，没有可供离子交换的电荷点，就没有离子响应。加入碱金属的氧化物（如 Na_2O）后使部分硅氧键断裂，生成固定的带负电荷的硅氧骨架（称载体），在骨架的网格中存在体积较小但活动能力强的钠离子，结构如图 2-7 所示。溶液中的氢离子能进入网格并代替钠离子的点位，但阴离子却被带负电荷的硅氧载体所排斥，高价阳离子也不能进出网格。

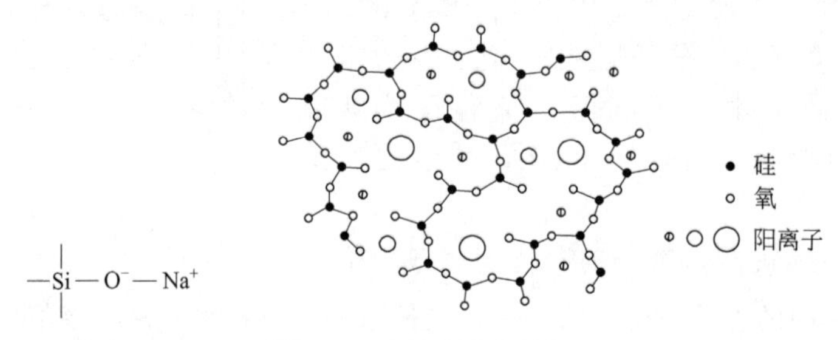

图 2-7　硅酸盐玻璃结构

当玻璃电极与水溶液接触时，玻璃外表面吸收水产生溶胀，形成溶胀层，溶胀层允许氢离子扩散进入玻璃结构的空隙并与 Na^+ 发生交换反应，如图 2-8 所示。

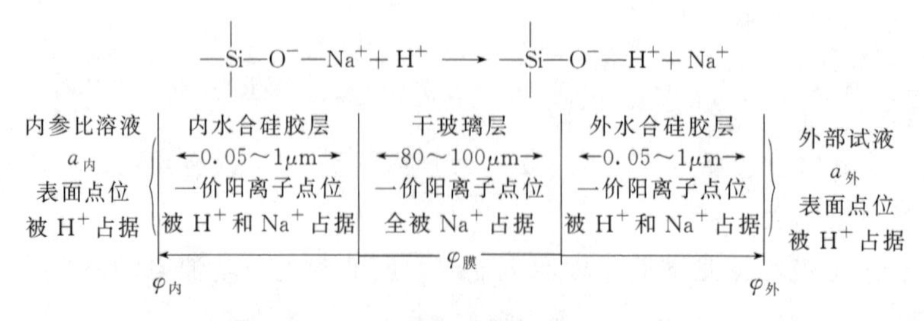

图 2-8　pH 玻璃电极膜电位形成示意图

当玻璃电极外膜与待测溶液接触时，由于溶胀层表面与溶液中的氢离子活度不同，氢离子便从活度大的相朝活度小的相迁移。从而改变了溶胀层和溶液两相界面的电荷分布，产生外相界电位。玻璃电极内膜与内参比溶液同样也产生内相界电位。可见，玻璃膜两侧的相界电位的产生不是由于电子得失，而是由于氢离子在溶液和溶胀层界面之间转移的结果。

根据热力学推导，25℃时，玻璃电极内外膜电位关系可表示为：

$$\varphi_{相,外}=K_{外}+0.0592\lg\frac{a_{H^+外}}{a'_{H^+内}} \tag{2-15}$$

$$\varphi_{相,内}=K_{内}+0.0592\lg\frac{a_{H^+内}}{a'_{H^+内}} \tag{2-16}$$

$$\varphi_{膜}=\varphi_{外}-\varphi_{内}=0.0592\lg\frac{a_{H^+_{外}}}{a_{H^+_{内}}} \tag{2-17}$$

式中，$\varphi_{外}$是外膜电位，V；$\varphi_{内}$是内膜电位，V；$a_{H^+_{外}}$是外部待测溶液的 H^+ 活度（浓度）；$a_{H^+_{内}}$是内参比溶液的 H^+ 活度（浓度）。

由于内参比溶液的 H^+ 活度（浓度）恒定，因此

$$\varphi_{膜}=K'+0.0592\lg a_{H^+_{外}} \tag{2-18a}$$

或

$$\varphi_{膜}=K'-0.0592pH_{外} \tag{2-18b}$$

式中，K'由玻璃膜电极本身的性质决定，对于某一确定的玻璃电极，其K'是一个常数。

玻璃电极具有内参比电极（常用 Ag-AgCl 电极），其电极电位恒定。玻璃电极的电极电位应为内参比电极和膜电极之和：

$$\varphi_{玻}=\varphi_{膜}+\varphi_{内参} \tag{2-19}$$

由式(2-19) 可知，只要测出 $\varphi_{膜}$，就可通过 $\varphi_{玻}$ 计算出待测溶液中 H^+ 的活度，这就是 pH 玻璃极测定溶液 pH 的理论依据。

2. 流动载体电极

流动载体电极与玻璃电极不同，玻璃电极的载体（骨架）是固定不动的，流动载体电极的载体是可流动的，但仍然离不开膜。流动载体电极由电活性物质（载体）、溶剂（增塑剂）、微孔膜（作为支持体）以及内参比电极和内参比溶液等部分组成。钙离子选择性电极是这一类电极的重要成员，如图 2-9 所示。

钙离子电极的反应机制与玻璃电极类似，该膜对钙离子有选择性地响应，其膜电位表达式为：

$$\varphi_{膜}=K'+\frac{0.0592}{2}\lg a_{Ca^{2+}} \tag{2-20}$$

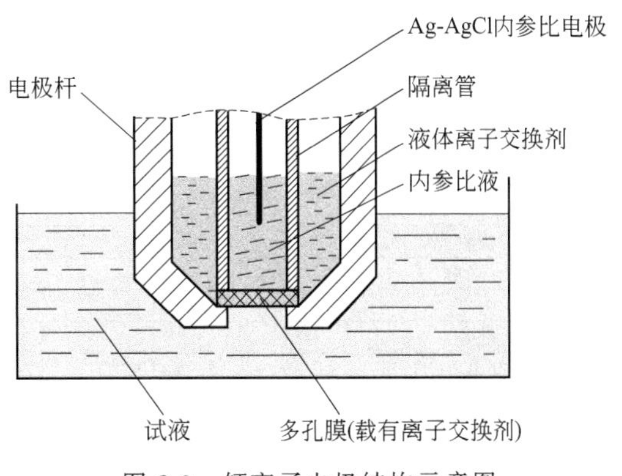

图 2-9　钙离子电极结构示意图

三、气敏电极

气敏电极是局域界面化学反应的敏化电极，实际上是一种化学电池，由一对电极（指示电极和参比电极）组成，结构见图 2-10。主要运用

于气体对象的分析，如 CO_2、NO_2、H_2S、NH_3 和 SO_2 等，具有代表性的是氨敏电极。

其测量机制是试液中待测组分气体通过透气膜进入中介液，使中介液中某离子的活性（或浓度）发生改变，进而使电池电动势发生变化，通过电动势的变化反映出待测组分的量，实际上它是一种传感器。

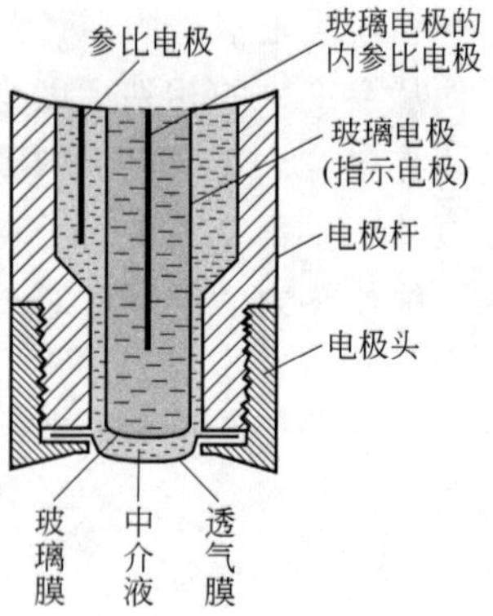

图 2-10 氨敏电极结构示意图

四、生物电极

生物电极是一种电化学和生物化学相结合的新型电极，对生物分子和有机化合物有很好的选择性。生物电极包括酶电极、组织电极、免疫电极和微生物电极等。

1. 酶电极

酶电极是指在指示电极的表面覆盖一层具有特殊生物活性的催化剂，即酶活性物，它与被测的有机物或者无机物反应，形成一种能被指示电极响应的酶催化物产物。常见的酶催化物产物有CO_2、NH_3、CN^-、NH_4^+、F^-等。

例如：

$$HOC_6H_4CH_2CHNH_2COOH \xrightarrow{\text{氨基酸脱羧酶}} HOC_6H_4CH_2CH_2NH_2 + CO_2$$

可用电极测定 CO_2，或者用氨基酸氧化酶催化，测NH_4^+ 离子。

$$RCHNH_2COOH + O_2 + H_2O \xrightarrow{\text{氨基酸氧化酶}} RCOCOO^- + NH_4^+ + H_2O_2$$

氨基酸可以通过以上反应后检测，或进一步氧化放出。

酶电极的制作中，酶的固定是关键，它决定了酶电极的使用寿命，并对灵敏度、重现性等性能影响很大。

2. 组织电极

组织电极是利用动、植物自身组织中含有的生物酶，发生催化反应，制备成电极。这是敏化电极的有意义的进展。生物组织膜固定的常用方法有：物理吸附、共价附着、交联、包埋等。组织电极的酶源于测定对象，见表 2-5。

表 2-5 组织电极的酶源于测定对象

组织酶源	测定对象	组织酶源	测定对象
香蕉	草酸、儿茶酚	烟草	儿茶酚
菠菜	儿茶酚类	番茄种子	醇类
甜菜	酪氨酸	燕麦种子	精胺
土豆	儿茶酚、磷酸盐	猪肝	丝氨酸
花椰菜	L-抗坏血酸	猪肾	L-谷氨酰胺
莴苣种子	H_2O_2	鼠脑	嘌呤、儿茶酚胺
玉米脐	丙酮酸	大豆	尿素
生姜	L-抗坏血酸	鱼鳞	儿茶酚胺
葡萄	H_2O_2	红细胞	H_2O_2
黄瓜汁	L-抗坏血酸	鱼肝	尿酸
卵形植物	儿茶酚	鸡肾	L-赖氨酸

例如：将香蕉与碳糊混合的组织电极，测多巴胺；将猪肝夹在尼龙网中紧贴在氨敏电极上，因为猪肝内的谷氨酰胺酶能催化谷氨酰胺，释放氨，测定试样中的谷氨酰胺含量。

任务二　熟悉离子选择性电极的性能参数

一、电极的选择性

理想的离子选择性电极应该是只对特定的一种离子产生电位响应。事实上，离子选择性电极并非是专属的，它对共存的干扰离子也会产生响应，使得电位额外增加，也就是说电极测量的电位值是所有响应离子的总和。其表达式为：

$$\varphi = K \pm \frac{0.0592}{n} \lg\left(a_{\mathrm{i}} + K_{\mathrm{ij}} a_{\mathrm{j}}^{\frac{n_{\mathrm{i}}}{n_{\mathrm{j}}}} + \cdots\right) \tag{2-21}$$

式中，i 表示待测离子；j 表示干扰离子；n_{i} 表示响应离子的电荷；n_{j} 表示干扰离子的电荷；K_{ij} 表示选择性系数，在相同实验条件下，某支电极上产生相同电位值的待测离子活度 a_{i} 与干扰离子活度 a_{j} 的比值，即 $K_{\mathrm{ij}} = \frac{a_{\mathrm{i}}}{a_{\mathrm{j}}}$。

显然，K_{ij} 越小，电极的选择性越好。例如 pH 玻璃电极选择系数 $K_{\mathrm{H^+,Na^+}} = 10^{-7}$ 则表示该电极对 H^+ 的响应比对 Na^+ 的响应要灵敏 10^7 倍。选择性系数是一个实验数据，并不是一个常数，它随着溶液中离子的活度和测量方法的不同而不同。因此 K_{ij} 的文献值仅用来估计干扰离子产生的测定误差或确定电极的适用范围。

二、线性范围及检测下限

离子选择性电极的电位与待测离子活度的对数在一定的范围内呈线性关系，该范围称为线性范围，如图 2-11 所示。

图 2-11 中与标准曲线的直线部分所对应的离子活度范围称为离子选择性电极响应的线性范围（CD），一般离子选择性电极可测定的浓度范围为 $10^{-1} \sim 10^{-6}$ mol/L 或 10^{-7} mol/L。图中 CD 与 FG 延长线的交点 A 所对应的活度值为检出下限。在检测下限附近，电极电位不稳定，测量结果的重现性和准确度较差。

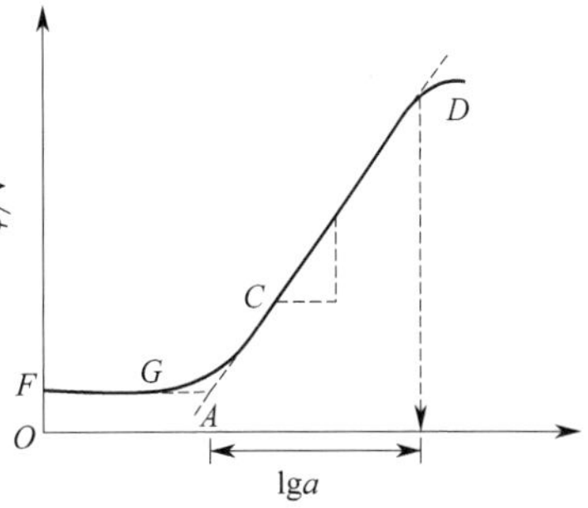

图 2-11　线性范围及检测下限

三、响应时间

电极的响应时间又称电位平衡时间，是指离子选择性电极和参比电极浸入试液开始，到电池电动势达到稳定值（波动在 1mV 以内）所需的时间。电极的响应时间与测量溶液的浓度、试液中其他电解质的存在情况、测量的顺序（由低浓度到高浓度或者相反）及前后 2 份溶液之间的浓度差、溶液的搅拌速度等因素有关。所以，在实际测定中，通过搅拌溶液可以缩短响应时间。测量溶液浓度的顺序应该由低浓度到高浓度，如果测定高浓度溶液后再测低浓度溶液，则应用去离子水清洗电极数次后再测定，以恢复电极的正常响应时间。

四、温度和 pH 范围

温度变化会影响溶液中离子活度，从而影响电位的测定值。此外，温度还影响电极的响应性能。各类离子选择性电极都有一定的温度使用范围，一般使用温度下限为－5℃左右，上限为 80～100℃，与膜的类型有关。

使用离子选择性电极时，允许的 pH 范围由电极的类型和待测离子的浓度决定。大多数离子选择性电极要求在接近中性的介质条件下使用，也有一些离子选择性电极有较宽的 pH 使用范围。如 F^- 选择性电极适用的 pH 范围为 2～11，NO_3^- 电极对于 0.1mol/L NO_3^- 适用 pH 范围为 2.5～10.0，而对 10^{-3}mol/L NO_3^- 适用 pH 范围为 3.5～8.5。

五、内阻

电极的内阻决定测量仪器的输入阻抗。离子选择电极的内阻主要是膜内阻，也包括内充液、内参比电极的内阻。不同类型的离子选择电极有不同的内阻，晶体膜在 103～106Ω，PVC 膜在 106～107Ω，流动载体膜在 106～108Ω，玻璃膜在 108Ω 左右。电极内阻的大小直接影响对测量仪器输入阻抗的要求。

任务三　熟悉电位分析仪器的结构及使用

一、直接电位法常用仪器

测量溶液 pH 值的仪器称为酸度计，简称 pH 计。根据测量要求不同，酸度计分为普通型、精密型和工业型。按照精密度又可分为 0.1pH、0.02pH、0.01pH、0.001pH 等不同等级。

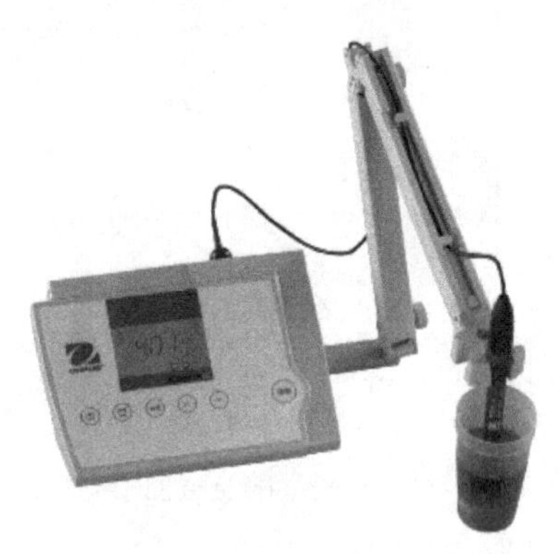

图 2-12　某品牌 pH 计

酸度计型号种类很多，自动化程度不同，但仪器的基本功能大致相似，如图 2-12 所示。酸度计一般由两部分组成，即电极体系和高阻抗毫伏计。参比电极和指示电极与待测溶液组成原电池，高阻抗毫伏计测量电极间的电位差即电动势，经过放大，通过电流表或者数码显示器显示结果。

测定溶液 pH 时，常用的是饱和甘汞电极和 pH 玻璃电极组成的原电池。目前常用的是复合 pH 玻璃电极，它是将 pH 玻璃电极和饱和甘汞电极组合，形成一个电极，直接插入待测溶液中即可测量。

pH 计需要校准后才可以进行测量使用，常用的校准方法有两种。

1. 一点校正法

制备两种标准缓冲溶液，使其中一种的 pH 大于并接近试液的 pH，另一种小于并接近试液的 pH。先用其中一种标准缓冲液与电极对组成工作电池，调节温度补偿器至测量温度，调节“定位”调节器，使仪器显示出标准缓冲液在该温度下的 pH。保持“定位”调节器不动，再用另一标准缓冲液与电极对组成工作电池，调节温度补偿器至溶液的测量温度处，此时仪器显示的 pH 应是该缓冲液在此温度下的 pH。两次相对校正误差在不大于 0.1pH 单位时，才可进行试液的测量。

2. 二点校正法

先用一种 pH 接近 7 的标准缓冲溶液“定位”，再用另一种接近被测溶液 pH 的标准缓冲液调节“斜率”调节器，使仪器显示值与第二种标准缓冲液的 pH 相同（此时不动“定位”调节器）。经过校正后的仪器就可以直接测量被测试液。

实际工作中，根据对测量精度的要求选择校准方法，要求低的可用一点校正法，实验室测量 pH 值多采用二点校正法。

经过校准的 pH 计，就可以直接将电极放入未知溶液中，测量未知液的 pH 值。

二、电位滴定法常用仪器

电位滴定的基本仪器装置如图 2-13 所示。

滴定管：根据被测物质含量的高低，可选用常量滴定管或微量、半微量滴定管。

指示电极：根据不同的滴定反应及测定对象选择对应的电极，在前面电极部分已经介绍，在此不赘述。

参比电极：通常选用饱和甘汞电极。

离子计：离子计可用酸度计兼用。

电磁搅拌器：电磁搅拌器上设有搅拌开关、调速旋钮。溶液搅拌速度可用调速旋钮调节，溶液搅拌速度不宜过快，不能把试液溅出烧杯。

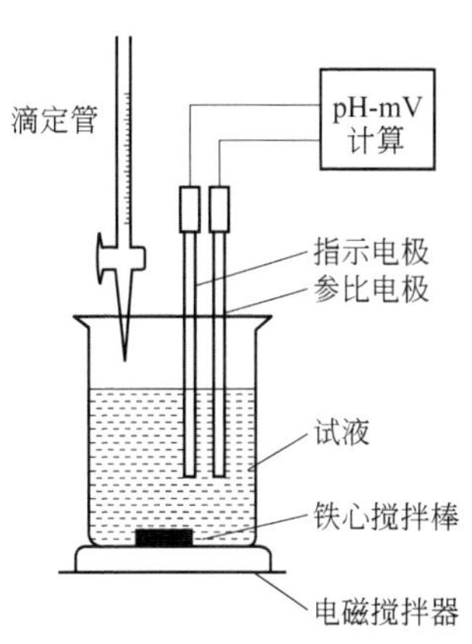

图 2-13　电位滴定装置示意图

任务四　直接电位法的应用

直接电位法主要是先用两个或多个标准溶液来测定或校正离子选择性电极的电极电位，然后利用离子选择性电极测定待测化学组分（如阳离子、阴离子、有机物离子等）活度（或浓度）的。常用于溶液的 pH 和一些离子浓度的测定。该方法测定速度快、简便、灵敏。

一、 pH 的直接测定

pH 的测定通常使用 pH 玻璃电极作为指示电极（负极），饱和甘汞电极作为参比电极（正极），或使用复合型电极，插入待测溶液中组成工作原电池，通过电极测量原电池的电动势，获得待测样品的氢离子浓度。测定装置如图 2-14 所示。

依据能斯特方程，其电池电动势为：

$$E=K'+0.0592\text{pH} \tag{2-22}$$

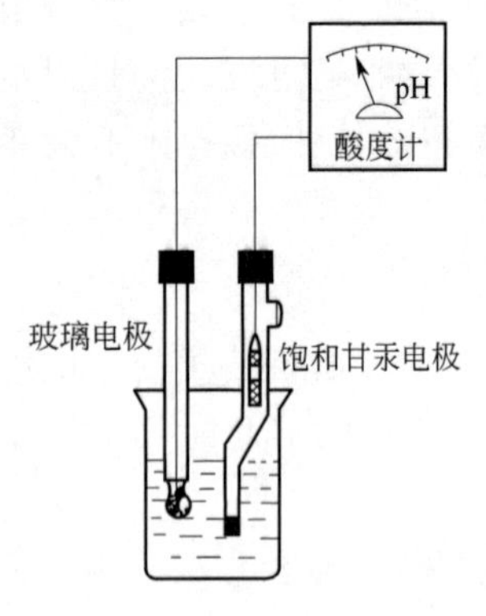

图 2-14　测量 pH 的装置示意图

式中，K'无法单个测量和计算，所以在实际测量中，需要通过测定一个相同体系下（测量条件相同）的已知 pH 值的标准缓冲溶液的 pH 值获得 K'。

相同条件下，先将参比、指示电极插入已知准确 pH 的溶液（标准缓冲溶液）中组成原电池，得到电池电动势 E_s；取出电极，用蒸馏水洗净后，插入待测溶液中组成原电池，测得电池电动势 E_x。

$$E_s = K'_s + 0.0592\text{pH}_s \tag{2-23}$$

$$E_x = K'_x + 0.0592\text{pH}_x \tag{2-24}$$

由于测定条件相同 $K'_s = K'_x$。因此

$$\text{pH}_x = \text{pH}_s + \frac{E_x - E_s}{0.0592} \tag{2-25}$$

在测量过程中，K'值受到很多因素影响，所以为了减小测量误差，测量过程中尽可能保持温度恒定，选用 pH 与待测溶液 pH 相近的标准缓冲溶液。

二、 pH 标准缓冲溶液

pH 标准缓冲溶液是具有准确 pH 的溶液，是未知溶液 pH 测定的基准，故缓冲溶液的 pH 选择及配制是至关重要的。

常用的标准缓冲物质分别是：四草酸钾、酒石酸氢钾、苯二甲酸氢钾、磷酸氢二钠-磷酸二氢钾、四硼酸钠和氢氧化钙。这些标准缓冲溶液 pH 均匀地分布在 1～13 的 pH 值范围内。

一般实验室常用的 pH 标准缓冲溶液是成套的 pH 缓冲试剂包，包括：苯二甲酸氢钾、混合磷酸盐及四硼酸钠，这三种物质的小包装产品，如图 2-15 所示。使用很方便，配制时不需要干燥和称量，直接将袋内试剂全部溶解稀释至一定体积（一般为 250.0mL）即可使用。配好的 pH 标准缓冲溶液应贮存在玻璃试剂瓶或聚乙烯试剂瓶中，硼酸盐和氢氧化钙标准缓冲溶液存放时应防止空气中 CO_2 进入。标准缓冲溶液一般可保存 2～3 个月。若发现溶液中出现浑浊等现象，不能再使用，应重新配制。

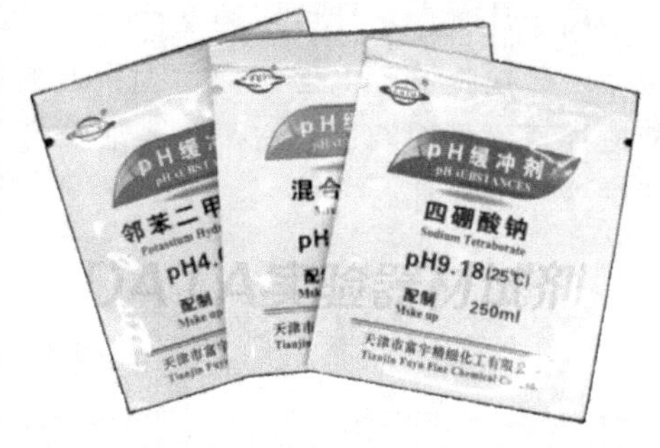

图 2-15　pH 缓冲溶液试剂包

三、溶液离子活度（或浓度）的测量

1. 测量原理

溶液中离子活度（或浓度）的测量与 pH 值的测量类似，只需要选择对被测离子有响应的离子选择性电极即可。离子活度的测量是将离子选择性电极（指示电极）浸入待测溶液中，与饱和甘汞电极（参比电极）组成原电池，测得电池的电动势为：

$$E = K' \pm \frac{0.0592}{n}\lg a_i = K' \pm \frac{0.0592}{n}\lg \gamma_i c_i \tag{2-26}$$

式中，i 为待测离子，待测离子为阳离子时取“＋”，阴离子时取“－”；γ_i 为活度系数。

离子选择性电极测量的是离子活度，通常分析时需要测量的是离子的浓度。如果在测量过程中能够控制标准溶液和试液的总离子强度一致，那么活度系数 γ_i 就可视为常数，合并所有常数项，式(2-26) 可变为

$$E=K'\pm\frac{0.0592}{n}\lg c_i \tag{2-27}$$

为了解决溶液总离子强度一致的问题，通过在试液和标准溶液中加入相同量的电中性电解质、掩蔽剂和缓冲溶液组成的惰性电解质溶液，这种溶液被称为总离子强度调节缓冲溶液(TISAB)。它能够保持较大且相对稳定的离子强度，使活度系数恒定相同，控制溶液的pH，满足离子电极的要求及掩蔽干扰离子。

TISAB 的典型组成：NaCl 0.1mol/L，HAc 0.25mol/L，NaAc 0.75mol/L，柠檬酸钠 0.001mol/L，pH＝5.0，总离子强度为 1.75，其中 NaCl 是离子强度调节剂，HAc-NaAc 是缓冲溶液，柠檬酸钠是掩蔽剂，掩蔽其他离子（例如：Fe^{3+}、Al^{3+} 等）。

2. 测量方法

(1) 标准曲线法 标准曲线法主要适用于大批量同一离子的测定，关键是测量条件必须保持恒定，否则将影响标准曲线线性。

在同一条件下，配制一系列不同浓度的标准溶液，并在标准溶液和待测试液中加入同样量的 TISAB 溶液，分别测量标准溶液和待测试液的电动势，利用标准溶液的电动势绘制E-$\lg c_i$ 标准曲线图，如图 2-16 所示。在曲线图中找到同一条件下测量的待测试液电动势 E_x 及读取对应的离子浓度值。

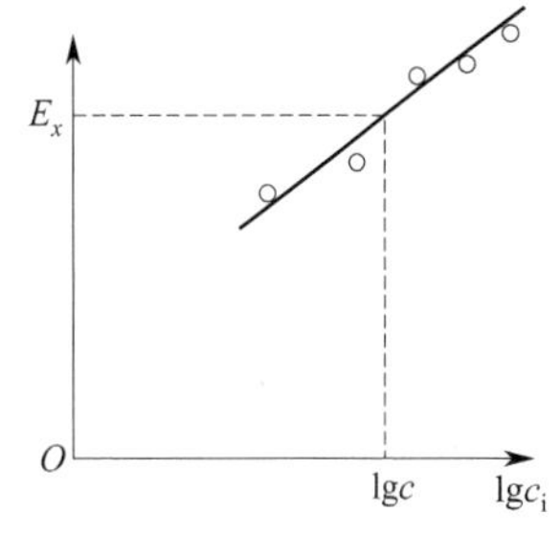

图 2-16 E-$\lg c_i$ 标准曲线图

(2) 标准加入法 标准加入法主要适用于复杂样品的分析测量，是将一定体积和一定浓度的标准溶液加入已知体积的待测试液中，分别测量加入标准溶液前、后，待测试液的电动势，根据电动势的变化计算待测离子的含量的方法。

操作方法：在一定实验条件下，分别在待测试液和标准溶液中加入等量的 TISAB，先测定体积为 V_x、浓度为 c_x 的待测试液的电动势 E_x，然后在相同条件下，在待测试液中加入浓度为 c_s、体积为 V_s 的含有待测离子的标准溶液，（其中要求 $V_x<100V_s$，$c_s<100c_x$，ΔE 在 15～40mV 间）测其电动势 E_{x+s}，同一条件下 $K'_1=K'_2$。

$$E_x=K'_1+\frac{0.0592}{n}\lg c_x$$

$$E_{x+s}=K'_2+\frac{0.0592}{n}\lg(c_x+\Delta c) \tag{2-28}$$

$$\Delta E=E_{x+s}-E_x=\frac{0.0592}{n}\lg\left(1+\frac{\Delta c}{c_x}\right) \tag{2-29}$$

因为 $\Delta c=\frac{c_sV_s}{V_x}$，两边取对数，得

$$\lg \frac{n\Delta E}{0.0592}=\lg \frac{c_x V_x + c_s V_s}{(V_x + V_s)c_x} \tag{2-30}$$

当 $V_x \gg V_s$ 时，$V_x + V_s = V_x$，得

$$c_x = \frac{c_s V_s}{V_x}(10^{\frac{\pm n\Delta E}{0.0592}} - 1)^{-1} \tag{2-31}$$

标准加入法的优点是标准溶液和待测溶液中的被测离子是在非常接近的条件下测定的，因而测定结果更加可靠。

【例 2-2】 将钙离子选择电极和饱和甘汞电极插入 100mL 水样中，用直接电位法测定水样中 Ca^{2+}。25℃时，测得钙离子电极电位为－0.0619V，加入 0.0731mol/L 的 $Ca(NO_3)_2$ 标准溶液 1.00mL，搅拌平衡后，测得钙离子电极电位为－0.0483V。试计算原水样中 Ca^{2+} 的浓度。

解：由标准加入法计算公式

$$\Delta c = \frac{c_s V_s}{V_x} = \frac{1.00 \times 0.0731}{100} = 7.31 \times 10^{-4}(\text{mol/L})$$

$$\Delta E = E_{x+s} - E_x = -0.0483 - (-0.0619) = 0.0136(\text{V})$$

$$c_x = \frac{c_s V_s}{V_x}(10^{\frac{n\Delta E}{0.0592}} - 1)^{-1} = 7.31 \times 10^{-4} \times (10^{\frac{2 \times 0.0136}{0.0592}} - 1)^{-1} = 3.89 \times 10^{-4}(\text{mol/L})$$

原水样中 Ca^{2+} 的浓度为 3.89×10^{-4} mol/L。

任务五　电位滴定法的应用

一、电位滴定法原理

电位滴定法是在滴定过程中通过测量指示电极电位变化来确定滴定终点的方法。实验时，选择合适的参比电极和指示电极组成原电池，随着滴定剂的加入，试液中待测离子浓度不断变化，在滴定到达理论终点前后，溶液中的待测离子浓度的突变引起指示电极电位的突变，故通过测量电池电动势的变化，即可确定滴定终点。

与直接电位法相比，电位滴定法测定的是电池电动势的变化情况，不以某一电动势的变化量作为定量参数，因此直接电位法中的影响因素在电位滴定中可以得到抵消，其测定结果具有更高的准确度和精密度。

与常规的滴定法相比，电位滴定法可分析有色、浑浊的溶液或用于非水溶液的滴定，也可实现连续和自动滴定。由于滴定反应不同，指示电极也有不同的选择。例如在酸碱滴定中，使用 pH 玻璃电极为指示电极；在氧化还原滴定中，可以用铂电极作指示电极；在配合滴定中，若用 EDTA 作滴定剂，可用第三类电极（汞与 EDTA 配合物组成的电极）作指示电极；在沉淀滴定中，可根据不同的反应，选用不同的指示电极，如用硝酸银滴定卤素离子，可以用银电极作指示电极。

二、电位滴定法测量及终点的确定

1. 测量

首先准确移取一定体积的试液（或称取一定质量的固体试样并将其制备成试液）置于烧杯中，然后选择适宜的指示电极和参比电极浸入待测试液中，并按图 2-13 连接组装好装置，开动电磁搅拌器和毫伏计。滴定过程中，每加一次标准滴定溶液读取一次电动势（或 pH），读数前要关闭搅拌器。滴定开始时，每次滴入标准滴定溶液体积可大些，当滴定至化学计量点附近时，应每次准确滴加 0.10mL 标准滴定溶液，直至电动势变化不大时为止。记录每次滴加标准滴定溶液后滴定管读数及测得的电动势或 pH。以银电极为指示电极，双盐桥饱和甘汞电极为参比电极，用 0.1000mol/L $AgNO_3$ 溶液滴定 NaCl 溶液的实验数据如表 2-6 所示。

表 2-6　0.1000mol/L $AgNO_3$ 溶液滴定 NaCl 溶液的实验数据

加入 $AgNO_3$ 体积 V/mL	工作电池电动势 E/V	$\frac{\Delta E}{\Delta V}$/(mV/L)	$\frac{\Delta^2 E}{\Delta V^2}$/(mV/$L^2$)
5.0	0.062		
		0.002	
15.0	0.085		
		0.004	
20.0	0.107		
		0.008	
22.0	0.123		
		0.015	
23.0	0.138		
		0.016	
23.50	0.146		
		0.050	
23.80	0.161		
		0.065	
24.00	0.174		
		0.09	
24.10	0.183		
		0.11	
24.20	0.194		2.8
		0.39	
24.30	0.233		4.4
		0.83	
24.40	0.316		−5.9
		0.24	
24.50	0.340		−1.3
		0.11	
24.60	0.351		−0.4
		0.07	
24.70	0.358		
		0.050	
25.00	0.373		
		0.024	
25.50	0.385		
		0.022	
26.00	0.396		

注：1. $\frac{\Delta E}{\Delta V}=\frac{E_{n+1}-E_n}{V_{n+1}-V_n}$。

2. $\frac{\Delta^2 E}{\Delta V^2}=\frac{\left(\frac{\Delta E}{\Delta V}\right)_{n+1}-\left(\frac{\Delta E}{\Delta V}\right)_n}{V_{n+1}-V_n}$。

2. 终点确定

电位滴定法终点的确定方法有三种：E-V 曲线法、一阶微商法（$\Delta E/\Delta V$-V 曲线法）和

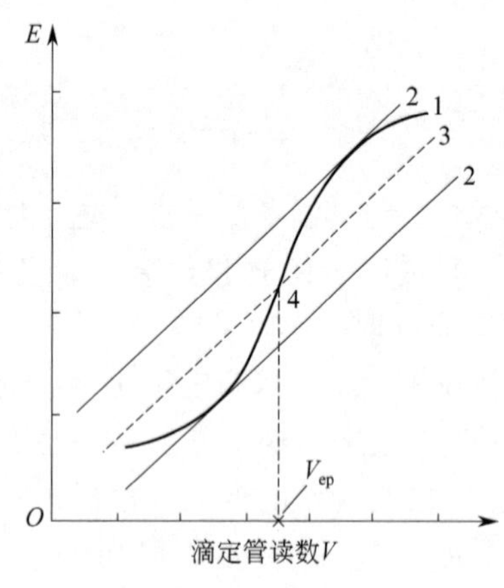

图 2-17 电位滴定 E-V 曲线
1—滴定曲线；2—切线；3—平行等距离线；4—滴定终点

二阶微商法（$\Delta^2E/\Delta V^2$-V 曲线法）。

（1）E-V 曲线法 以加入标准滴定溶液的体积 V（mL）为横坐标，以对应的电池电动势 E（mV）为纵坐标，绘制 E-V 曲线。E-V 曲线上的拐点（曲线斜率最大处）所对应的滴定体积即为终点时标准滴定溶液所消耗体积（V_{ep}）。对于突跃较小或不规则的曲线拐点位置可用下面的方法来确定：作两条与横坐标呈 45°的 E-V 曲线的切线，两条切线的平行等距离线与 E-V 曲线交点即为拐点，如图 2-17 所示。E-V 曲线法适合于滴定曲线对称的情况，而对滴定突跃不十分明显的体系，误差较大，可采用一阶微商法。

（2）一阶微商法（$\Delta E/\Delta V$-V 曲线法） 一阶微商 $\Delta E/\Delta V$ 是电池电动势的变化值与对应标准溶液加入体积的增量的比，即 $\Delta E=E_{n+1}-E_n$，$\Delta V=V_{n+1}-V_n$。表 2-6 中，在加入 $AgNO_3$ 体积为 24.10mL 和 24.20mL 之间，相应地：

$$\frac{\Delta E}{\Delta V}=\frac{0.194-0.183}{24.20-24.10}=0.11$$

其对应的标准滴定溶液平均体积

$$\overline{V}=\frac{24.20-24.10}{2}=24.15(\text{mL})$$

将 V 对 $\Delta E/\Delta V$ 作图，可得到一峰型曲线，曲线最高点需由数据点连线外推得到，由曲线最高点作横轴的垂线，交点对应的体积即为滴定终点时标准滴定溶液消耗的体积（V_{ep}），如图 2-18 所示。此法手续烦琐，准确性较差，如需获得准确值，可采用二阶微商法。

（3）二阶微商法（$\Delta^2E/\Delta V^2$-V 曲线法） 此法的依据是一阶微商曲线的极大点为终点，则二阶微商 $\frac{\Delta^2E}{\Delta V^2}=0$ 时对应的体积即为滴定终点时标准滴定液所消耗的体积（V_{ep}），如图 2-19 所示。

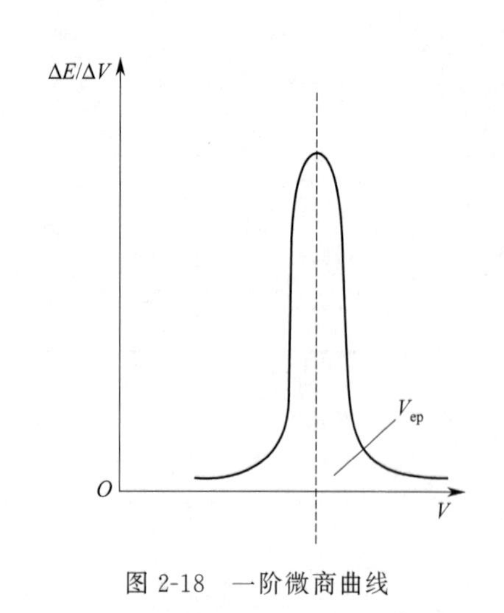

图 2-18 一阶微商曲线

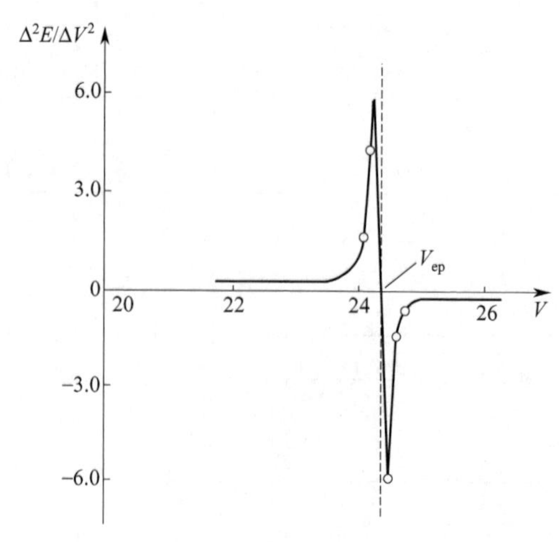

图 2-19 二阶微商曲线

如表 2-6 所示，加入 $AgNO_3$ 体积为 24.30mL 时，

$$\frac{\Delta^2 E}{\Delta V^2}=\frac{\left(\frac{\Delta E}{\Delta V}\right)_{n+1}-\left(\frac{\Delta E}{\Delta V}\right)_{n}}{V_{n+1}-V_{n}}$$

$$\frac{\Delta^2 E}{\Delta V^2}=\frac{\left(\frac{\Delta E}{\Delta V}\right)_{24.35}-\left(\frac{\Delta E}{\Delta V}\right)_{24.25}}{V_{24.35}-V_{24.25}}=\frac{0.83-0.39}{24.35-24.25}=4.4$$

同理，加入 $AgNO_3$ 体积为 24.40mL 时，

$$\frac{\Delta^2 E}{\Delta V^2}=\frac{0.24-0.83}{24.45-24.35}=-5.9$$

终点 $\frac{\Delta^2 E}{\Delta V^2}$ 等于零的点必然在 +4.4～−5.9 之间，即滴定终点时标准滴定溶液所消耗的体积介于 24.30～24.40mL。V_{ep} 可应用内插法计算求出，即

滴定体积	24.30	V_{ep}	24.40
$\Delta^2 E/\Delta V^2$	+4.4	0	−5.9

$$\frac{24.40-24.30}{-5.9-4.4}=\frac{V_{ep}-24.30}{0-4.4}$$

$$V_{ep}=24.30+\frac{0-4.4}{-5.9-4.4}\times 0.10=24.34\text{mL}$$

二阶微商法求终点 V_{ep} 通常使用内插法，但也可使用作图法。

【例 2-3】 以银电极为指示电极，双液接饱和甘汞电极为参比电极，用 0.1000mol/L $AgNO_3$ 标准溶液滴定含 Cl^- 试液，得到的原始数据如下（电位突跃时的部分数据）。用二阶微商法求出滴定终点时消耗的 $AgNO_3$ 标准溶液体积。

滴加体积/mL	24.00	24.10	24.20	24.30	24.40	24.50	24.60	24.70
电位 E/V	0.174	0.183	0.194	0.233	0.316	0.340	0.351	0.358

解：将原始数据按照二阶微商法处理，一阶微商和二阶微商由后项减前项比体积差得到。

例：$$\frac{\Delta E}{\Delta V}=\frac{0.316-0.233}{24.40-24.30}=0.830；\frac{\Delta^2 E}{\Delta V^2}=\frac{0.24-0.83}{24.45-24.35}=-5.9$$

依次计算列表：

滴入 $AgNO_3$ 标准溶液体积/mL	测量电位 E/V	$\frac{\Delta E}{\Delta V}$	滴入 $AgNO_3$ 标准溶液体积/mL	$\frac{\Delta^2 E}{\Delta V^2}$	滴入 $AgNO_3$ 标准溶液体积/mL
24.00	0.174				
		0.09	24.05		
24.10	0.183			0.2	24.10
		0.11	24.15		
24.20	0.194			2.8	24.20
		0.39	24.25		
24.30	0.233			4.4	24.30
		0.83	24.35		
24.40	0.316			−5.9	24.40
		0.24	24.45		
24.50	0.340			−1.3	24.50
		0.11	24.55		
24.60	0.351			−0.4	24.60
		0.07	24.65		
24.70	0.358				

二阶微商等于零时所对应的体积值应在24.30～24.40mL之间，准确值可以由内插法计算出：

$$V_{终点}=24.30+(24.40-24.30)\times\frac{4.4}{4.4+5.9}=24.34(\text{mL})$$

实验2-1　直接电位法测水溶液pH值

【实验目的】

1. 了解pH值的直接电位法测定原理；
2. 掌握酸度计的使用方法；
3. 养成文明规范的操作习惯，认真仔细、实事求是。

【实验原理】

在生产和科研中常会接触到有关pH值的问题，粗略的pH值测量可以用pH试纸，比较精确的pH值的测定则需要用电位法，即根据能斯特方程，用酸度计测量原电池电动势来确定pH值。这种方法常用玻璃电极作指示电极，甘汞电极作参比电极，与被测溶液组成原电池。在一定条件下，电池电动势E和试液pH值呈线性关系：

$$E=K'+0.0592\text{pH}(25℃)$$

上述能斯特方程中的K'值包括甘汞电极电位、内参比电极电位、玻璃膜的不对称电位及参比电极与溶液间的液接电位，它难以用理论方法计算出来，但在一定实验条件下是常数。通常需要用与待测溶液pH值接近的标准缓冲溶液进行校正，以抵消K'值对测量的影响。

其原理是：当玻璃-甘汞电极对分别插入pH_s标准缓冲溶液和pH_x未知溶液中时，电动势E_s和E_x分别为：

$$E_s=K'+0.0592\text{pH}_s(25℃)$$
$$E_x=K'+0.0592\text{pH}_x(25℃)$$

两式相减，得　$$\text{pH}_x=\text{pH}_s+\frac{E_x-E_s}{0.0592}=\text{pH}_s+\frac{\Delta E}{0.0592}(25℃)$$

在酸度计上，pH值按照$\Delta E/0.0592$分度，此pH分度值只适用于温度25℃，为适应不同温度下的测量，需进行温度补偿。

【仪器与试剂】

1. 仪器

酸度计、烧杯。

2. 试剂

标准缓冲溶液（pH＝4.00、pH＝6.86、pH＝9.18，根据实验需要选择）。

【实验步骤】

1. 粗测 pH 值

用 pH 试纸（广泛试纸）粗略检查试样溶液 pH 值。

2. 标准缓冲溶液的配制

选择与试液 pH 相邻的两份 pH 标准缓冲溶液配制标准缓冲溶液各 500.0mL。

3. 酸度计使用前准备

酸度计开机预热 20min。

4. 电极的处理和安装

将在 3mol/LKCl 中浸泡活化 8h 的复合电极和温度传感器安装在多动能电极架上，并按要求搭建实验装置。用蒸馏水冲洗电极和温度传感器，用滤纸吸干电极外壁水分。

5. 校正酸度计（二点校正）

(1) 将选择按钮开关置于“pH”位置。取一洁净塑料试杯（或 100mL 烧杯）用 pH＝6.86（25℃）的标准缓冲溶液荡洗三次，倒入 50mL 左右该标准缓冲溶液。

(2) 将电极与温度传感器插入标准缓冲溶液中，小心轻摇几下试杯，以促使电极平衡。(电极不要触及杯底，插入深度以溶液浸没玻璃泡为限)

(3) 调节仪器，使数字显示稳定并显示该标准缓冲溶液在当前温度下的 pH。随后将电极和温度传感器从标准缓冲溶液中取出，移去试杯，用蒸馏水清洗，并用滤纸吸干外壁水分。

(4) 另取一洁净试杯（或 100mL 烧杯），用另一种与待测试液 pH 相接近的标准缓冲溶液荡洗三次后，倒入 50mL 左右该标准缓冲溶液。将电极和温度传感器插入溶液中，小心轻摇试杯，调节按钮，将 pH 值调至该标准缓冲溶液当前温度下的 pH 值。

6. 测量待测试液的 pH 值

(1) 移去标准缓冲溶液，用蒸馏水清洗电极和温度传感器，并用滤纸吸干电极外壁水分。取一洁净试杯（或 100mL 烧杯），用待测溶液荡洗三次后倒入 50mL 左右待测试液。(待测溶液温度应该与标准缓冲溶液温度相同或者相近)

(2) 将电极插入待测试液中，轻摇试杯以促使电极平衡。待数字显示稳定（稳定 1min）后读取并记录被测试液的 pH 值。平行测定两次，并记录。(两次测定的 pH 值允许误差不得大于±0.02)

(3) 取出电极和温度传感器，用蒸馏水清洗电极和温度传感器，并用滤纸吸干电极外壁水分，可测定另一个待测试液。(若待测的未知试液 pH 大于 3 个 pH 单位，则酸度计必须重新再用另一种与未知新溶液 pH 相近的 pH 标准缓冲溶液，进行“二点校正”；若两个待测溶液 pH 相差小于 3 个 pH 单位，一般可以不需要重新校正)

7. 实验结束

关闭酸度计电源开关，拔去电源插头。取出复合电极和温度传感器，用蒸馏水清洗干净后浸泡在电极套中。取出温度传感器用蒸馏水清洗，再用滤纸吸干外壁水分。将仪器和电极收入盒中。清洗试杯，晾干后妥善保存，用干净抹布擦净工作台，填写仪器使用记录。

【注意事项】

1. 酸度计的输入端（即测量电极插座）必须保持干净清洁。在环境湿度较高的场所使用时，应将电极插座和电极引线用擦干。读数时电极引入导线和溶液应保持静止，否则会引起仪器读数不稳定。

2. 标准缓冲溶液配制要准确无误，否则将导致测量结果不准确。

3. 若要测定某固体样品水溶液的pH值，除特殊说明外，一般应称取5.00g样品（称准至0.01g），用无CO_2的水溶解并稀释至100.0mL，配成试样溶液，然后再进行测定。（待测试样的pH常随空气中CO_2等因素的变化而变化，因此应该立即测定，不宜久存）

4. 注意用电安全，合理处理、排放实验废液。

【问题讨论】

1. 用酸度计测量pH值时，为什么必须用标准缓冲溶液校正仪器？

2. 玻璃电极在使用前应如何处理？为什么？

3. 为什么定位时应选用与被测液pH值接近的标准缓冲溶液？

实验2-2　药品pH的直接测定

【实验目的】

1. 掌握直接电位法的基本原理及pH计的使用；

2. 了解药典中pH测定要求；

3. 养成实事求是、仔细认真、文明规范操作的良好习惯。

【实验原理】

生物体内的不同部位的pH值是不同的。例如：血清和泪液的pH值约为7.4，胰腺的pH值为7.5～8.0，胃液的pH值为0.9～1.2，胆汁的pH值为5.4～6.9，血浆的pH为7.4。药物溶液的pH值如果偏离相关体液正常pH值太远，容易对组织产生刺激或危害。服用药品或配制输液、注射液等时，应避免将过高pH值药物输入体内。同时还要考虑pH值对药物稳定性与药物溶解性的影响。

药物溶液pH通常用酸度计进行测定，以玻璃电极为指示电极，饱和甘汞电极为参比电极，与被测溶液组成电池，25℃时：

$$E=K'+0.0592\text{pH}$$

选择合适的标准缓冲溶液进行校正，将电极插入被测试液中组成工作电极，在同一条件下，对药液样进行多次测定，读取pH值。

【仪器与试剂】

1. 仪器

酸度计、复合电极、温度计、烧杯。

2. 试剂

邻苯二甲酸氢钾标准缓冲溶液（pH=4.00）、磷酸盐标准缓冲溶液（pH=6.86）、硼砂标准缓冲溶液（pH=9.18），葡萄糖注射液、磺胺嘧啶钠注射液、灭菌注射用水、蒸馏水。

【实验步骤】

1. 标准缓冲溶液的配制

根据标准缓冲溶液试剂包说明要求，分别准确地配制 pH 为 4.00、6.86、9.18 的标准缓冲溶液。

2. 仪器的安装和准备

根据电极说明书要求将事先处理好的电极安装在电极支架上，并与酸度计连接。检查预热仪器，测定所有试液的温度。

3. 葡萄糖注射液 pH 的测定

用邻苯二甲酸氢钾标准缓冲液和磷酸盐标准缓冲液两种标准缓冲液定位，重复测定葡萄糖注射液的 pH 3 次，求出平均值。该注射液的 pH 应为 3.2～5.5。

4. 磺胺嘧啶钠注射液 pH 的测定

用硼砂标准缓冲液和磷酸盐标准缓冲液两种标准缓冲液定位。测定磺胺嘧啶钠注射液的 pH 3 次，求出平均值。磺胺嘧啶钠注射液的 pH 应为 9.5～11.0。

5. 灭菌注射用水 pH 的测定

灭菌注射用水是缓冲容量极低的供试液，先用邻苯二甲酸氢钾标准缓冲液校正仪器后测定本品的 pH，重取本品再测，直至 pH 的读数在 1min 内改变不超过+0.05 为止。然后再用硼砂标准缓冲液校正仪器，再如上法测定。两次 pH 的读数相差应不超过 0.1，取两次读数的平均值为供试液的 pH。灭菌注射用水的 pH 应为 5.0～7.0。

【问题讨论】

1. 玻璃电极使用前应如何处理？为什么？使用和安装时，应该注意哪些问题？

2. 为什么要使用标准缓冲溶液定位？

练习题

一、选择题

1. 在电位分析法中以金属电极作为指示电极，其电位应与待测离子的浓度（　　）。

A. 成正比　　B. 符合扩散电流公式的关系

C. 对数成正比　　D. 符合能斯特公式的关系

2. 测定 pH 的指示电极为（　　）。

A. 标准氢电极　　B. pH 玻璃电极

C. 甘汞电极　　D. 银-氯化银电极

3. pH 计在测定溶液的 pH 时，选用的温度为（　　）。

A. 25℃　　B. 30℃　　C. 任何温度　　D. 被测溶液的温度

4. 下列关于离子选择性电极描述错误的是（　　）。

A. 是一种电化学传感器　　B. 由敏感膜和其他辅助部分组成

C. 在敏感膜上发生了电子转移　　D. 敏感膜是关键部件，决定了选择性

5. pH 玻璃电极和 SCE 组成工作电池，25℃时测得 pH＝6.86 的标准溶液电动势是 220V，而未知试液电动势 E_x＝0.186V，则未知试液 pH 为（　　）。

A. 7.60　　B. 4.60　　C. 6.28　　D. 6.60

6. pH 玻璃电极使用前应在（　　）中浸泡 24h 以上。

A. 蒸馏水　　B. 酒精　　C. 浓 NaOH 溶液　　D. 浓 HCl 溶液

7. pH 玻璃电极产生的不对称电位来源于（　　）。

A. 内外玻璃膜表面特性不同　　B. 内外溶液中 H^+ 浓度不同

C. 内外溶液的 H^+ 活度系数不同　　D. 内外参比电极不一样

8. 测定溶液 pH 时，采用标准缓冲溶液校正电极，其目的是消除（　　）。

A. 不对称电位　　B. 液接电位

C. 不对称电位与液接电位　　D. 温度的影响

9. 电位滴定法是根据（　　）来确定滴定终点的。

A. 指示剂颜色变化　　B. 电极电位　　C. 电位突跃　　D. 电位大小

10. 在电位滴定中，以 E-V 作图绘制滴定曲线，滴定终点为（　　）。

A. 曲线的最大斜率点　　B. 曲线的最小斜率点

C. E 为最大值的点　　D. E 为最小值的点

11. 在电位滴定中，以 $\Delta E/\Delta V$ 对 V 作图绘制曲线，滴定终点为（　　）。

A. 曲线的最大斜率点　　B. 曲线的最小斜率点

C. 曲线突跃的转折点　　D. 曲线的斜率为零时的点

12. 通常组成离子选择性电极的部分有（　　）。

A. 内参比电极、内参比溶液、敏感膜、电极管

B. 内参比电极、饱和 KCl 溶液、敏感膜、电极管

C. 内参比电极、pH 缓冲溶液、敏感膜、电极管

D. 电极引线、敏感膜、电极管

13. 用酸度计测定试液的 pH 值之前，要先用标准（　　）溶液进行定位。

A. 酸性　　B. 碱性　　C. 中性　　D. 缓冲

14. 酸度计的结构一般由下列（ ）两部分组成。（多选题）

A. 高阻抗毫伏计　B. 电极系统　C. 待测溶液　D. 温度补偿旋钮

15. 常用的指示电极有（ ）。（多选题）

A. 玻璃电极　B. 气敏电极　C. 饱和甘汞电极　D. 离子选择性电极

16. 可用作参比电极的有（ ）。（多选题）

A. 玻璃电极　B. 标准氢电极　C. 甘汞电极　D. 银-氯化银电极

17. 用酸度计测定溶液 pH 时，仪器的校正方法有（ ）。（多选题）

A. 一点校正法　B. 温度校正法　C. 二点校正法　D. 电位校正法

二、判断题

1. pH 标准缓冲溶液应贮存于烧杯中密封保存。（ ）

2. 饱和甘汞电极是常用的参比电极，其电极电位是恒定不变的。（ ）

3. pH 玻璃电极是一种测定溶液酸度的膜电极。（ ）

4. 用电位滴定法进行氧化还原滴定时，通常使用 pH 玻璃电极作指示电极。（ ）

5. 电极的选择性系数越小，说明干扰离子对待测离子的干扰越小。（ ）

6. 实验室用酸度计和离子计型号很多，但一般均由电极系统和高阻抗毫伏计、待测溶液组成的原电池和数字显示器等部分构成。（ ）

三、问答题

1. 化学电池由哪几部分组成？

2. 电极有几种类型？各种类型电极的电极电位如何表示？

3. 何谓总离子强度调节缓冲剂？它的作用是什么？

4. 电位滴定法与直接电位法相比，有何特点？

5. 根据以下两个电池求出胃液的 pH。

（1）$Pt|H_2(101.3kPa)|H^+(c=1.0mol/L)\|KCl(c=0.1mol/L)|Hg_2Cl_2(s),Hg$

$E_1=+0.3338V$

（2）$Pt|H_2(101.32kPa)|$胃液$\|KCl(c=0.1mol/L)|Hg_2Cl_2(s),Hg$

$E_2=+0.420V$

6. 25℃时，用钙离子选择性电极（负极）与饱和甘汞电极（正极）组成电池，在 25.0mL 试液中测得电动势为 0.4965V，加入 2.00mL 5.45×10^{-2}mol/L Ca^{2+} 标准溶液后，测得电动势为 0.4117V，试求试液的 pCa。

7. 在干净烧杯中准确加入试液 $V_x=50.00$mL，用钙离子选择性电极和另一参比电极测得电动势 $E_x=-0.0225$V，然后，向试液中加入钙离子浓度为 0.1mol/L 的标准溶液 0.50mL，搅拌均匀后测得电池电动势 $E_{x+s}=-0.0145$V。计算原试液中钙离子的浓度。

8. 以 Pb^{2+} 选择性电极测定 Pb^+ 标准溶液，得如下数据：

Pb^{2+}/(mol/L)	1.00×10^{-5}	1.00×10^{-4}	1.00×10^{-3}	1.00×10^{-2}
E/mV	−208.0	−181.6	−158.0	−132.2

（1）绘制标准曲线；

（2）若对未知试液测定得 $E=-154.0$mV，求未知试液 Pb^{2+} 浓度。

9. 称取硫酸试液 1.1969g，以玻璃电极作指示电极，饱和甘汞电极作参比电极，用 $c_{NaOH}=0.5001$mol/L 的氢氧化钠溶液滴定，记录标准滴定溶液体积与相应的电动势值如下：

滴定体积/mL	电动势/mV	滴定体积/mL	电动势/mV
23.70	183	24.00	316
23.80	194	24.10	340
23.90	233	24.20	351

(1) 用 E-V 曲线法确定滴定终点消耗标准滴定溶液体积；

(2) 计算试样中硫酸的质量分数（硫酸的分子量为 98.08)。

10. 测定海带中 I^- 的含量时，称取 10.56g 海带，制成溶液，稀释到 200.0mL，用银电极作指示电极，双盐桥饱和甘汞电极作参比电极，以 0.1026mol/L $AgNO_3$ 标准溶液进行滴定，测得如下数据：

V_{AgNO_3}/mL	0.00	5.00	10.00	15.00	16.00	16.50	16.60	16.70
E/mV	−253	−234	−210	−175	−166	−160	−153	−142
V_{AgNO_3}/mL	16.80	16.90	17.00	17.10	17.20	18.00	20.00	
E/mV	−123	+244	+312	+332	+338	+363	+375	

(1) 用二阶微商计算法确定终点体积；

(2) 计算海带试样中 KI 的含量（已知 M_{KI}=166.0g/mol)。

模块三
色谱分析

信息导读

一、色谱法概述

1. 色谱法由来

色谱法是一种分离技术，起源于 1906 年。俄国植物学家茨维特研究植物叶中的色素时，用石油醚浸提植物色素，然后将浸提液装入一根填充有碳酸钙的直立玻璃管顶端，并不断用纯净石油醚淋洗。随着石油醚自由流下，玻璃管中的色素混合液也不断向下移动，并被分离成具有不同颜色的清晰色带，最终将色素混合液中叶绿素 a、叶绿素 b、叶黄素和胡萝卜素等物质分离，茨维特将这种分离方法称为色谱法，见图 3-1。分离过程中，淋洗用的自上而下流动的石油醚称为流动相，玻璃管称为色谱柱，管内静止不动的填充物碳酸钙称为固定相，石油醚流动相淋洗碳酸钙固定相及混合液的过程称为洗脱。

经典色谱法

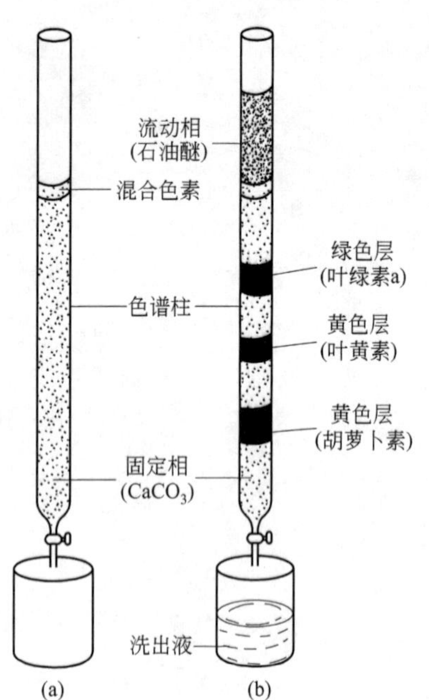

图 3-1　茨维特植物色素分离实验

2. 色谱法及其分类

(1) 色谱法　色谱法也叫色谱分析法，是一种分离分析方法。它是利用组分随流动相流经固定相时，不同组分因其结构和性质不同，与固定相产生强度和类型不同的作用力，使不同组分在固定相中停留不同的时间，最终按一定次序从固定相中流出，达到混合物被分离的目的。见图 3-2。

(2) 色谱法分类　色谱法可根据两相物态、分离原理、操作形式等不同分类依据进行分类。

① 根据两相物态分。流动相物态为气态的色谱分析法称为气相色谱法（GC），包括固定相物态为固体吸附剂的气-固色谱法（GSC）和固定相为液体物态的气-液色谱法（GLC）。流动相物态为液态的色谱分析法称为液相色谱法（LC），与气相色谱法类似，包括液-固色谱法（LSC）和液-液色谱法（LLC）。

② 根据分离原理分

a. 吸附色谱法：以固体吸附剂为固定相，有机溶剂为流动相，借助被分离组分与固定相吸附能力大小差异而进行分离分析的色谱方法。见图 3-3。

b. 分配色谱法：以液体溶剂为固定相，与之不相溶的另一有机溶剂为流动相，借助被

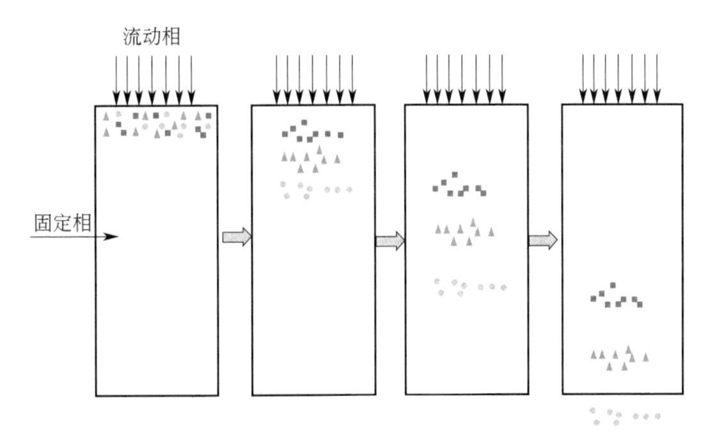

图 3-2 色谱分离过程

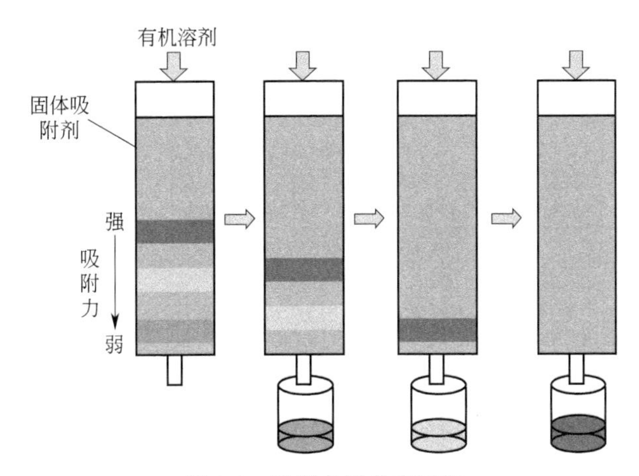

图 3-3 吸附色谱分离过程

分离组分在互不相溶两相中溶解度差异而进行分离分析的色谱方法。

c. 离子交换色谱法：以离子交换剂为固定相，液体为流动相，借助被分离组分与离子交换剂之间的离子交换能力的差异而进行分离分析的色谱方法。见图 3-4。

d. 体积排阻（凝胶）色谱法：以凝胶为固定相，水或有机溶剂为流动相，借助被分离组分分子体积大小不同而进行分离分析的色谱方法。见图 3-5。

③ 根据操作形式分

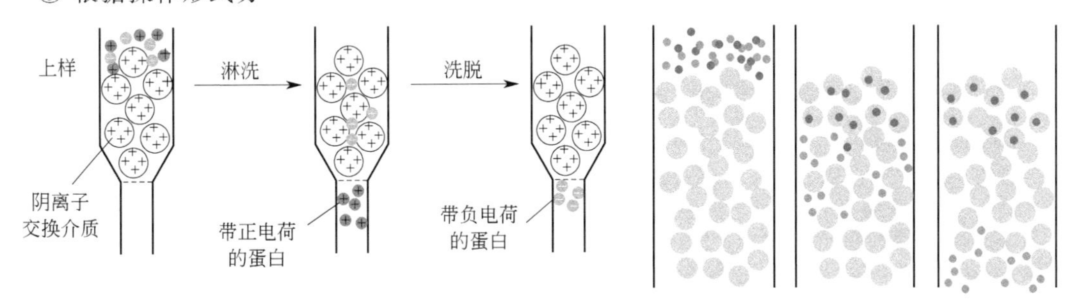

图 3-4 离子交换色谱分离过程

图 3-5 凝胶色谱分离过程

a. 柱色谱法：将固定相装于柱管内进行分离分析的方法。见图 3-6。

b. 薄层色谱法：将一定粒度的固体吸附剂涂抹于薄层板上，形成固定相薄层，在吸附剂薄层上进行分离分析的方法。见图 3-7(a)。

c. 纸色谱法：以层析滤纸为固定相载体进行分离分析的方法。见图 3-7(b)。

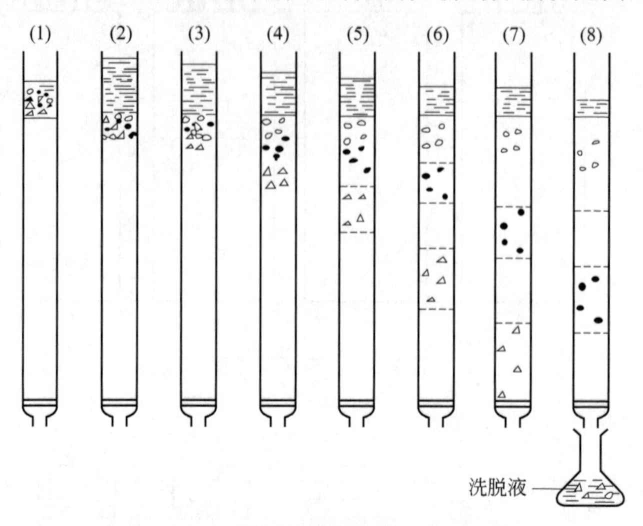

图 3-6　柱色谱

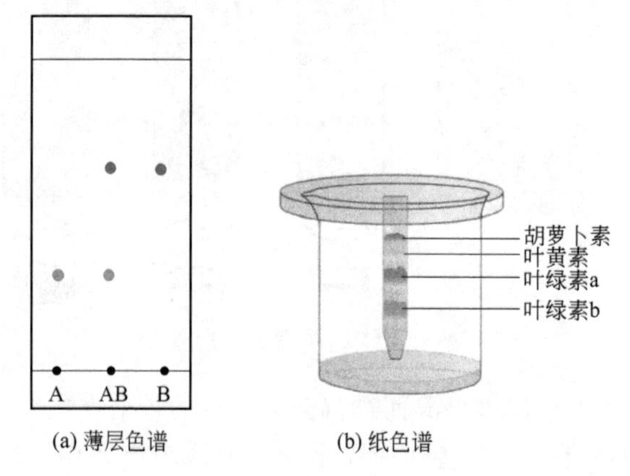

(a) 薄层色谱　(b) 纸色谱

图 3-7　薄层色谱及纸色谱

3. 色谱法特点

色谱法作为一种分离分析方法，经过一个多世纪的发展，具有其显著的特点。

① 分离效率高，可分离结构相近的化合物，也可分离多种化合物的复杂混合物。

② 分析速度快，在几分或几十分钟内就可完成一次复杂的分离分析任务。

③ 检测器灵敏度高，样品用量少，能够分析含量在 10^{-12}g 以下的物质。

④ 应用领域广泛，色谱法已广泛应用于化工、石油、医药卫生、环境保护等领域。

二、色谱法基本术语

1. 色谱流出曲线

色谱流出曲线

色谱法中，分析样品由流动相带入色谱柱，因样品中各组分与色谱柱及流动相相互作用力大小不同而被分离，先后流出色谱柱，通过检测系统时产生的响应信号对时间或流动相流出体积所作的曲线称为色谱流出曲线（图 3-8）。

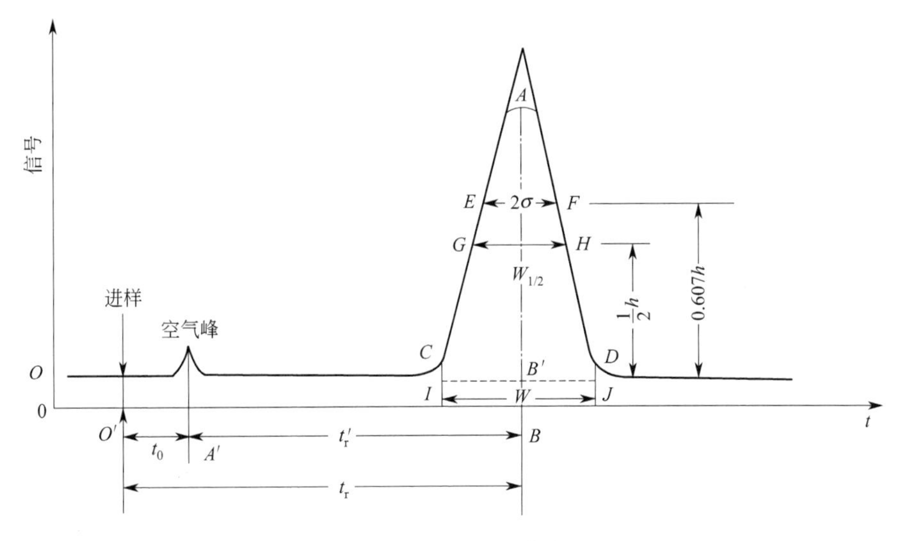

图 3-8　色谱流出曲线

2. 基本术语

(1) 基线　基线是在实验操作条件稳定后，色谱柱中没有样品组分流出，只有流动相通过检测器时，仪器记录的曲线。稳定的基线是一条水平直线，如图 3-8 中 OD 所示。基线反映仪器的噪声情况和稳定性，上下波动为噪声，上斜或下斜为漂移。

(2) 色谱峰　色谱峰是色谱流出曲线上出现的凸起部分，如图 3-8 中 CAD。理论上正常色谱峰应该为对称的，服从正态分布的曲线。实际上，色谱峰会出现（图 3-9）前伸峰(a)、拖尾峰（b)、骑峰（c)、平顶峰（d)、分叉峰（e)、馒头峰（f）等不对称色谱峰。

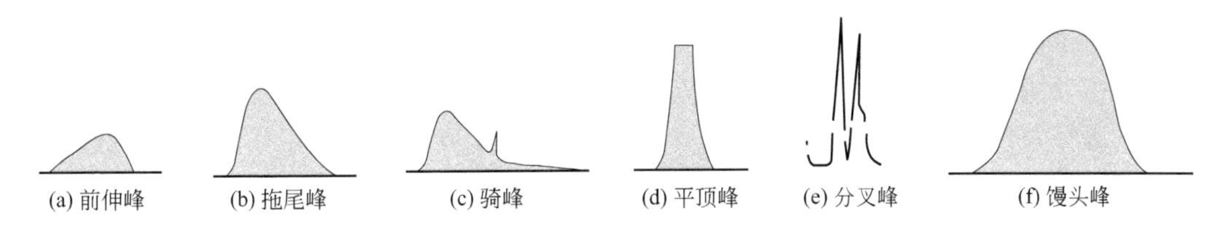

图 3-9　不对称色谱峰

(3) 峰高和峰面积　色谱峰最高点与基线之间的垂直距离称为峰高，用 H 表示，如图 3-8 中 AB'所示。色谱峰与基线之间围成的区域的面积称为峰面积，用 A 表示。峰高或峰面积的大小与组分在样品中的含量成正比，是色谱分析法进行定量分析的依据。

(4) 峰宽与半峰宽　色谱峰底部两侧拐点上的切线与基线交点之间的距离称为峰宽，用 W 表示，如图 3-8 中 IJ；色谱峰峰高一半处对应的宽度称为半峰宽，用 $W_{1/2}$ 表示，如图 3-8 中 GH。

(5) 保留值

① 死时间：不被固定相吸附或溶解的组分从进样开始到出现其色谱峰最大值需要的时间，用 t_0 表示，如图 3-8 中 $O'A'$所示。如气相色谱中空气峰、甲烷峰，高效液相色谱中溶剂峰前沿出现的时间。其大小与待测组分性质无关，与柱前后连接管道和柱内空隙体积大小有关。利用死时间可以测定流动相的平均线速度 u。

$$u=\frac{柱长}{t_0}=\frac{L}{t_0} \tag{3-1}$$

② 死体积：不被固定相吸附或溶解的组分从进样开始到出现其色谱峰最大值消耗的流动相体积，用 V_0 表示。死体积与被测物的性质无关，其值为死时间与操作条件下流动相流速的乘积。

$$V_0=t_0F \tag{3-2}$$

式中，F 为流动相体积流速，mL/min。

③ 保留时间：被测组分从进样开始到出现色谱峰最大值所需要的时间，用 t_r 表示，如图 3-8 中 $O'B$ 所示。

④ 调整保留时间：被分离组分保留时间扣除死时间后的时间称为调整保留时间，用 t'_r 表示，代表被分离组分因固定相的吸附或溶解作用而并非滞留组分在色谱柱内多滞留的时间，如图 3-8 中 $A'B$ 所示。

$$t'_r=t_r-t_0 \tag{3-3}$$

⑤ 保留体积：被测组分从进样开始到色谱峰出现最大值所通过的流动相体积，用 V_r 表示，其值为保留时间与操作条件下流动相流速的乘积。

$$V_r=t_rF \tag{3-4}$$

⑥ 调整保留体积：被测组分保留体积扣除死体积后即为该组分的调整保留体积，用 V'_r 表示。

$$V'_r=V_r-V_0 \tag{3-5}$$

(6) 相对保留值　在一定的实验条件下，被测组分 i 与另一标准组分 s 的调整保留时间之比，用 r_{is} 表示。

$$r_{is}=\frac{t'_{r_i}}{t'_{r_s}}=\frac{V'_{r_i}}{V'_{r_s}} \tag{3-6}$$

相对保留值与柱温及固定相性质有关，与柱内径、柱长、填充情况及流动相流速等无关，是色谱分析法中广泛应用的定性参数。

(7) 选择性因子　也称为分离因子，是指在一定的实验条件下，相邻两组分调整保留时间的比值，用 a 表示。

$$a=\frac{t'_{r_1}}{t'_{r_2}}=\frac{V'_{r_1}}{V'_{r_2}} \tag{3-7}$$

a 的大小反映了相邻两组分分离的难易程度，a 值越接近于 1，说明两组分的色谱峰离得越近，近乎重叠，a 值越远离 1（远大于 1 或远小于 1），说明两组分的色谱峰相距越远，容易被分开。

(8) 分配系数　在一定温度下，某一组分在流动相和固定相之间分配达到平衡时的浓度比，用 K 表示。

$$K=\frac{组分在固定相中的浓度}{组分在流动相中的浓度}=\frac{c_s}{c_M} \tag{3-8}$$

K 与固定相和温度有关，K 值大的组分，达到平衡状态时，组分在固定相中浓度较大，与固定相的相互作用力强，后流出柱子，K 值小的组分，达到平衡时在流动相中浓度较大，与流动相相互作用力强，先流出柱子。

(9) 分配比　在一定温度和压力下，某一组分在固定相和流动相之间分配达到平衡时的质量比，用 k 表示。

$$k=\frac{组分在固定相中的质量}{组分在流动相中的质量}=\frac{m_s}{m_M}=\frac{c_sV_s}{c_MV_M}=K\frac{V_s}{V_M}=\frac{K}{\beta} \tag{3-9}$$

k 值越大，说明组分在固定相中质量越多，柱子的容量越大，因此，分配比又称为容量因子，是衡量色谱柱对被分离组分保留能力的重要参数。

式中，$\beta=\frac{V_M}{V_s}$，称为相比率，是柱形特点参数。填充柱 β 值一般为 6～35，毛细管柱 β 值一般为 60～600。

三、色谱分析基本原理

色谱分离过程中，被分离的两组分能够彻底分离，必须满足色谱峰之间距离足够大、色谱峰宽度足够窄两个条件。相邻两色谱峰之间距离的大小主要受到色谱过程中热力学因素的影响，用塔板理论来描述。某一组分色谱峰宽度主要受色谱分离过程中组分扩散与运动速度的影响，用速率理论来描述。

1. 塔板理论

塔板理论

假设色谱柱为精馏塔，色谱柱中固定相看作一系列连续的、相同的水平塔板，每块塔板的高度用 H 表示。塔板理论中假设，被分离组分在每一块塔板上迅速达到分配平衡，然后随着流动相不停地移动。一根柱长为 L 的色谱柱，组分在柱内平衡的次数应为：

$$n=\frac{L}{H} \tag{3-10}$$

n 称为理论塔板数，色谱柱的柱效能随理论塔板数的增加而增加，随板高 H 的增加而减小。塔板理论指出：

① 当被分离组分在柱中的平衡次数，即理论塔板数 $n>50$ 时，可以得到基本对称的峰形曲线。在色谱柱中 n 值一般很大，如气相色谱柱的 n 值为 10^3～10^5，因此流出曲线趋近于正态分布曲线。

② 被分离组分进入色谱柱后，各组分间的分配系数有微小差异，经过色谱柱反复多次的分配平衡后，相当于差异被放大多倍，可获得良好的分离效果。

③ 因虚拟理论塔板高度不易从理论上获得，因此无法根据 $n=\frac{L}{H}$ 计算理论塔板数，理论塔板数可根据峰宽及峰底宽来计算。

$$n=5.54\times\left(\frac{t_r}{W_{1/2}}\right)^2=16\times\left(\frac{t_r}{W}\right)^2 \tag{3-11}$$

式中，t_r 与 $W_{1/2}$ 采用同一单位（时间或距离），可以看出，t_r 一定时，色谱峰越窄，n 越大，H 越小，色谱柱的分离效能越高，因此 n 或 H 可作为描述柱效能的指标之一。

实际工作中，考虑到死时间 t_0 的存在，可用调整保留时间 t'_r 替代 t_r，获得有效塔板数 $n_{有效}$，表示柱效能。

$$n_{有效}=5.54\times\left(\frac{t'_r}{W_{1/2}}\right)^2=16\times\left(\frac{t'_r}{W}\right)^2 \tag{3-12}$$

有效塔板高度为：

$$H_{有效}=\frac{L}{n_{有效}}$$

有效塔板数和有效塔板高度消除了死时间的影响，能较为真实地反映柱效能的高低。有效塔板数越多，表示组分在色谱柱达到分配平衡的次数越多，固定相的作用越显著，对分离越有利。

2. 速率理论

塔板理论是基于热力学基础上的理论，解释了色谱峰的正态分布现象及色谱峰极大值的位置，提出了计算和评价柱效能的一些指标。但建立在假设基础上的塔板理论，其假设条件往往与实际色谱过程不完全相同，因而不能指出影响 H 的具体因素，不能解释为什么不同的流速，同一支色谱柱的 H 不同，更不能找到降低 H 的途径，应用受到限制。

针对塔板理论的局限性，1956 年荷兰学者范第姆特（Van Deemter）等提出了基于动力学基础的速率理论。该理论结合了塔板理论中的板高概念，考虑了被分离组分在两相之间的扩散、传质过程，从动力学的角度解释了影响板高的因素，其数学简化式称为范第姆特方程：

$$H=A+\frac{B}{\bar{u}}+C\bar{u} \tag{3-13}$$

式中，H 为理论塔板高度；$\bar{u}$ 为流动相线速度；A 为涡流扩散项；$B/\bar{u}$ 为分子扩散项；$C\bar{u}$ 为传质阻力项。

当 $\bar{u}$ 一定时，只有减小 A、B、C，才能减小 H，色谱柱的柱效能才能提高。

(1) 涡流扩散项 A 被分离组分随着流动相通过色谱柱时，因固定相颗粒大小不一、排列不均匀，颗粒间空隙有大有小，组分分析形成“涡流”流动，使得同一组分的微粒通过色谱柱时走过长短不同的路径，到达检测器的时间出现了先后。如图 3-10 所示，同一组分的三个质点从色谱柱的柱端同一位置出发，随流动相移动的过程中，质点③从固定相颗粒之间空隙大的空间通过，形成涡流程度较小，经过路径短，最先到达检测器，质点①通过色谱柱时，形成涡流程度大，经过路径长，最后到达检测器，质点②介于两者之间。可以看出，同一组分质点由于在流动过程中形成不规则涡流，导致其到达检测器的时间各不相同，引起了色谱峰的展宽。涡流扩散项 A 表达式如下：

涡流扩散对色谱峰的影响

$$A=2\lambda d_{p} \tag{3-14}$$

式中，d_{p} 为色谱柱固定相平均颗粒粒径；λ 为固定相填充不均匀因子；A 与 d_{p}、λ 有关，与流动相性质、线速度、组分性质无关。因此采用适当细颗粒和粒径均匀的固定相，并尽量均匀填充，可减小涡流扩散，降低板高 H，提高柱效。空心毛细管柱无填充固定相载体，其涡流扩散项 A 为 0。

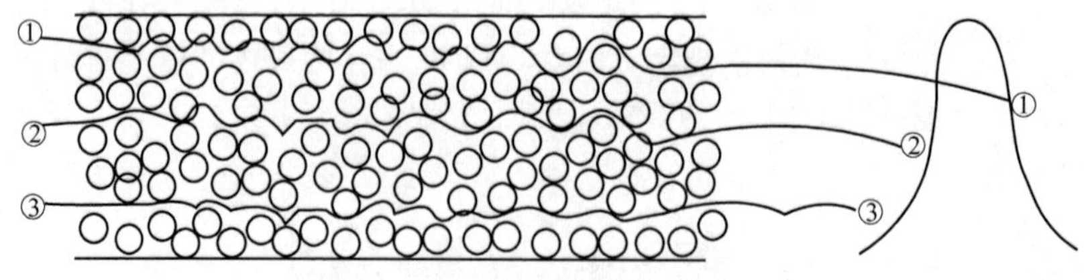

图 3-10　涡流扩散引起峰形展宽示意图

(2) 分子扩散项$\frac{B}{\bar{u}}$ 待测组分进入柱子后，其浓度分布呈塞子状，在塞子前后（纵向）存在浓度梯度，因此，组分随流动相向前移动时，必然沿色谱柱方向前后扩散，造成色谱峰展宽（图 3-11）。分子扩散系数 B 表达式为：

$$B = 2\gamma D_g \tag{3-15}$$

式中，γ 为色谱柱内流动相扩散路径弯曲因子，反映固定相颗粒对分子扩散的阻碍情况，是一个小于 1 的系数（空心毛细管柱的 $\gamma=1$）；D_g 为组分在流动相中的扩散系数，组分在气相中的扩散比在液相中约高 10 万倍，因此液相中的组分分子纵向扩散可忽略不计。气相色谱中，组分、载气分子量越大，D_g 越小，柱温越高，D_g 越大。

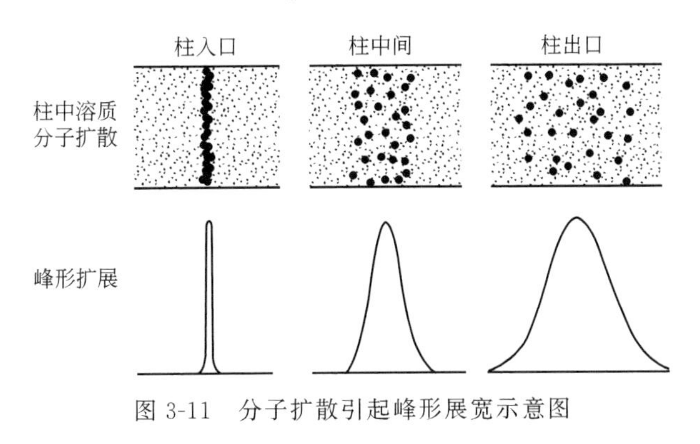

图 3-11 分子扩散引起峰形展宽示意图

分子扩散项$\frac{B}{\bar{u}}$除受分子扩散系数 B 大小的影响外，还与组分在色谱柱中停留时间长短有关，组分在色谱柱中停留时间越长，分子扩散越严重。因此，为降低分子扩散的影响，应加大载气流速。

综上所述，可采用分子量较大的载气、合适的柱温、适当大小的载气线速度来降低分子扩散项，减小 H，提高柱效。

(3) 传质阻力项 $C\bar{u}$ 被分离组分在两相间的转移过程称为传质过程，传质阻力项由流动相传质阻力 C_m 和固定相传质阻力 C_s 两项组成。组分从流动相移动到固定相表面，进行两相间质量交换时受到的阻力是流动相传质阻力 C_m。组分从两相的界面迁移至固定相内部达到分配平衡后，又返回两相界面的过程中受到的阻力是固定相传质阻力 C_s。传质阻力系数 C 表达式为：

传质阻力对色谱峰宽度的影响

$$C = C_m + C_s = \left(\frac{0.1k}{1+k}\right)^2 \times \frac{d_p^2}{D_g} + \frac{2k}{3(1+k)^2} \times \frac{d_f^2}{D_s} \tag{3-16}$$

由上式可知，流动相传质阻力与固定相颗粒粒度 d_p 的平方成正比，与组分在气体流动相中的扩散系数 D_g 成反比，因此，用分子量较小的载气，粒度较小的固定相可以减小 C_m，提高柱效。C_s 与固定相液膜厚度 d_f 平方成正比，与组分在固定相中的扩散系数 D_s 成反比，因此，固定相液膜越薄，扩散系数越大，C_s 越小，柱效越高，但液膜不宜太薄，会减少样品容量，降低柱子寿命。传质阻力引起峰形展宽示意图见图 3-12。

由上述讨论可知，范第姆特方程说明了固定相的粒度、填充均匀度、载气种类、流动相流速、柱温、固定液性质及液膜厚度等对柱效、色谱峰展宽的影响。

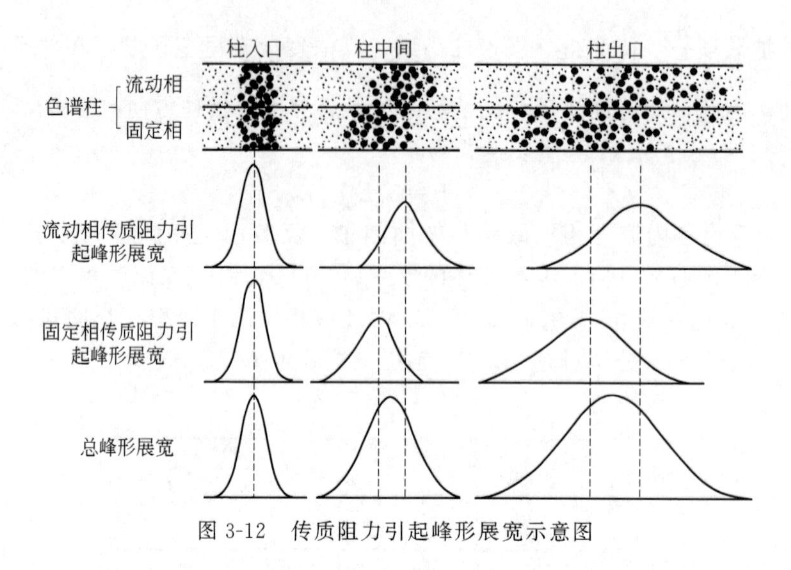

图 3-12　传质阻力引起峰形展宽示意图

四、分离度

分离度

塔板理论和速率理论均难以描述被分离组分间的实际分离程度。被分离组分间的分离程度主要受保留值之差（色谱过程的热力学因素）、色谱峰宽度（色谱过程的动力学因素）两种因素的综合影响。图 3-13 为色谱分析中常见几种情况。

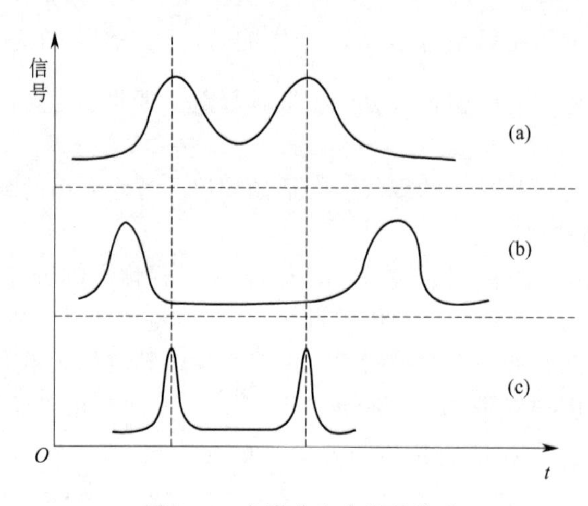

图 3-13　色谱分离中常见情况

图 3-13(a) 中两色谱峰距离近，峰形宽，彼此严重重叠，柱效能、柱选择性都较差；图 3-13(b) 中两色谱峰距离较远，易分离，但峰形宽，柱选择性好，柱效能差；图 3-13(c) 中两峰距离远，峰形窄，是最理想的分离情况，柱效能、柱选择性均较好。

由图 3-13 可见，单独用柱效能或柱选择性均不能真实地反映组分的分离情况，需引入色谱柱的总分离效能指标分离度 R，也称为分辨率，其值为相邻两组分色谱峰保留值之差与峰底宽总和一半的比值。

$$R=\frac{2(t_{r2}-t_{r1})}{W_1+W_2} \tag{3-17}$$

R 值越大，被分离两组分分离程度越高，色谱峰距离越远。$R=1$，分离程度达 98%；$R<1$，两组分色谱峰有重叠；$R=1.5$，两组分分离程度达 99.7%。因此，$R=1.5$ 是相邻两组分色谱峰完全分离的判断指标。

五、基本色谱分离方程

分离度 R 的表达式中并没有反映影响分离度的各个因素，R 主要受柱效能 n、选择性因子 a、容量因子 k 三个因素的影响。对于难分离的两组分，假设其容量因子 $k_1 \approx k_2 = k$，$W_1 \approx W_2 = W$，由 $n=16\times(\frac{t_r}{W})^2$ 得：

$$\frac{1}{W}=\frac{\sqrt{n}}{4}\times\frac{1}{t_r} \tag{3-18}$$

$$R=\frac{\sqrt{n}}{4}\times(\frac{a-1}{a})\times(\frac{k}{k+1}) \tag{3-19}$$

该式为基本色谱分离方程。

实际应用中，用有效理论塔板数 $n_{有效}$ 代替 n：

$$n_{有效}=n(\frac{k}{k+1})^2 \tag{3-20}$$

将式(3-20) 代入式(3-19) 得基本色谱分离方程为：

$$R=\frac{\sqrt{n_{有效}}}{4}\times(\frac{a-1}{a}) \tag{3-21}$$

$$或\ n_{有效}=16R^2(\frac{a}{a-1})^2 \tag{3-22}$$

1. 分离度与柱效能的关系

由基本色谱分离方程式(3-21) 可以看出，选择性因子为 a 的两组分，其分离度直接与有效塔板数有关，说明有效塔板数能正确反映柱效能，由式(3-23) 可看出，分离度与理论塔板数的关系还受热力学性质的影响，当固定相一定，被分离组分 a 一定时，分离度取决于 n，此时，对于一定板高的柱子，分离度平方与柱长成正比：

$$(\frac{R_1}{R_2})^2=\frac{n_1}{n_2}=\frac{L_1}{L_2} \tag{3-23}$$

式(3-23) 说明，延长色谱柱柱长，可提高分离度，但同时延长了分析时间。因此，提高分离度最好的办法是降低板高。

2. 分离度与选择性因子的关系

由基本色谱分离方程可知，当 $a=1$、$R=0$ 时，即使提高柱效，也无法分离两组分。研究证明，a 的微小变化，可引起分离度的显著变化。实际中，可通过改变固定相、流动相的性质和组成，或降低柱温来增大 a。

3. 分离度与容量因子的关系

根据式(3-19) 可知，增大容量因子 k 可适当增加分离度 R，但当 $k>10$ 之后，分离度 R 随容量因子 k 增大而增加的幅度极小。R 的值一般在 2～10 为宜。气相色谱可通过提高柱温选择合适的容量因子，改善分离度；液相色谱可通过改变流动相组成控制容量因子 k。

【例 3-1】 有一根 1.5m 长的柱子，分离组分 1 和 2，得到色谱图（色谱图横坐标为记录纸走纸距离）参数为：$W_1=W_2=5\text{mm}$；$t_{r1}=45\text{min}$，$t_{r2}=49\text{min}$，$t_0=5\text{min}$。求：（1）组分 1 和 2 在该色谱柱上的分离度和柱子的有效塔板数；（2）若使组分 1 和 2 完全分离，色谱柱应该加长到多少？

解：（1）由 $R=\frac{2(t_{r2}-t_{r1})}{W_1+W_2}$ 得：$R=\frac{2\times(49-45)}{5+5}=0.8$

由 $n_{有效}=16\times(\frac{t'_r}{W})^2$ 得：$n_{有效}=16\times(\frac{49-5}{5})^2=1239$

（2）由 $H_{有效}=\frac{L}{n_{有效}}$ 得：$H_{有效}=\frac{1.5}{1239}=1.21\times10^{-3}(\text{m})$

组分 1 和 2 完全分离的条件是分离度 $R=1.5$。

由 $a=\frac{t'_{r_1}}{t'_{r_2}}$ 得：　$a=\frac{49-5}{45-5}=1.1$

由 $n_{有效}=16R^2(\frac{a}{a-1})^2$ 得：$n_{有效}=16\times1.5^2\times(\frac{1.1}{1.1-1})^2=4356$

故，要使组分 1 和 2 能分离，则柱子的有效塔板数不低于 4356，柱长应增加为 $L=n_{有效}H_{有效}=4356\times1.21\times10^{-3}=5.27$（m）。

六、色谱法定性和定量分析

色谱法可分离复杂混合物，分离后可对物质进行定性和定量分析。

1. 定性分析

色谱法定性分析是确定色谱中每个色谱峰所代表的物质。色谱条件一定的情况下，不同物质均有其特定的保留时间。因此，可在相同的色谱条件下，通过比较已知物与未知物的保留值进行定性分析。但不同物质在同一色谱条件下，可能有相同或近似的保留值，即保留值的专属性不高，所以，色谱法是分离复杂混合物的有效方法，若将色谱法与质谱法或其他定性分析方法联用，可提高其定性分析的有效性。

2. 定量分析

在一定的色谱分离条件下，被测组分 i 的质量（m_i）或其在流动相中的浓度与检测器信号（峰高 h_i 或峰面积 A_i）成正比：

$$m_i=f_i^{\text{A}}A_i \quad 或 \quad m_i=f_i^{\text{h}}h_i \tag{3-24}$$

式中，f_i^{A} 为峰面积校正因子；f_i^{h} 为峰高校正因子。

由式(3-24) 可知，色谱法定量分析时，需要准确测定峰面积或峰高（现代仪器分析由仪器工作站计算），准确获得校正因子 f_i，在此基础上，选择合适的定量分析方法，即可将峰面积或峰高换算为被测组分在被测样中的含量（质量分数或浓度）。

（1）校正因子　色谱法定量分析的依据是被测组分的量与峰面积成正比，但色谱峰面积的大小除了受组分量多少的影响之外，还受其他因素的影响。因此可能会出现两个质量相同的不同组分，在相同的色谱条件下，使用同一检测器测定后，得到两个峰面积大小不相同的现象。这样就不能直接用峰面积计算被测组分含量，为使峰面积能够准确反映被测组分的量，在定量分析时需要对峰面积进行校正，引入校正因子将组分峰面积转换成相应组分的量。

① 绝对校正因子。在一定的色谱条件下，由组分 i 通过检测器的量与检测器对该组分的响应信号成正比的关系式，可计算得绝对校正因子：

$$m_i = f_i A_i \Rightarrow f_i = \frac{m_i}{A_i} \tag{3-25}$$

式(3-25)中，m_i 的单位为质量、摩尔、体积单位时，相应的绝对校正因子 f_i 分别为质量校正因子 f_m、摩尔校正因子 f_M、体积校正因子 f_V。

在定量分析时，要精确获得绝对校正因子的值，必须精确测定绝对进样量，而进样量的精确测定比较困难，因此，绝对校正因子的应用受到限制，在实际应用中，通常用相对校正因子 f_i'。

② 相对校正因子。相对校正因子是组分 i 与基准组分 s 的绝对校正因子之比：

$$f_i' = \frac{f_i}{f_s} = \frac{A_s m_i}{A_i m_s} \tag{3-26}$$

式中 f'_i——组分 i 的相对校正因子；

f_i——组分 i 的绝对校正因子；

f_s——基准组分 s 的绝对校正因子。

相对校正因子与检测器类型、标准物质有关，与操作条件无关，可从文献中查找引用。若文献中查不到所需相对校正因子，可自己测定，具体方法为：准确称量被测组分纯品和内标物后混匀，在实验条件下进样，分别测定其峰面积，由式(3-26) 进行计算。

(2) 定量分析方法

① 外标法。外标法也称为标准曲线法，是定量分析中应用最广泛的一种方法。具体操作方法为：

第一步：将待测组分的纯物质（即标样）配制成具有浓度梯度的系列标准溶液。

色谱标准曲线定量分析法

第二步：在一定的色谱条件下，分别向色谱柱中注入相同体积的上述系列标准溶液，测得各色谱峰的峰面积或峰高，绘制 A-c 或 h-c 曲线，即为标准曲线。

第三步：在完全相同的操作条件下，向色谱柱中注入相同体积的待测样品溶液，根据测得的色谱峰高或峰面积，在标准曲线上查得待测样品含量。

若已知某组分的标准曲线线性良好，可以省去标准曲线绘制的步骤，直接用单点校正法测定被测组分含量。具体做法为：配制一个与被测组分含量相近的标样溶液，在相同的色谱条件下，先后测定被测组分和标样，利用二者的峰高或峰面积之比，计算被测组分的量，计算式为：

$$\begin{cases} \dfrac{A_i}{A_s} = \dfrac{f_i m_i}{f_s m_s} \Rightarrow m_i = \dfrac{A_i m_s}{A_s} \text{或} \ \omega_i = \dfrac{A_i \omega_s}{A_s} \\ f_i = f_s \end{cases} \tag{3-27}$$

外标法的特点主要有：操作简便，不需要校正因子；进样量要求精确，操作条件需严格控制，保持操作的一致性；分析结果的准确度取决于进样量的重现性和操作条件的稳定性。该法适用于日常控制分析和大量同类样品的批量分析。

② 内标法。内标法具体做法为：

第一步：准确称取被测样及一定量作为内标物的纯物质，将内标物准确加入被测样中。

第二步：测定色谱图，根据色谱图中被测样和内标物的相应峰面积和相对校正因子，求得组分含量。

$$\frac{A_i}{A_s}=\frac{\dfrac{m_i}{f'_i}}{\dfrac{m_s}{f'_s}}=\frac{f'_s m_i}{f'_i m_s}\Rightarrow m_i=\frac{A_i f'_i}{A_s f'_s}m_s \tag{3-28}$$

$$\omega_i=\frac{m_i}{m}\times 100\%=\frac{A_i f'_i m_s}{A_s f'_s m}\times 100\% \tag{3-29}$$

式中 m_s——内标物质量；

m——被测样质量；

A_i——被测组分峰面积；

A_s——内标物峰面积；

f'_i——被测组分相对质量校正因子；

f'_s——内标物相对质量校正因子。

实际分析中，一般用内标物作基准物质，即 $f'_s=1$，则：

$$\omega_i=\frac{m_i}{m}\times 100\%=\frac{A_i f'_i m_s}{A_s m}\times 100\% \tag{3-30}$$

内标法的特点为：可适用于只测样品中某几个组分，或样品中所有组分不能全部出峰的分析情况；准确性高，可作微量组分的定量测定。

内标法中，内标物的选择至关重要，需要满足以下条件：第一，被测样中不存在的，稳定易得的纯物质；第二，与被测组分性质相近；第三，不与被测样中任意组分发生化学反应；第四，出峰位置应在被测组分附近。

③ 归一化法。归一化法是将被测样中所有组分的含量之和按100%计算，以各组分相应的色谱峰面积或峰高为定量参数，通过式(3-31）计算各个组分的质量分数。

$$\omega_i=\frac{m_i}{m}\times 100\%=\frac{m_i}{m_1+m_2+\cdots+m_n}\times 100\%=\frac{A_i f'_i}{\sum_{i=1}^{n}A_i f'_i}\times 100\% \tag{3-31}$$

归一化法特点为：适用于被测样中所有组分都出峰的情况；操作简便，结果准确；不受进样量、载气流速等操作条件变化的影响；不适合痕量分析。

项目一

微量组分的气相色谱法测定

知识目标：

1. 了解仪器主要组成系统的结构；
2. 理解仪器的工作原理；
3. 掌握仪器的分析测定方法；
4. 熟悉仪器的使用。

能力目标：

1. 具有知识迁移能力，能够根据不同型号的仪器说明书正确操作仪器；
2. 能够正确选择符合要求的固定相和流动相；
3. 能够掌握检测器的检测原理，选择合适的检测器对物质进行分析；
4. 能够根据要求对物质进行合理定性鉴定和定量分析。

素质目标：

1. 服从实验室的管理，营造规范、整洁、有序的工作环境；
2. 通过实际问题的分析，激发学生理论联系实际的能力，培养学生独立解决问题的能力；
3. 通过仪器的使用与数据的处理，培养学生实事求是、一丝不苟的工作作风。

典型应用

酒后驾车现象及因酒后驾车造成的交通事故不断增加，因此快速、准确、稳定地分析出酒后驾车司机血液中的乙醇含量，已成为各地司法部门的一项重要工作。气相色谱仪与顶空进样器配套使用，也就是顶空气相分析，它能快速、准确地分析出人体血液中的乙醇含量。顶空气相分析是通过样品基质上方的气体成分来测定这些组分在原样品中的含量。气体作溶剂就可避免不必要的干扰，因为高纯度气体很容易得到，且成本较低，这也是顶空气相色谱法被广泛采用的一个重要原因。

血液中乙醇浓度的高低，是判定一个人清醒程度的重要指标。检测血液中乙醇含量的方法是以叔丁醇作为内标物，然后用顶空气相色谱火焰离子化检测器对样品进行检测，与平行操作的乙醇标准品比较，以乙醇对内标物的峰面积比进行定量。

色谱图上目标峰与内标峰分离完全，在 0.01～10.0g/L 范围内标准工作曲线线性关系良好。顶空气相色谱法测定血液中乙醇含量快速灵敏，能准确定量，常用于实际检测分析。

任务一　了解气相色谱仪的基本结构

自从 1954 年 Perkin-Elmer 公司率先推出了世界上首台商品气相色谱仪以来，气相色谱仪无论在数量还是品质上都得到了高速发展。目前的发展主要集中在开发智能软件，提高自动化程度和自检故障的能力，增强数据处理功能及与其他仪器联用的技术，小型化及专用化等方面。

目前国内外各厂家生产的气相色谱仪型号繁多，性能各有差异，但总体来说，其基本结构是相似的，主要由载气系统（气路系统）、进样系统、分离系统（色谱柱）、检测和放大系统、温度控制系统及记录系统构成。其基本组成见图 3-14，结构见图 3-15。

气相色谱仪的结构

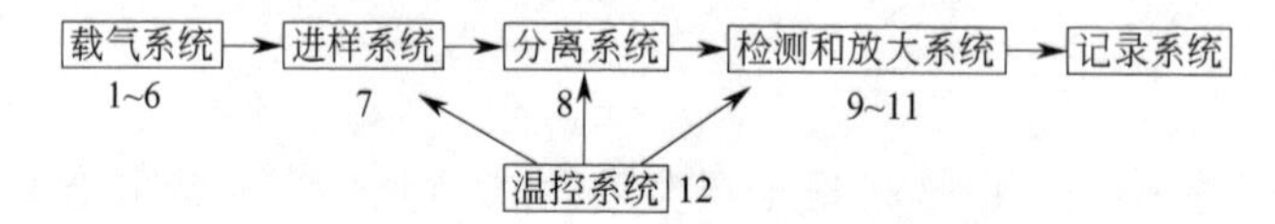

图 3-14　气相色谱仪组成方框图

1—载气钢瓶；2—减压阀；3—净化干燥管；4—针形阀；5—流量计；6—压力表；7—进样口；8—色谱柱；9—检测器；10—放大器；11—记录仪；12—温度控制器

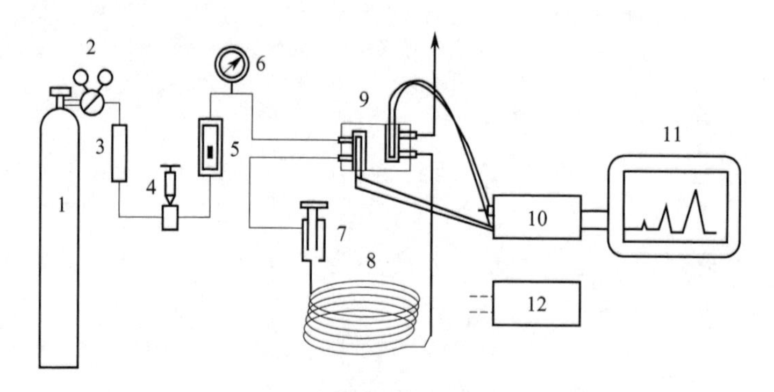

图 3-15　气相色谱仪的结构

1—载气钢瓶；2—减压阀；3—净化干燥管；4—针形阀；5—流量计；6—压力表；7—进样口；8—色谱柱；9—检测器；10—放大器；11—记录仪；12—温度控制器

气相色谱法的工作流程是以气体作为流动相（载气），样品由微量注射器注入进样器后，被载气携带进入色谱柱。由于样品中各组分在色谱柱中的流动相和固定相之间分配系数的差异，在载气的冲洗下，各组分在两相间进行多次反复的分配，使各组分在色谱柱中得到分离，然后通过连接在柱后的检测器，检测器根据各组分的物理化学特性，将各组分按顺序检测出来并转变为电信号，由记录仪记录，得到气相色谱图。

一、载气系统

载气系统的作用是将载气及辅助气进行稳压、稳流及净化处理，满足气相色谱分析的要求后携带试样通过色谱柱，提供试样在柱内运行的动力。载气系统包括气源、气体净化器、气路控制系统。气体从载气瓶经减压阀、流量控制器和压力调节阀调节后，通过色谱柱，由检测器排出，这个气体流通过程形成载气系统。整个系统应保持密封，不能有气体泄漏。

载气是气相色谱过程中的流动相，原则上说只要没有腐蚀性，且不干扰样品分析的气体都可以作载气，常用的有 H_2、He、N_2、Ar 等。在实际应用中载气的选择主要是根据检测器的特性来决定，同时考虑色谱柱的分离效能和分析时间。载气的纯度、流速对色谱柱的分离效能、检测器的灵敏度均有很大影响。载气纯度的选择主要依据分析对象、色谱柱中填充物以及检测器，通常在满足分析要求的前提下，尽可能选用纯度较高的气体。这样不但会提高仪器的灵敏度，而且会延长色谱柱和整台仪器（气路控制部件，气体过滤器）的寿命。实践证明，作为中高档仪器，长期使用较低纯度的气体气源，一旦要求分析低浓度的样品时，要想恢复仪器的高灵敏度有时会十分困难。对于低档仪器，作常量或半微量分析时，选用高纯度的气体，不但增加了运行成本，还可能会增加气路的复杂性，更容易使气路系统出现漏气或其他问题而影响仪器的正常运行。

二、进样系统

六通阀进样器工作原理

进样系统包括进样器和汽化室，其功能是引入试样，并使试样瞬间汽化。气体样品通常使用六通阀进样器，可获得更好的重现性。图 3-16 为六通阀进样前后图示，进样后将阀瓣旋转 60°，进样器与色谱柱连通。进样量由定量管体积规格控制，可以根据分析需要更换不同规格定量管。液体样品可用微量注射器进样，但重复性比较差，在使用时，注意进样量与所选用的注射器相匹配，最好是在注射器最大容量下使用。工业流程色谱分析和大批量样品的常规分析上常用自动进样器，重复性很好。在毛细管柱气相色谱中，由于毛细管柱样品容量很小，一般采用分流进样器，进样量比较多，样品汽化后只有一小部分被载气带入色谱柱，大部分被放空。汽化室的作用是把液体样品瞬间加热变成蒸气，然后由载气带入色谱柱。

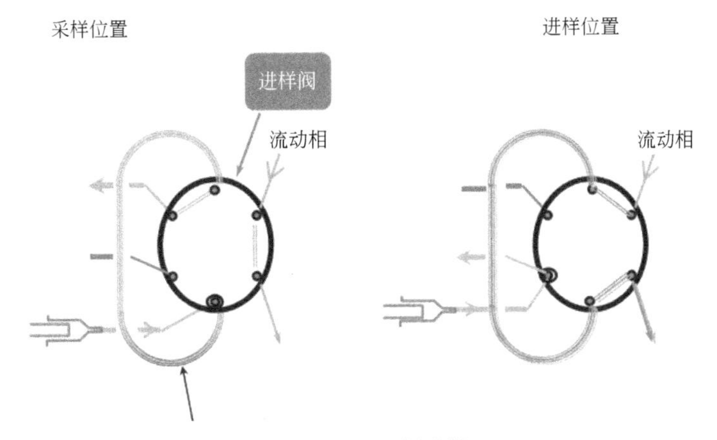

图 3-16　六通阀进样

三、分离系统

分离系统包括色谱柱和柱箱。色谱柱是气相色谱仪的“心脏”，它的功能是使试样在柱内运行的同时得到分离。利用样品中各组分在流动相和固定相两相间的分配系数不同，在载气的带动下，各组分在两相间作反复多次分配，由于各组分在柱中作用力不同，经过一定的柱长后便得到分离，依次流出色谱柱。色谱柱置于柱箱中，柱箱由温控装置控制恒定的温度，以防止试样在色谱柱中冷凝成液体而无法分离，温度范围一般在室温～450℃。

色谱柱有两种柱型：填充色谱柱和毛细管色谱柱。填充色谱柱是将固定相填充在由不锈钢、铜、玻璃或聚四氟乙烯材料制作的管中，见图 3-17。填充的物质有两种类型：以固体吸附剂为固定相的填充柱，称为气-固色谱填充柱；以固定液为固定相的填充柱，称为气-液填充柱。填充色谱柱的内径一般为 3～6mm，长 1～10m。毛细管色谱柱是用熔融二氧化硅拉制的空心管，也叫弹性石英毛细管，见图 3-18。柱内径通常为 0.1～0.5mm，柱长 30～50m，绕成直径 20cm 左右的环状。用这样的毛细管作分离柱的气相色谱称为毛细管气相色谱或开管柱气相色谱，其分离效率比填充柱要高得多。

图 3-17　填充色谱柱

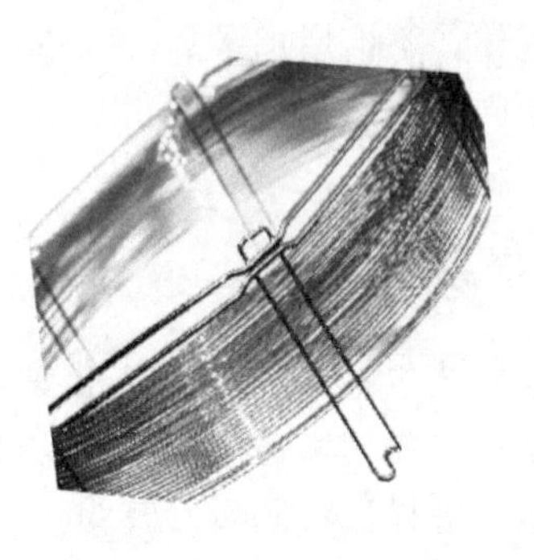

图 3-18　毛细管色谱柱

四、检测系统

检测系统主要包括检测器与微电流放大器。检测器的功能是对柱后已被分离的组分的信息转变为便于记录的电信号，然后对各组分的组成和含量进行鉴定和测量，是色谱仪的“眼睛”。原则上，被测组分和载气在性质上的任何差异都可以作为设计检测器的依据，但在实际中常用的检测器只有几种，它们结构简单，使用方便，具有通用性或选择性。检测器的选择要依据分析对象和目的来确定。在本项目任务三气相色谱的检测器部分将对检测器进行详细介绍。

五、温度控制系统

温度控制系统是气相色谱仪的重要组成部分。温度会影响色谱柱的选择性和分离效率，影响检测器的灵敏度和稳定性，汽化室温度过高可能导致样品组分的分解，所以对色谱柱、检测器、汽化室三处都要进行温度控制。色谱柱的温度控制方式主要有恒温和程序升温两种，对于沸点范围较宽的复杂混合物，一般采用程序升温进行分析。目前色谱仪大都把色谱柱和检测器分别放在色谱炉和检测器炉子里，便于程序升温。程序升温是指在一个分析周期内，炉温连续地随时间由低温到高温以线性或非线性的方式变化，使沸点不同的组分在其最佳柱温条件下流出色谱柱。相比较恒温方式，具有分离效果好、峰形窄、分析时间短等优点。

温控系统要求柱室温度梯度小，保温性能好，控温精度高，升温、降温速度快。为了达到这个目的，许多国产气相色谱仪采用了空气夹层保温装置，带有强制鼓风与排风装置。

六、记录系统

检测器产生的电信号经放大后，由记录仪记录得到色谱图。现代气相色谱仪实现了由计算机实时控制、数据采集和处理。现代的记录系统功能全、自动化程度高，可进行分析数据的批量处理，极大地提高了数据结果分析的准确度和工作效率。

任务二　认识气相色谱的固定相和流动相

一、气相色谱的固定相

固定相既可以是固体，也可以是附载于固体物质（载体）上的液体（又称为固定液），所以按所使用的固定相不同，气相色谱可以分为气-固色谱和气-液色谱两类。

1. 固体固定相

气-固色谱的固定相为固体吸附剂，当流动相中携带的混合物流经固定相时，其与固定相发生相互作用。由于混合物中各组分在性质和结构上的差异，与固定相之间产生的作用力的大小、强弱不同，随着流动相的移动，混合物在两相间经过反复多次的分配平衡，使得各组分被固定相保留的时间不同，从而按一定次序从固定相中流出。与适当的柱后检测方法结合，实现混合物中各组分的分离与检测。吸附色谱的吸附规律一般是极性相似者吸附能力较大。吸附色谱固定相都是具有较大比表面积的多孔性物质，其优点主要表现为吸附容量大，热稳定性好，可用于分离在一般固定液中溶解度很小，气-液色谱分离效果不好的气体混合物及气态烃类异构体。吸附剂按照极性的分类如表 3-1 所示。

表 3-1　气相色谱吸附剂分类

种类	举例	分析对象
非极性吸附剂	活性炭	低沸点有机物
弱极性吸附剂	氧化铝吸附剂	低沸点的烃类及其异构体
强极性吸附剂	分子筛	气体成分及烷烃的异构体
氢键型吸附剂	硅胶吸附剂	能形成氢键或极性的化合物

除了上述常用到的固体吸附剂可作为固定相外，还有一种人工合成的固定相——高分子多孔微球，又称为高分子聚合物固定相。它既是载体，又起固定液作用，可在活化后直接用于分离，也可作为载体在其表面涂渍固定液后再用。

2. 液体固定相

气-液色谱法是当前应用最广泛的色谱分析法，其固定相主要是固定液。比如毛细管色谱柱中的固定相就是固定液，填充色谱柱中的固定相是由固定液和载体组成。气-液色谱法有较多优点：固定液的品种多，可选择范围广；固定液的用量可以根据需要调整，用来改善分离效果；色谱柱的使用寿命较长，可长达数年。

(1) 对固定液的基本要求

① 挥发性小，在操作温度下有较低蒸气压，以免流失。

② 稳定性好，在操作温度下不发生分解，呈液体状态。

③ 对试样各组分有适当的溶解能力，否则被载气带走而起不到分配作用。

④ 具有高的选择性，即对沸点相同或相近的不同物质有尽可能高的分离能力。

⑤ 化学稳定性好，不与被测物质起化学反应。

(2) 固定液的分类 气-液色谱可选择的固定液逐年增加，种类繁多，它们具有不同的组成、性质和用途。目前，一般按固定液的相对极性和化学类型对其进行分类。

① 按固定液的相对极性分类：可用固定液的极性和特征常数（罗氏常数和麦氏常数）表示。规定强极性的β,β'-氧二丙腈的相对极性 $P=100$，非极性的角鲨烷的相对极性 $P=0$，其他固定液的相对极性介于0～100之间，以此为标准，分为6级，极性为0的固定液为－1级，其后以每20个单位为1级，分为5级。以级别为依据，将固定液分类为非极性固定液（－1，＋1级），弱～中等极性固定液（＋2，＋3级），强极性固定液（＋4，＋5级），氢键型固定液和具有特殊保留作用的固定液等五大类。如表3-2所示。

表3-2 气相色谱部分常用固定液

名称	相对极性	级别	最高使用温度/℃	常用溶剂	适宜分析对象
角鲨烷	0	－1	140	乙醚	C_8 以前的碳氢化合物
甲基聚硅氧烷	13	＋1	350	甲苯	各类高沸点有机化合物
邻苯二甲酸二壬酯	25	＋2	130	乙醚	醛、酮、酸、酯等
β-氰乙氧基(25%)甲基聚硅氧物	52	＋3	275	氯仿、二氯甲烷	选择性地分离芳香族化合物；可分离苯酚、酚醚、芳胺、生物碱、甾类化合物
有机皂土	61～80	＋4	200	甲苯	芳烃，特别是二甲苯异构体
β,β'-氧二丙腈	100	＋5	100	甲醇、丙酮	低级烃、含氧有机物、芳烃等

② 按化学类型分类：该方法是将具有相同官能团的固定液排列在一起，然后按官能团的类型进行分类，分为烃类、硅氧烷类、醚类、醇类、酯类等。这样的分类方法便于按组分与固定液结构相似的原则选择固定液。

(3) 固定液的选择 一般根据极性相似的原则选择固定液，遵循原则如下：

① 分离非极性物质，选用非极性固定液。待测样中各组分按沸点次序先后流出色谱柱，沸点低的先出峰，沸点高的后出峰。

② 分离极性物质，选用极性固定液。待测样中各组分按极性顺序先后分离，极性小的先出峰，极性大的后出峰。

③ 分离极性和非极性混合物时，一般选用极性固定液。此时待测样中非极性成分先出峰，极性成分后出峰。

④ 对于能形成氢键的化合物，如羧酸、醇、酚、胺等的分离，一般选择氢键型固定液。此时待测样中各组分按照与固定液形成氢键的能力大小先后出峰。不易形成氢键的先流出，最易形成氢键的最后流出。

⑤ 对于复杂难分离的物质，可以选择两种或两种以上的混合固定液配合使用。

3. 载体

载体是一种化学惰性的多孔性固体颗粒，其作用是提供一个很大的惰性表面，使固定液以薄膜状态分布在其表面上。对载体的基本要求是：表面惰性，无吸附性能，无催化活性，热稳定性好，孔结构合适，比表面积适中，耐受一定的机械强度。

(1) 对载体的基本要求

① 热稳定性好，有一定的机械强度，不易破碎，蒸气压低，在色谱温度下呈液态。

② 对试样各组分有适当的溶解能力，否则组分易被载气带走而起不到分配作用。

③ 表面应是化学惰性的，即表面没有吸附性或吸附性能很弱，更不能与被测物质起化学反应。

④ 选择性高，即对沸点相同或接近的不同物质有尽可能高的分离能力。

(2) 载体的分类 载体可分为硅藻土和非硅藻土两大类。

① 硅藻土型载体包括白色和红色两种。

a. 红色硅藻土载体：由天然硅藻在黏合剂作用下经900℃高温煅烧而成，由于其中含有少量的三氧化二铁，略带红色，称为红色载体。该类型的载体孔径较小，比表面积相对较大，能负载较多的固定液，机械强度较好，不易破碎，分离效能高，主要用于分析非极性及弱极性化合物。但是这种载体也存在缺陷，比如由于其表面存在活性吸附中心，若用于分析极性物质则易产生拖尾。国产的有6201、201及202等规格。

b. 白色硅藻土载体：在900℃以上高温煅烧而成，制作过程中加入碳酸钠作为助熔剂。相比红色硅藻土载体，其机械强度小，表面孔径较大，活性中心较少，适用于分析强极性物质。

② 非硅藻土型载体有玻璃微球、聚四氟乙烯载体、高分子多孔微球等。玻璃微球是一种形状规则的玻璃小球，它能在较低柱温下分析高沸点样品，且分析速度快；高分子多孔微球是一类新型合成有机固定相，既可直接用作气相色谱固定相，又可作为载体，涂上固定液后使用；聚四氟乙烯载体，耐腐蚀能力强，常用于强极性化合物的分析。

(3) 载体的处理 一个理想的载体表面应该对组分和固定液都是惰性的，但硅藻土载体由于在加工过程中加入了黏合剂或助熔剂，加上晶格的改变，使其表面含有相当数量的硅酸基团；另外，载体表面的金属氧化物形成酸碱活性作用点。使得载体表面既有催化活性，又有吸附活性。特别是对化学性质活泼的样品有可能发生化学反应和不可逆吸附。而极性组分，因其不仅溶解在固定液的液膜中，还会吸附在载体表面上，造成色谱峰拖尾和柱效下降、保留值改变等影响，因而需要预处理。载体的表面处理包括酸洗、碱洗、硅烷化、釉化、物理钝化等。商品化的载体已经处理过，可根据实际情况选用合适的载体。

(4) 载体的选择 选择恰当的载体有利于提高分离效率，载体选择的原则大致如下：

① 固定液用量大于5%，选用白色或红色硅藻土载体。

② 固定液用量小于5%，应选用表面预处理过的载体。

③ 具有腐蚀性的样品可选用聚四氟乙烯载体。

④ 高沸点组分的分离宜选用玻璃微球载体。

⑤ 常用的载体粒度为60～80目或80～100目，高效柱可选用100～120目。

二、气相色谱法的流动相

在气相色谱法中流动相为载气，载气的作用是以一定的流速携带气体样品或经汽化后的样品一起进入色谱柱。对载气的要求是不与样品起化学反应，常用的载气有 N_2、H_2、NH_3、Cl_2 等，对于特殊分析也可用二氧化碳作载气。由于较大分子量或较大密度的气体作载气时，组分在气相中扩散系数较小，所以可获得较高的柱效能。另外，载气需与检测器匹配，以使检测器获得较高的灵敏度。不同检测器常用的载气如表 3-3 所示。

表 3-3　不同检测器常用的载气

常用载气	特点	适用检测器
氮气(N_2)	扩散系数小，柱效比较高	除热导检测器外都可采用
氢气(H_2)	分子量小，热导系数大，黏度小	热导检测器
氦气(He)	与氢气性质接近，安全性高	热导检测器

流动相的物理、化学性质及其纯度将直接影响到色谱系统的稳定性、分离效率、分离速度、检测灵敏度。低流速时重载气为好，柱效高；高流速时则以轻载气为好，可以有较大的扩散系数，有利于改善液相传质。

任务三　认识气相色谱检测器

气相色谱检测器是把色谱柱后流出物质的信号转换为电信号的一种装置。由于气相色谱流出组分存在于连续流动的载气中，它只是瞬间流过检测器，其量往往很低，这就要求检测器具有稳定性好、噪声低、灵敏度高、线性范围宽、死体积小、响应快、检出限低等性能。

一、检测器的分类

气相色谱检测器根据其测定范围可分为通用型检测器和选择型检测器。其中通用型检测器对绝大多数物质有响应；选择型检测器只对某些物质有响应，对其他物质无响应或很小。根据检测器的输出信号与组分含量间的关系不同，可分为浓度型检测器和质量型检测器。浓度型检测器通过测量载气中组分浓度的瞬间变化，其响应值与组分在载气中的浓度成正比，与单位时间内组分进入检测器的质量无关，如热导池检测器（TCD）和电子捕获检测器(ECD)。质量型检测器测量载气中某组分进入检测器的质量流速变化，即检测器的响应值与单位时间内进入检测器某组分的质量成正比。如火焰离子化检测器（FID)、火焰光度检测器（FPD)、电子捕获检测器（ECD)、热导检测器（TCD)、氮磷检测器（NPD)。

1. 火焰光度检测器（FPD)

火焰光度检测器是一种对硫、磷化合物有高选择性和高灵敏度的专属型检测器，是气相色谱的主要检测器之一，主要应用于有机磷农药残留测定和大气中痕量硫化物的测定，如图 3-19 所示。

火焰光度检测器（FPD）的工作原理是：在富氢火焰中，含硫、磷有机物燃烧后分别发出特征的蓝紫色光（波长为 350～430nm，最大强度为 394nm）和绿色光（波长为 480～560nm，最大强度为 526nm)，经滤光片（对硫为 394nm，对磷为 526nm）滤光，再由光电倍增管测量特征光的强度变化，将其转变成电信号，就可检测硫或磷的含量。

由于含硫、磷有机物在富氢火焰上发光机理的差别，测硫时在低温火焰上响应信号大，测磷时在高温火焰上响应信号大。当被测样品中同时含有硫和磷时，就会产生相互干扰。通常磷的响应对硫的响应干扰不大，而硫的响应对磷的响应干扰较大，因此使用火焰光度检测器测硫和磷时，应选用不同的滤光片和不同的火焰温度。

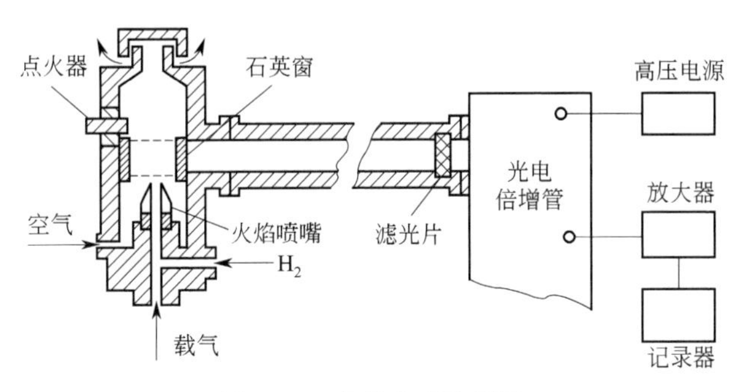

图 3-19　火焰光度检测器

2. 电子捕获检测器（ECD）

电子捕获检测器是使用最多的一种放射性离子化检测器，它对具有电负性的物质有极高的灵敏度，对非电负性的物质则没有响应。主要用于有机氯农药残留分析，如图 3-20 所示。

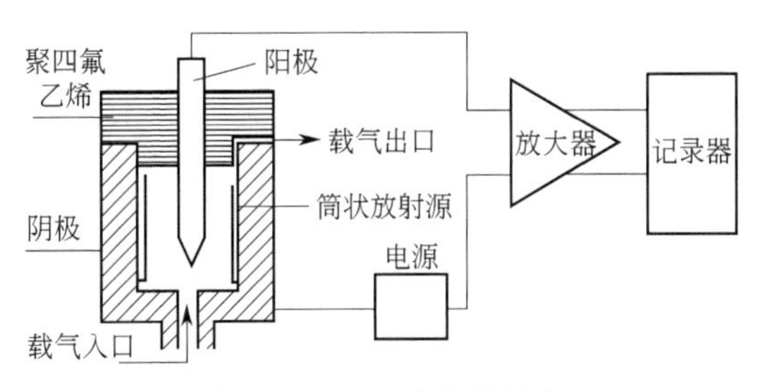

图 3-20　电子捕获检测器

ECD 是放射性离子化检测器的一种，它是利用放射性同位素，在衰变过程中放射的具有一定能量的 β-粒子作为电离源。当只有纯载气分子通过离子源时，在 β-粒子的轰击下，电离成正离子和自由电子，在所施电场的作用下离子和电子都将做定向移动。因为电子移动的速度比正离子快得多，所以正离子和电子的复合概率很小，只要条件一定就形成了一定的离子流（基流），当载气带有微量的电负性组分进入离子室时，亲电子的组分大量捕获电子形成负离子或带电负性的分子。因为负离子（分子）的移动速度和正离子差不多，正负离子的复合概率比正离子和电子的复合概率高 105～108 倍，因而基流明显下降，这样仪器就输出了一个负极性的电信号，在数据处理上出现负峰，被测组分浓度越大，倒峰越大。在实际分析过程中，可通过改变极性，使负峰变为正峰。这种检测器线型范围窄，因此进样量不能太大。

3. 火焰离子化检测器（FID）

火焰离子化检测器用于微量有机物的分析，是根据气体的导电率与该气体中所含带电离子的浓度成正比而设计的。火焰离子化检测器主要是由离子室、离子头和气体供应三部分组成。离子室是一金属圆筒，气体入口在离子室的底部，氢气和载气按一定的比例混合后，由喷嘴喷出，再与助燃气空气混合，点燃形成氢火焰。靠近火焰喷嘴处有一圆环状的发射极（通常是由铂丝制成），喷嘴的上方是一个加有恒定电压（＋300V）的圆筒形收集极（不锈钢制成)，形成静电场，从而使火焰中生成的带电离子能被对应的电极所吸引而产生电流。如图 3-21 所示。

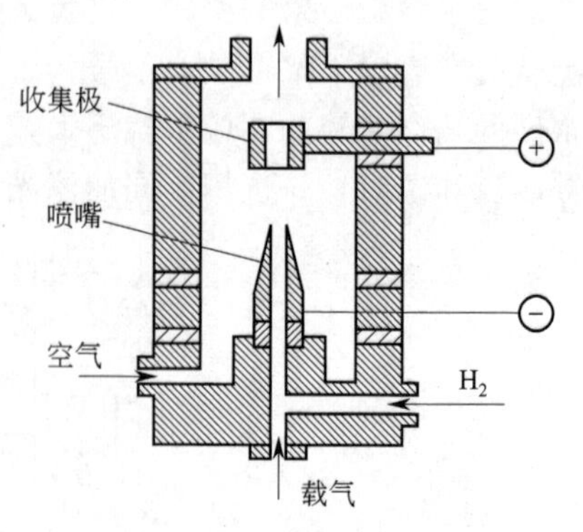

图 3-21 火焰离子化检测器

火焰离子化检测器的工作原理：由色谱柱流出的载气（样品）流经温度高达 2100℃的氢火焰时，待测有机物组分在火焰中发生离子化作用，使两个电极之间出现一定量的正、负离子，在电场的作用下，正、负离子各被相应电极所收集。当载气中不含待测物时，火焰中离子很少，即基流很小，约 10^{-14}A。当待测有机物通过检测器时，火焰中电离的离子增多，电流增大（但很微弱 $10^{-12}\sim10^{-8}$A)。需经高电阻后得到较大的电压信号，再由放大器放大，才能在记录仪上显示出足够大的色谱峰。该电流的大小，在一定范围内与单位时间内进入检测器的待测组分的质量成正比，所以火焰离子化检测器是质量型检测器。

火焰离子化检测器对电离势低于 H_2 的有机物产生响应，而对无机物、惰性气体和水基本上无响应，所以火焰离子化检测器只能分析有机物（含碳化合物)，不适于分析惰性气体、空气、水、CO、CO_2、CS_2、NO、SO_2 及 H_2S 等。

4. 热导检测器（TCD）

热导检测器（图 3-22）常用于常量、半微量分析，对有机物、无机物，均有响应，是气相色谱法最常用、最早出现和应用最广的一种检测器。热导检测器的工作原理是基于不同气体具有不同的热导率，热丝具有电阻随温度变化的特性。当有一恒定直流电通过热导池时，热丝被加热。由于载气的热传导作用使热丝的一部分热量被载气带走，一部分传给池体。当热丝产生的热量与散失热量达到平衡时，热丝温度就稳定在一定数值。此时，热丝电阻值也稳定在一定数值。由于参比池和测量池通入的都是同一种纯载气，有相同的热导率，因此两臂的电阻值相同，电桥平衡，无信号输出，记录系统记录的是一条直线。当有试样进入检测器时，纯载气流经参比池，载气携带着待测组分气流进入测量池，由于载气和待测量组分的混合气体的热导率和纯载气的热导率不同，测量池中散热情况因而发生变化，使参比池和测量池孔中热丝电阻值之间产生了差异，电桥失去平衡，检测器有电压信号输出，记录仪画出相应组分的色谱峰。载气中待测组分的浓度越大，测量池中气体热导率改变就越显著，温度和电阻值改变也越显著，电压信号就越强。此时输出的电压信号与样品的浓度成正比，这正是热导检测器的定量基础。

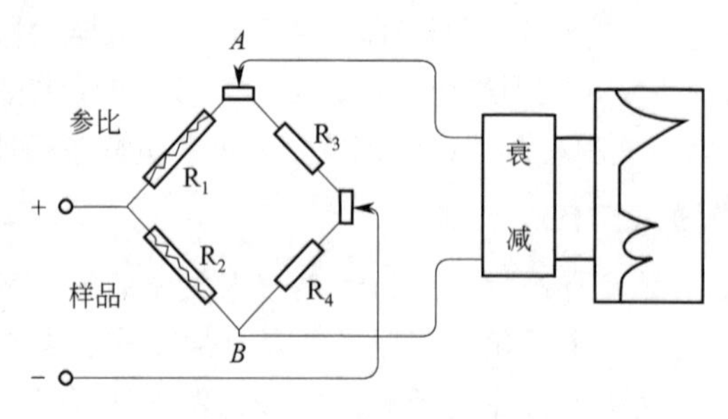

图 3-22 热导检测器

5. 氮磷检测器（NPD）

氮磷检测器是碱盐离子化检测器之一，是由氢火焰离子化检测器发展而来，这种检测器只对含磷和氮的化合物有很高的选择性和灵敏度，主要用于食品、药品、农药残留以及亚硝胺类等物质的分析。

对 NPD 的检测机理有不同的解释。从结构上来看，首先，NPD 没有火焰，氮磷检测器对被测物的离子化过程不是通过燃烧；其次，NPD 有一个用于激发出电子的铷珠，它是一种涂了一层铷盐的载体，其内部是通电后的陶瓷加热体，加温后可以达到 600～800℃。Kolb 的气相离子化理论认为铷珠被火焰加热后，挥发出激发态的铷原子，铷原子与火焰中各种基团反应生成 Rb^{+}，Rb^{+} 被负极铷珠吸收还原，维持铷珠的长期使用，火焰中各基团获得电子成为负离子，形成本底基流。

当含氮的有机物进入铷珠冷焰区，生成稳定氰自由基—C═N。氰自由基从气化铷原子上获得电子生成 Rb 与氰化物负离子。负离子在收集极释放出一个电子，并与氢原子反应生成 HCN，同时输出组分信号。含磷有机物也有相似的过程。

二、检测器的性能指标

气相色谱检测器的主要性能指标有以下几个方面：

1. 灵敏度 *S*

灵敏度 S 是单位样品量（或浓度）通过检测器时所产生的响应（信号 R）值的大小，即响应信号对进样量的变化率。

$$S=\frac{\Delta R}{\Delta Q} \tag{3-32}$$

在一定范围内，信号 R 与进入检测器的样品量呈线性关系，如图 3-23 所示。标准曲线中线性部分的斜率越大，灵敏度越高。对同样的样品检测量，灵敏度高的检测器输出的响应信号大。同一个检测器对不同组分，灵敏度是不同的，浓度型检测器与质量型检测器灵敏度的表示方法与计算方法亦各不相同。

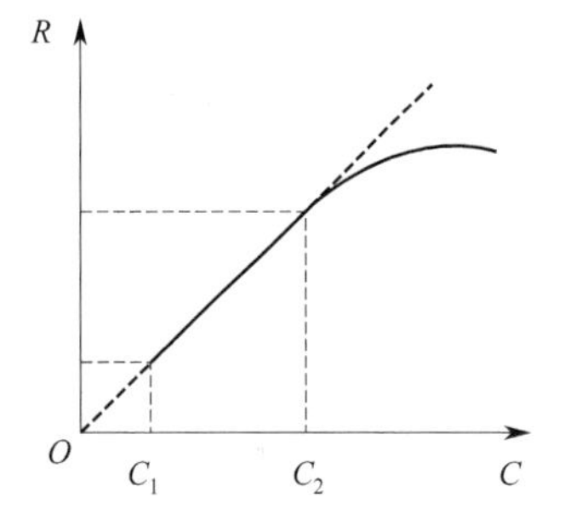

图 3-23 信号与进入检测器的样品量的关系

2. 检出限 *D*（敏感度）

检测器的输出信号可经过放大器放大以提高灵敏度，但信号放大过程中，噪声也被放大，甚至会出现噪声掩盖信号的现象，这样噪声就限制了检测器的检测限度，因此仅用灵敏度不能够对检测器作出全面评价。因而引入检出限的概念。

检出限为检测器恰能产生 3 倍（或 2 倍）噪声信号时，单位时间内引入检测器的样品量（质量型）或单位体积载气中样品的含量（浓度型），是检测器的最小检测量。检出限与灵敏度（S）成反比，与噪声（R_N）成正比，是衡量仪器（主要是检测器）性能好坏的综合性指标。

$$D=\frac{3R_{\mathrm{N}}}{S} \tag{3-33}$$

3. 线性范围

定量分析时要求检测器的输出信号与进样量之间成线性关系。检测器的线性范围是在检测器成线性时最大和最小进样量之比，或最大允许进样量（浓度）与最小检测量（浓度）之比。比值越大，表示线性范围越宽，越有利于准确定量。不同类型检测器的线性范围差别也很大。如氢焰检测器的线性范围可达 10^7，热导检测器则在 10^4 左右。由于线性范围很宽，在绘制检测器线性范围图时一般采用双对数坐标纸。

4. 噪声和漂移

噪声就是零电位（又称基流）的波动，反映在色谱图上就是由于温度波动、电源电压波动、载气流速的变化等各种原因引起的基线波动，称基线噪声，包括短期噪声和长期噪声两类。短期噪声可用滤波器除去。长期噪声由于其出现频率与色谱峰接近，故不能用滤波器除去，也无法与响应值大小相同的色谱峰区别，所以对接近检出限的组分分析影响较大。基线漂移是基线随时间单方向的缓慢变化。漂移大多与载气流量、汽化室温度、检测器温度等单元未进入稳定状态有关，大多数情况下，漂移可控。

5. 响应时间

检测器的响应时间是指进入检测器的一个给定组分的输出信号达到其真值的 63%时所需的时间，一般小于 1s。检测器的响应时间如果不够快，则色谱峰会失真，影响定量分析的准确性。但是，绝大多数检测器的响应时间不是一个限制因素，而系统的响应特别是记录仪的局限性，却是限制因素。

任务四　分离操作条件的选择

混合试样成功的分离，是气相色谱法完成定性及定量分析的前提和基础。而混合物色谱分离的实际效果，同时取决于组分间的分配系数差异（热力学因素）和柱效高低（动力学因素）。前者主要由固定相决定，后者则主要取决于色谱分离操作条件的选择。因此在确定了适合的固定相后，分离操作条件的选择就成了能否实现组分定量分离的关键因素。色谱分析条件常因实验条件、分析需求的不同而有差异，所以应根据所用气相色谱仪的型号和性能，结合分析实际情况，筛选出最佳的色谱分析条件，以达到最佳的分析效果。

一、载气及其流速的选择

由式(3-34) 可知，塔板高度 H 由涡流扩散项、纵向扩散项、传质阻力项三项加和构成。

$$H=A+\frac{B}{\overline{u}}+C\overline{u} \tag{3-34}$$

式中，涡流扩散项 A 为恒定值，与载气流速无关；纵向扩散项 $\frac{B}{\overline{u}}$ 为双曲线；传质阻力项 $C\overline{u}$ 是不经过原点的直线。当载气流速较低时，$\frac{B}{\overline{u}}$ 是影响塔板高度的主要因素。随着 $\overline{u}$ 增大，柱效明显提高。当载气流速达到一定值后，$C\overline{u}$ 成为影响塔板高度的主要因素。当载气流速进一步提高后，柱效反而开始下降。在 $\overline{u}=(B/C)^{1/2}$ 时，曲线达到最低点，H 最小，柱效最高。此时的流速为最佳载气流速，如图 3-24 所示。

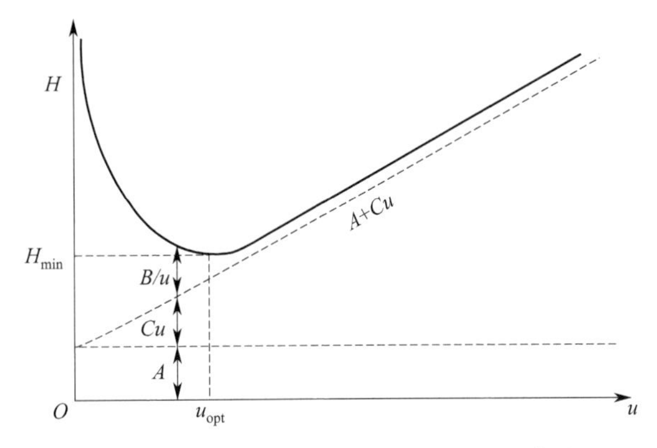

图 3-24　塔板高度 H 与载气流速 u 的关系

为了能在较短时间内得到较好的分离效果，通常选择的载气流速要稍高于最佳流速。当载气流速小时，影响柱效的主要因素是纵向扩散项，宜选择分子量大、扩散系数小的气体，如 N_2、Ar 等作为载气；反之，当载气流速过大时，传质项对柱效的影响是主要的，所以此时宜选择分子量小、扩散系数大的气体，如 H_2、He 等作为载气。此外，载气的选择还要考虑检测器的要求。热导池检测器常用 H_2、He 作为载气，氢火焰检测器宜选用 N_2 作载气。

二、柱温及汽化温度的选择

柱温是气相色谱分析时一个重要的操作参数，直接影响分离效能和分析速度。柱温低有利于分配，利于组分的分离，但是温度过低，被测组分可能在柱中冷凝，或者传质阻力增加，导致色谱峰变宽，甚至产生拖尾。柱温高，有利于传质，但是分配系数变小，不利于分离。所以柱温选择的一般原则是：在使最难分离的组分有尽可能好的分离前提下，采取适当低的柱温，但以保留时间适宜，峰形不拖尾为度，柱温不能高于固定液的最高使用温度。此外，对于宽沸程的多组分混合物，可采用程序升温。

汽化温度的选择主要取决于待测试样的挥发性、沸点范围、稳定性等因素。汽化温度一般选在组分的沸点或稍高于其沸点，以保证试样完全汽化。对于热稳定性较差的试样，汽化温度不能过高，以防试样分解。汽化温度的选择要求能使试样迅速汽化又不使其分解破坏为准，通常比柱温高 20～70℃。

三、柱长和内径的选择

增加柱长对分离有利，但会使分析时间延长。故在满足一定分离度（$R \geqslant 1.5$）的条件下，应尽可能使用短柱，一般以 2～6m 为宜。填充色谱柱的柱长通常为 1～3m。

增加色谱柱内径意味着增大样品容量，但也降低了柱子分离能力。内径较小的柱子，为复杂样品提供了所需的分离，但通常因为柱容量低需要分流进样。如果分离度的降低能够接受的话，大口径柱可以避免这一点。当样品容量是主要的考虑因素时，如：气体、强挥发性样品、吹扫、捕集或顶空进样，大内径可能比较合适。同时色谱柱内径的选择中要考虑仪器的限制和要求。

四、进样时间和进样量的选择

进样速度必须很快，以防止色谱峰拖尾，一般在 0.1s 内将试样全部注入汽化室。最大允许进样量应控制在使半峰宽基本不变，而峰高与进样量成线性关系的范围内。如果进样量过大，分离度不好，峰高、峰面积与进样量不成线性关系；进样量太少，会使含量少的组分因检测器灵敏度不够而不出峰。一般气体进样量为 0.1～10mL，液体进样量为 0.1～5μL。

任务五 气相色谱法的应用

一、气相色谱法在石油工业中的应用

在石油和石油化工行业，气相色谱技术的应用相当普及，用于石油勘探、石油加工研究到生产控制和产品质量把关等。气相色谱技术之所以受到石油和石化行业分析化学家们的欢迎，是由于它的分离和定量能力以及出色的性价比，目前尚无其他类型的仪器分析技术能与之匹敌。如图 3-25 所示为裂解气分析色谱图。

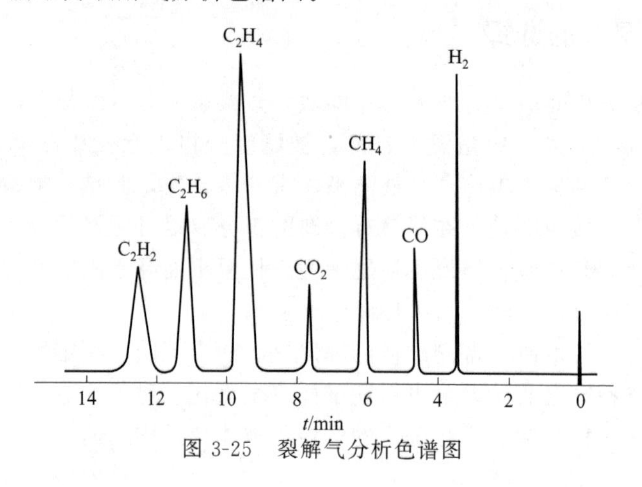

图 3-25 裂解气分析色谱图

二、气相色谱法在食品分析中的应用

我国在对食品成品的分析中，广泛使用气相色谱法测定食品中各种组分、添加剂的含量，如图 3-26 所示为沙棘籽油的气相色谱图，共含有亚麻酸、亚油酸、油酸、硬脂酸和棕榈酸五种脂肪酸。

三、气相色谱法在化妆品中的应用

可以利用气相色谱法检测化妆品中的防腐剂含量或是否添加禁用成分。例如利用气相色谱仪测定化妆品中禁用物质乙二醇甲醚及二乙二醇甲醚，图 3-27 为化妆品中禁用物质乙二

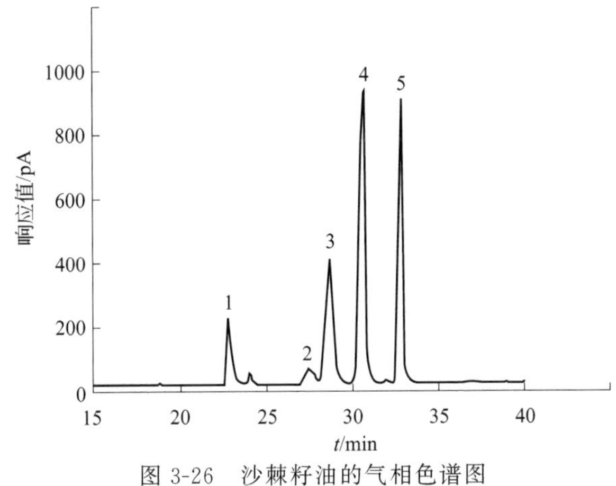

图 3-26 沙棘籽油的气相色谱图

1—棕榈酸；2—硬脂酸；3—油酸；4—亚油酸；5—亚麻酸

醇甲醚、乙二醇乙醚及二乙二醇甲醚的气相色谱图。

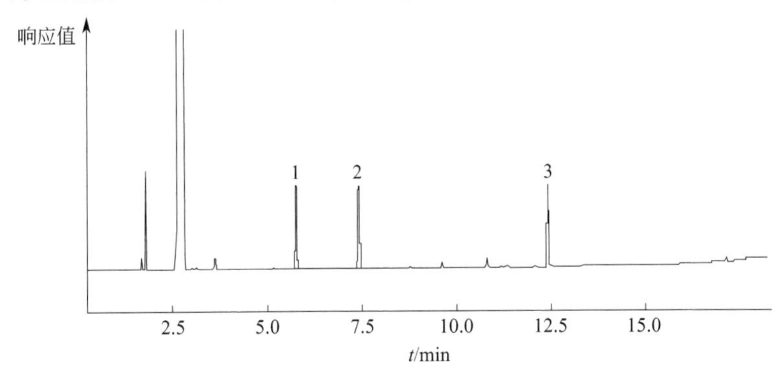

图 3-27 乙二醇甲醚、乙二醇乙醚及二乙二醇甲醚的气相色谱图

1—乙二醇甲醚；2—乙二醇乙醚；3—二乙二醇甲醚

实验 3-1 气相色谱分离条件优化

【实验目的】

1. 了解气相色谱仪的基本结构和工作原理；
2. 学习气相色谱仪的使用；
3. 体会气相色谱操作条件对分离结果的影响；
4. 掌握色谱柱性能评价指标的测定及计算方法。

【实验原理】

气相色谱法是以气体作为流动相的一种色谱分析法，色谱分离条件对分析结果有着重要的影响。色谱柱是色谱仪的核心部件，其分离性能可通过塔板数、选择性因子和分离度来进行评价，有效塔板数是评价色谱柱柱效的指标，其计算公式如下：

$$n_{有效}=5.54\times(\frac{t'_r}{W_{1/2}})^2=16\times(\frac{t'_r}{W})^2$$

选择性因子是评价色谱柱对两组分分离选择性的指标，其计算公式如下：

$$a=\frac{t'_{r_1}}{t'_{r_2}}=\frac{V'_{r_1}}{V'_{r_2}}$$

分离度是评价色谱柱分离总效能的指标，两个色谱峰的分离度可以通过下式计算：

$$R=\frac{2(t_{r2}-t_{r1})}{W_1+W_2}$$

【仪器与试剂】

1. 仪器

气相色谱仪（热导检测器）、载气（氮气）、填充色谱柱。

2. 试剂

丁酮（56.1℃）、环己烷（80.7℃）、正庚烷（98.5℃）、甲苯（110.6℃）、乙酸正丁酯（126.1℃）混合试样（等体积比）。

丁酮、环己烷、正庚烷、甲苯、乙酸正丁酯的纯物质。

【实验步骤】

1. 混合样品的气相色谱分离条件的确定。需优化色谱条件包括：

柱温	进样器温度
检测器温度	载气流速
桥电流	进样量

2. 用空气测定死时间。
3. 各色谱峰的定性鉴定。

【数据记录与处理】

1. 记录实验条件优化过程，包括实验条件，分离情况定性描述；
2. 记录最优条件下各色谱峰的保留时间 t_r 和半峰宽 $W_{1/2}$；
3. 记录死时间 t_0；
4. 色谱柱有效塔板数、选择性因子、分离度的测定与计算。

【问题讨论】

1. 如何设计初始色谱条件？
2. 如果需要做定量分析，你会选择何种方法，为什么？

实验3-2　气相色谱法分离丁醇异构体及其含量测定

【实验目的】

1. 掌握气相色谱仪的基本构成及基本操作；
2. 掌握气相色谱柱分离化学物质的原理；
3. 掌握气相色谱中内标法定性的分析方法。

【实验原理】

气相色谱仪是一种多组分混合物的分离分析工具，它是以气体为流动相，采用冲洗法的色谱技术。当多组分的分析物质进入色谱柱时，由于各组分在色谱柱中的流动相和固定相两相间的分配系数不同，汽化后的试样被载气带入色谱柱中运行时，组分就在两相间进行反复多次的分配（吸附-脱附或溶解-释放）。由于固定相对各组分的吸附或溶解能力不同（即保留作用不同），各组分在色谱柱中的运行速度就不同，经过一定的柱长后，便彼此分离，依序离开色谱柱进入检测器，经检测后转换为电信号传输到色谱数据处理装置进行处理，从而完成对被测物质的定性、定量分析。

【仪器与试剂】

1. 仪器

SP-2100A 气相色谱仪、FID 检测器、N2000 双通道色谱工作站、HP-5 毛细管色谱柱、微量进样器。

2. 试剂

正丁醇（AR）、2-丁醇（AR）、2-甲基-1-丙醇、2-甲基-2-丙醇、无水乙醇（AR）。

【实验步骤】

1. 样品的配制

分别取四个丁醇异构体标样各 0.5mL 于同一个 10mL 容量瓶中，加入无水乙醇定容。

2. 仪器操作

（1）打开载体钢瓶总阀，观察载气压力是否到达预定值；

（2）开启主机电源，设置相应参数；

（3）打开计算机电源，启动色谱工作站；

（4）打开氢气发生器开关，观察压力是否显示至预定值；

（5）打开空气压缩机开关，观察压力是否显示至预定值；

（6）点燃 FID 火焰；

（7）待主机显示“就绪”，观察记录仪信号，待基线平稳后，开始测试；

（8）测试完毕后，先在主机上设置进样器、色谱柱和检测器温度至 50℃，当进样器、色谱柱和检测器温度降至 60℃以下时，关闭主机电源，退出色谱工作站并关闭电源，关闭氢气发生器，关闭空气压缩机，关闭载气钢瓶总阀。

3. 内标物和组分定性分析

最佳色谱条件（柱温）的确定：微量注射器取 1μL 定量混合标准溶液，进样检验该色谱条件的适用性，记录每个柱温（至少三个温度）的出峰情况，计算不同温度下第 2、3 组分之间的分离度。

相对校正因子测定：微量注射器准确量取 1μL 定量混合标准溶液，在上述最佳色谱条件下进样，重复测定三次，记录保留时间和峰面积，如果发现两者有明显变化，应再重复多次测定。

【数据记录与处理】

1. 记录色谱操作条件和实验结果。

2. 记录不同柱温下（至少 3 个温度）组分 2 和 3 的保留时间和半峰宽，计算组分 2 和 3 的分离度，并确定最佳柱温，在最佳色谱条件下打印混合标准样品色谱图。

3. 计算以正丁醇为内标的各组分的相对校正因子，并求出平均值。

4. 在最佳色谱条件下打印样品色谱图，并计算样品中各异构体的含量（以三次测定的平均值表示）。

【问题讨论】

1. 在内标法定量分析中，内标物的选择是很重要的，你知道内标物的选择原则吗？

2. 内标物与被测样品含量的比例为多少比较合适？

练习题

一、选择题

1. 在气相色谱分析中，用于定性分析的参数是（　　）。

A. 保留值　　B. 峰面积　　C. 分离度　　D. 半峰宽

2. 在气相色谱分析中，用于定量分析的参数是（　　）。

A. 保留时间　　B. 保留体积　　C. 半峰宽　　D. 峰面积

3. 良好的气-液色谱固定液（　　）。

A. 蒸气压低、稳定性好　　B. 化学性质稳定

C. 溶解度大，对相邻两组分有一定的分离能力　　D. A、B 和 C

二、填空题

1. 在一定操作条件下，组分在固定相和流动相之间的分配达到平衡时的浓度比，称为________。

2. 为了描述色谱柱效能的指标，人们采用了________理论。

3. 在线速度较低时，________项是引起色谱峰扩展的主要因素，此时宜采用分子量________的气体作载气，以提高柱效。

三、判断题

1. 试样中各组分能够被相互分离的基础是各组分具有不同的热导系数。（　　）

2. 组分的分配系数越大，表示其保留时间越长。（　　）

3. 热导检测器属于质量型检测器，检测灵敏度与桥电流的三次方成正比。（　　）

四、问答题

1. 简要说明气相色谱分析的基本原理。

2. 气相色谱仪的基本设备包括哪几部分？各有什么作用？

3. 当下列参数改变时：

(1) 柱长缩短，(2) 固定相改变，(3) 流动相流速增加，(4) 相比减少。

是否会引起分配系数的改变？为什么？

项目二

微量组分的高效液相色谱分析法测定

知识目标：

1. 了解高效液相色谱法的应用及类型；
2. 熟悉高效液相色谱仪的结构组成；
3. 掌握色谱条件的选择原理。

能力目标：

1. 能操作高效液相色谱仪；
2. 能利用内标法、外标法对待测物进行分析并计算其含量。

素质目标：

1. 通过高效液相色谱仪的操作，培养学生严谨、细致的工作作风；
2. 通过小组合作学习的方式，培养学生的团队合作精神。

典型应用

2015 年，中国科学家屠呦呦因在中国本土进行的从中药中分离出青蒿素应用于疟疾治疗的科学研究项目而首次获得诺贝尔科学奖，是中国医学界迄今为止获得的最高奖项。20 世纪六七十年代，在极为艰苦的科研条件下，屠呦呦团队与中国其他机构合作，经过艰苦卓绝的努力，进行了大量的提取-临床试验-柱色谱分离等试验，并从《肘后备急方》等中医药古典文献中获取灵感，先驱性地发现了青蒿素，开创了疟疾治疗新方法，使得全球数亿人因这种“中国神药”而受益。目前，以青蒿素为基础的复方药物已经成为疟疾的标准治疗药物，世界卫生组织将青蒿素和相关药剂列入其基本药品目录。

请同学们思考，青蒿素的发现是一个合成过程还是分离过程？

任务一　高效液相色谱法概述

高效液相色谱法（high performance liquid chromatography，HPLC）是在经典液相色

谱法的基础上，极大地提高了色谱理论和技术而发展起来的一种以液体作流动相的现代色谱技术。在技术上采用高效填充剂作为固定相，借助高压泵输送流动相，并将被测样品送入色谱柱中，在柱内实现分离，分离后的组分进入检测器产生响应信号，再由记录仪或数据处理系统记录，获得色谱图并进行数据处理，得到检测结果。

液相色谱分析的基本原理

一、高效液相色谱法特点

高效液相色谱法具有“三高”“一快”“一广”的特点。

(1) 高压 高效液相色谱法的流动相为液体，液体流经色谱柱时，受到的阻力较大。因此液体流动相要快速通过色谱柱，需对其施加高压。在高效液相色谱仪中，引入高压泵输送流动相，使流动相的柱前压力达到15～35MPa。

(2) 高效 高效液相色谱法新型的固定相在满足系统耐压要求的基础上，可选择固定相和流动相以达到最佳分离效果，极大地提高了分离效能，比工业精馏塔和气相色谱的分离效能高出许多倍。

(3) 高灵敏度 高效液相色谱法采用高灵敏度的检测器，极大地提高了分析灵敏度，如荧光检测器的灵敏度达到10^{-12}～10^{-9}g/mL。

(4) 分析速度快 由于采用高压泵输送流动相，高效液相色谱法的分析速度、载液流速比经典液体色谱法快得多，通常分析一个样品在15～30min，有些样品的分析甚至在5min内即可完成，一般小于1h。

(5) 应用范围广 70%以上的有机化合物可用高效液相色谱分析，特别是对高沸点、大分子、强极性、热稳定性差的化合物的分离分析，高效液相色谱法显示出独特的优势。

二、高效液相色谱法与经典液相色谱法的比较

高效液相色谱法与经典液相色谱法相比，其区别主要集中于固定相、输液设备、检测方式、应用等几方面，如表3-4所示。

表3-4 高效液相色谱法与经典液相色谱法的区别

区别	固定相	输液设备	检测方式	应用
经典液相色谱	内径为1～3cm的玻璃柱，固定相粒径>100μm且不均匀	常压输送流动相，分析时间长	人工检测，无法在线检测	仅作为分离手段使用
高效液相色谱	柱内径为2～6mm，固定相粒径<10μm	高压泵输送流动相，分析时间短	检测器检测，可在线检测	分离的基础上定量分析

任务二 高效液相色谱仪的结构分析

高效液相色谱仪的基本结构

近年来，高效液相色谱技术迅猛发展，出现了多种不同的高效液相色谱仪，仪器的结构和工作流程也有所差异。但其基本结构主要还是包含高压输液系统、进样系统、分离系统以及检测系统。此外还包括一些辅助装置，如梯度洗脱装

置、废液及组分收集装置和数据记录与处理显示系统，如图 3-28 所示。

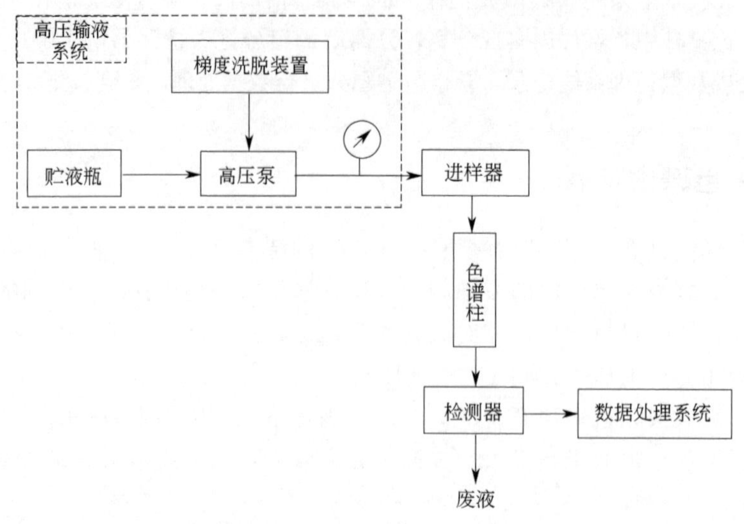

图 3-28　高效液相色谱仪的结构

一、高压输液系统

高压输液系统包括贮液瓶、高压泵、过滤器、梯度洗脱装置，其中核心部件是高压泵。

1. 贮液瓶

贮液瓶用以储存液体流动相，其材质需耐腐蚀，一般为玻璃或塑料瓶。容积一般为 0.5～2L，放置位置高于泵体。所有流动相放入贮液瓶之前必须进行过滤、脱气处理。过滤的目的是除去机械杂质，脱气的目的是防止气泡被带入柱子，引起检测器噪声大，基线不稳定等不正常现象。

2. 高压泵

高压输液泵

高压泵的作用是向整个色谱系统输送流动相。对于高压泵来说，应满足以下条件：输出压力高且平稳，输出流量恒定，可调范围宽；泵腔体积小，便于清洗和更换溶剂，能够进行梯度洗脱；密封性好，耐腐蚀，保养维修简便，使用寿命长。

高压泵一般分为恒压泵和恒流泵两类。恒压泵是输出恒定压力的泵，其流量随色谱系统阻力的变化而变化。恒流泵是在一定操作条件下输出恒定体积流量流动相的泵。两种泵优缺点比较如表 3-5 所示。

表 3-5　恒压泵、恒流泵特点对照表

恒压泵	恒流泵
●输出无脉动 ●对检测器噪声低 ●通过改变压力即可改变流速 ●不能输出流量恒定的流动相 ●更换溶剂不便	●输出流量恒定的流动相 ●更换溶剂方便 ●适于梯度洗脱 ●输出脉动大

应用较多的为往复式恒流泵（图 3-29）。往复泵工作原理是柱塞在转动凸轮的带动下在液缸内往复运动，当柱塞从液缸由内向外抽出时，入口单向阀打开，出口单向阀关闭，流动相被吸入液缸；当柱塞由外向内推进液缸时，入口单向阀关闭，出口单向阀打开，流动相被输出液缸，进入色谱柱。如此周而复始，使流动相不断进入色谱柱。

图 3-29　往复式恒流泵结构示意图

3. 梯度洗脱

高效液相色谱法的洗脱方式有等度洗脱和梯度洗脱两种。等度洗脱是在一个分析周期内，流动相的组成和配比保持不变，适合于组分少、性质差别小的试样，是最常用的洗脱方式。梯度洗脱又称为程序洗脱，即在一个分析周期内，按一定程序连续改变流动相中两种或多种溶剂的组成和配比，使被测样品中的混合组分在适宜条件下得以分离，适用于组成复杂且性质差异较大的试样。

梯度洗脱装置根据流路个数分为二元梯度、四元梯度等。根据流动相混合的方式分为高压梯度和低压梯度。高压梯度一般用于二元梯度，即用两台高压泵将两种流动相增压，输入梯度混合器混合后送入色谱柱，如图 3-30 所示，混合比例由两台泵的速度决定。低压梯度是在常压下将流动相按一定比例，由比例阀混合后用一台高压泵将混合后的流动相输入色谱柱，如图 3-31 所示。

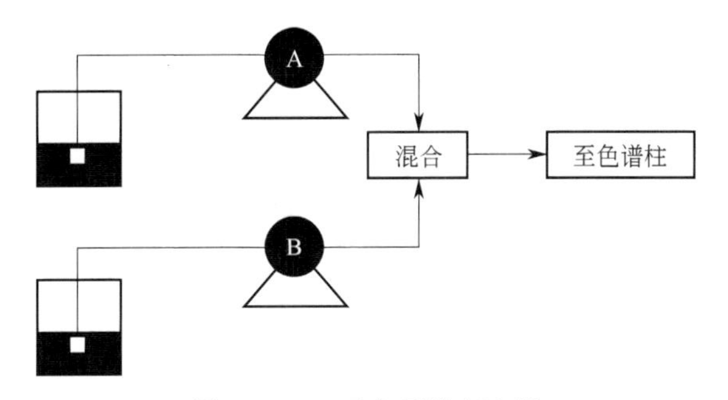

高压梯度洗脱原理

图 3-30　二元高压梯度洗脱

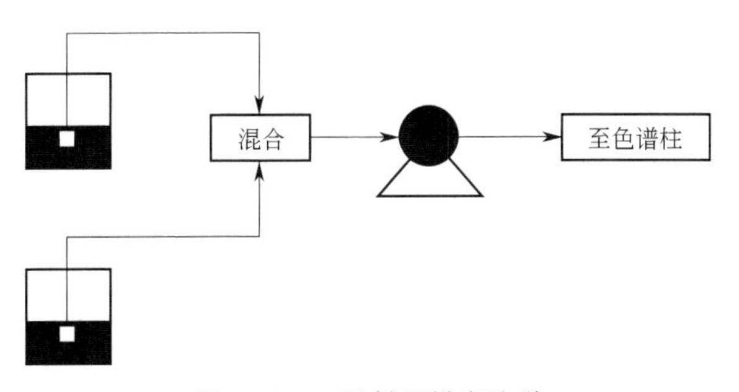

低压梯度洗脱原理

图 3-31　二元低压梯度洗脱

二、进样系统

进样系统是将样品溶液送入色谱柱的装置，要求死体积小，密封性和重复性好，进样引起色谱分离系统压力、流量波动小。常用进样装置有两种，即六通阀进样和自动进样。

1. 六通阀进样

六通阀进样是最常用的手动进样方式，其进样体积由定量环确定，高效液相色谱仪通常使用 10μL 或 20μL 的定量环，结构如图 3-32 所示。

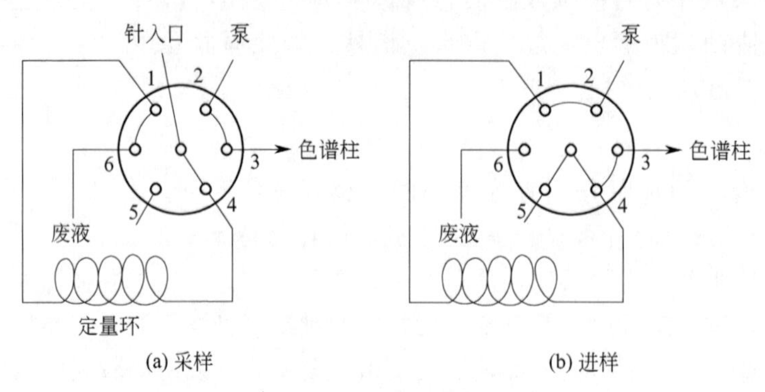

图 3-32　六通阀进样器

进样时，首先在采样位置，如图 3-32（a）所示，针入口与定量环连通，处于常压状态，用注射器注入定量环体积 4～5 倍量的样品溶液，样品充满定量环后，多余溶液从 6 口流入废液缸。然后阀柄顺时针转动 60°，如图 3-32（b）所示，定量环与泵连通，样品溶液被流动相带入色谱柱中进行分离分析。进样体积由定量环的容积确定（一般为 20μL），为保证良好的重复性，每次进样体积不能小于定量环的容积。

2. 自动进样

较高级的高效液相色谱仪通常配备有自动进样装置，由计算机自动控制定量阀，按照预先编制好的程序，自动进行取样、进样、复位、清洗等操作。一次可以进行几十个甚至上百个样品的分析，适合于批量分析，节省人力且容易实现自动化操作。

三、分离系统——色谱柱

高效液相色谱仪的核心是色谱柱（图 3-33），需满足柱效高、选择性好、分析速度快等要求。色谱柱由柱管和固定相两部分组成，柱管材料一般为不锈钢材质。柱长一般为 10～30cm，内径为 4～5mm。

图 3-33　填充色谱柱

色谱柱两端使用烧结不锈钢或多孔聚四氟乙烯过滤片防止填料流出。其在填料之前无方向，但填充好固定相后是有方向的，在使用时，流动相流动方向需与柱子方向一致。在使用时需要注意色谱柱管外标注的箭头指示。

更换流动相要保证流动相的互溶性，防止盐析堵塞色谱柱的流路，每次实验结束应当用合适的溶剂仔细冲洗，要取下色谱柱并将两端塞紧密封。此外，新购置的色谱柱应先用厂家规定的溶剂冲洗一段时间，方可用流动相平衡。为防止分析柱被污染或堵塞，有的色谱柱前端还装有保护柱，保护柱连接在进样器和色谱柱之间，用于防止流动相和样品中的不溶性颗粒、强保留性物质等堵塞、污染色谱柱，保护柱柱长一般为 30～50mm，易受到污染，需要经常更换。

四、检测系统

检测系统的核心部件是检测器，其作用是将色谱柱分离出的组分的浓度或含量转变成电信号。按照应用范围，HPLC 的检测器可以分为专属型和通用型两大类，如表 3-6 所示。

表 3-6　高效液相色谱常用检测器

检测器	类型	分析对象	用于梯度洗脱
紫外检测器	专属型	吸收紫外光或可见光的化合物	可以
示差折光检测器	通用型	紫外光范围内吸光度不高的化合物	不可
荧光检测器	专属型	具有荧光的有机化合物	可以
蒸发光散射检测器	通用型	没有紫外吸收的有机化合物	可以
电导检测器	专属型	无紫外吸收、不能发出荧光，具有电活性的化合物	不可
质谱检测器	通用型	微量及痕量组分	可以

1. 紫外检测器（ultraviolet detector，UVD）

紫外检测器是 HPLC 中应用最广泛的一类检测器，属于专属型检测器，约有 70%样品可用这种检测器进行分析，具有灵敏度较高，线性范围宽，重现性好，不破坏样品等特点，但被分析样品必须有紫外光或可见光的吸收。

紫外检测器

紫外检测器可分为固定波长型、可变波长型和二极管阵列型三种类型。其中固定波长型检测器的检测波长一般为 254nm，以低压汞灯为光源，光源单色性好、强度大且灵敏度高，但由于使用受限，现已被淘汰；可调波长检测器一般采用氘灯或钨灯作光源，检测波长在一定范围内连续可调，被测组分可以选择最大吸收波长为检测波长，从而提高灵敏度；光电二极管阵列检测器是 20 世纪 80 年代出现的一种光学多通道检测器，也是目前认为液相色谱中最好的检测器，其工作原理是：光源发出的光通过检测池被组分吸收后进入单色器，照射在二极管阵列装置上，产生与透射光强度成正比的光电流，并进行放大输出，实现物质在紫外区域的全波段扫描，获得物质光谱特征的三维色谱图，可用于定性、定量分析。

2. 示差折光检测器（differential refractive index detector，RID）

示差折光检测器是基于纯流动相和含有被测样品的流动相折光率的差异进行检测的，可以对空白溶液和样品溶液之间的折射率差进行连续检测，其示差值与样品浓度成正比。几乎所有物质都有不同的折光率，因此示差折光检测器是一种通用型检测器，其灵敏度低，不能用于梯度洗脱，对温度敏感，需要严格控制温度。

3. 荧光检测器（fluorescent detector，FD）

荧光检测器是基于具有荧光的物质，受紫外光（通常用氙灯作光源）激发后，发出与荧光物质浓度成正比的荧光，从而进行定量分析的一种专属型检测器。具有灵敏度高，检测限低（可达到 10^{-12}～10^{-13}g/mL）等特点，适用于梯度洗脱，但只能用于检测具有荧光的有机化合物，如多环芳烃、氨基酸、胺类、维生素等，因并非所有物质都具有荧光，所以其应用范围具有局限性。

4. 蒸发光散射检测器（evaporative light scattering detector，ELSD）

蒸发光散射检测器是通过检测散射光强度来测定组分含量的检测器。被测样品随流动相进入雾化室，被雾化室内的高速气流（常用高纯度氮气）雾化，然后进入蒸发室，流动相被蒸发除去后，样品与载气形成气溶胶，进入检测室，用强光照射气溶胶后产生散射光，光被散射的程度取决于散射室中气溶胶粒子的大小和数量。这种检测器适用于测定挥发性低于流动相的样品，可用于测定高分子化合物、高级脂肪酸、糖类及糖苷等化合物，特别适合于测定无紫外吸收的样品。可用于梯度洗脱。

五、数据处理系统

高效液相色谱仪的数据记录、处理及显示均由计算机完成，工作站完成色谱信息的采集和分析，给出色谱图，计算出峰面积、保留值、分离度等色谱参数。

任务三　液相色谱操作条件的选择

一、流动相的选择

液相色谱中的流动相又称为洗脱剂，主要作用是携带样品前进，以达到混合物被分离的目的。在色谱柱选定之后，流动相的选择是最关键的。高效液相色谱法的流动相通常是各种低沸点溶剂和水溶液。

1. 对液相色谱流动相的要求

（1）化学稳定性好　不与固定相或待测样品组分发生任何化学反应。

（2）对样品有一定的溶解度　一般要求 k 在 1～10 范围内，最好在 2～5 之间。k 值太大，分析时间过长，会引起色谱峰严重展宽，k 值太小，分离效果不好。

（3）与检测器匹配　如采用紫外检测器，所选溶剂的截止波长要小于检测波长，否则溶剂会有吸收。如用示差折光率检测器，必须选择折光率与样品有较大差别的溶剂作流动相。

（4）流动性好，黏度低　流动相黏度过大，传质阻力增大，柱效能降低，且会使柱压增大。但黏度不能太低，黏度太低的流动相容易在色谱柱中形成气泡，影响分离。

（5）纯度要高　流动相一般使用色谱纯试剂，若纯度不高，会导致基线不稳定，产生干扰。

（6）使用前需过滤与脱气　为防止流动相中存在固体颗粒损害高压泵或堵塞流路，在使用之前需用微孔滤膜（0.45μm 或 0.22μm）过滤除去。过滤结束后需进行脱气处理，若流动相中含有空气，进入检测器后会产生噪音，导致基线不稳，还可能氧化样品或改变流动相的 pH 等。

2. 常用流动相的选择

根据所用固定相的类型与组分的性质选择流动相。正相键合相色谱法的流动相常常采用烃类等非极性或弱极性有机溶剂为主体，加入醇、氯仿、乙腈等极性较大的溶剂调节其极性；反相键合相色谱法的流动相常常采用水或无机盐缓冲液、弱酸、弱碱作为主体，加入甲醇、乙腈、四氢呋喃等有机溶剂调节其极性，常用的流动相是乙腈-水、甲醇-水。在反相键合相色谱法的流动相中加入少量弱酸（常用乙酸）、弱碱（常用氨水）或缓冲盐（常用磷酸盐及乙酸盐），调节流动相的 pH，可以抑制样品组分分子的自身解离，增加组分在固定相中的溶解度，并改善峰形。

二、色谱柱的选择、使用及保存

液相色谱法中色谱柱的填料主要是 3～10μm 的固体微粒，其分类及各类特征如表 3-7 所示。

表 3-7　色谱柱填料类别

分类依据	类别	主要成分	特点
按填料刚性程度分	刚性固体	硅胶刚性固体	(1)能承受较高压力。 (2)适用范围广，可应用于任何一种液相色谱法。 (3)可作为固定相、载体及键合相色谱的基质材料
	硬质凝胶	聚苯乙烯与二乙烯基苯交联的多孔颗粒	(1)最大承受压力为 350MPa。 (2)只用于离子交换色谱和凝胶色谱中
按填料疏松程度分	薄壳型微珠载体	玻璃珠上沉积活性材料	(1)多孔层厚度小、孔浅、柱效能高。 (2)分配过程在载体表面进行，出峰快。 (3)颗粒大，易装柱，适用于常规分析。 (4)最大允许进样量受表面积限制
	全多孔型载体	硅胶、氧化铝或硅藻土凝聚而成	(1)颗粒小、比表面积大，载样量大。 (2)易出现峰加宽和拖尾现象。 (3)能实现高速、高效分离。 (4)适用于复杂化合物的分离和痕量分析
按填料几何形状分	球形	液相色谱的固定相或载体	(1)装柱均匀、结构稳定。 (2)柱效能高
	无定形	液相色谱的固定相或载体	(1)装柱不均匀，结构不稳定。 (2)使用后柱效易降低

除表 3-7 中所示类别外，还有一种化学键合固定相，即通过化学键把有机分子结合到载体表面，形成一种新型的固定相，避免了固定液流失。化学键合固定相填料的键合官能团主要有 C_{18}、C_8、苯基、氰基、氨基、硝基、二醇基等。

1. 色谱柱的选择

液相色谱的色谱柱通常为正相柱和反相柱两种。

正相柱大多为极性较强的硅胶柱或者键合氰基、氨基等官能团的键合相硅胶柱，分离分析过程中，使用极性小于固定相的流动相，如正己烷、氯仿、二氯甲烷等，样品中弱极性组分最先流出柱子，强极性组分最后流出柱子。

反相柱主要是极性较弱的硅胶表面键合非极性十八烷基官能团的 C_{18} 柱，以及 C_8、C_4、C_2、和苯基柱等，分离分析过程中，使用极性大于固定相极性的流动相，如水、缓冲液与甲醇、乙腈等的混合物，样品中强极性组分最先流出柱子，弱极性组分最后流出柱子。

在实际分离分析过程中，应根据样品的性质和分离的方式选择合适的色谱柱。

2. 色谱柱的使用

① 使用注意事项。新购置的色谱柱使用前仔细阅读色谱柱附带的说明书，注意适用范围，如 pH 值范围、流动相类型等。新购买的色谱柱需按照随附的检验报告上的测试条件和样品进行色谱柱柱效的检测。使用厂家规定的溶剂冲洗色谱柱一段时间，方可用流动相平衡色谱柱。

② 对样品的要求。样品溶液应经 0.45μm 或 0.22μm 的滤膜过滤，或用固相萃取小柱（SPE）对样品溶液进行预处理。在用正相色谱分析样品时，如无特殊要求，所有的溶剂和样品应严格脱水。

3. 色谱柱的保存与维护

在使用过程中由于不溶物会堵塞色谱柱的流路，导致柱压增加，应根据实际情况进行修复，如使用缓冲盐流动相甲醇-水（10∶90）进行冲洗。然后断开检测器，用甲醇、乙腈等强极性溶剂冲洗残留的极性组分。如经过上述操作还没有修复，可将色谱柱反方向连接，用低流速冲洗 1h，压力会逐渐下降。色谱柱长时间不使用，须用合适的溶剂保存，如反相色谱柱用纯甲醇、乙腈保存，正相色谱柱用纯正己烷保存，离子交换柱用含防腐剂叠氮化钠或硫柳汞的水溶液保存。另外，色谱柱不能剧烈震动，尽可能使用低黏度试剂，样品和流动相均要用微孔滤膜过滤。

任务四　熟悉高效液相色谱法的主要类型

高效液相色谱法按固定相的状态分为液-液色谱法、液-固色谱法两类。按分离原理分为液-液分配色谱法、液-固吸附色谱法、键合相色谱法、离子交换色谱法、凝胶色谱法。

一、液-液分配色谱法

液-液分配色谱分离原理

液-液分配色谱法是一种依据样品组分在固定相和流动相中溶解度不同而分离的色谱法，流动相与固定相均为液体。固定相由多孔惰性载体和涂渍于惰性载体上的固定液组成。流动相则是不溶于固定液的、与固定液极性差异较大的色谱纯试剂。

根据固定相与流动相极性不同，分为正相色谱和反相色谱。流动相极性小于固定相极性为正相色谱，适合于极性化合物的分离分析，且小极性化合物先流出，大极性化合物后流出。流动相极性大于固定相极性为反相色谱，适合于非极性化合物的分离分析，且大极性化合物先流出，小极性化合物后流出。

液-固吸附色谱分离原理

二、液-固吸附色谱法

液-固吸附色谱法是一种依据样品组分在固定相上吸附作用不同而分离的色谱法，固定相为多孔固体吸附剂，如硅胶、氧化铝、分子筛等。流动相为色谱纯液体试剂。与吸附剂吸附作用强的组分被吸附，流出柱子时间长，后流出；与吸附剂吸附作用弱的组分不易被吸附，流出柱子时间短，先流出。该法适合于分离分子量中等的油溶性样品。

三、键合相色谱法

键合相色谱法是一种依据样品组分在化学键合相和流动相中的分配系数不同而分离的色谱法。固定相为有机分子，通过共价键连接到色谱载体上形成化学键合相。流动相为色谱纯液体试剂。

根据键合相与流动相极性的相对强弱，键合相色谱分为正相键合相色谱和反相键合相色谱。正相键合相色谱以键合氰基、氨基等极性基团的键合相为固定相，以弱极性或非极性的有机溶剂为流动相，流动相极性小于固定相极性，适合于极性化合物的分离分析，且小极性化合物先流出，大极性化合物后流出。反相键合相色谱以键合十八烷基硅烷等弱极性基团的键合相为固定相，以极性有机溶剂为流动相，流动相极性大于固定相极性，适合于非极性或弱极性化合物的分离分析，且大极性化合物先流出，小极性化合物后流出。

四、离子交换色谱法

离子交换色谱法是一种依据固定相对待测离子亲和力不同而将待测组分分离的色谱法。固定相为离子交换剂，流动相为缓冲溶液。

色谱分离过程中，待测离子与离子交换剂上带固定电荷的活性交换基团之间发生交换，因不同待测离子与离子交换剂的亲和力不同，亲和力弱的化合物不易被保留，流出柱子时间短，亲和力强的化合物易被保留，流出柱子时间长。该法适合于分离离子型化合物，如无机阴、阳离子，分离可电离的有机化合物，如氨基酸、核苷酸等。

五、凝胶色谱法

凝胶色谱法又称为体积排阻色谱，是一种依据固定相对体积大小不同的样品分子排阻能力不同而分离的色谱法。固定相为具有一定孔径的多孔性凝胶，流动相为色谱纯液体试剂。

色谱分离过程中，样品进入色谱柱后，随流动相在凝胶外部间隙及凝胶空穴之间通过，样品中体积较大的分子，不能通过凝胶空穴，只能沿凝胶间隙通过，在柱中停留时间短，先流出柱子；体积较小的样品分子可以进入凝胶空穴内，通过凝胶内部，在柱子中停留时间长，后流出柱子。即大分子先出柱子，小分子后出柱子。该法适合于分离在流动相中可溶，分子量差别在10%以上，分子量在 $1\times10^2\sim8\times10^5$ 的任何类型化合物。体积大小相近、分子量接近的分子不能用该法分离。

任务五　高效液相色谱法的应用

高效液相色谱法经过多年的发展，在理论研究、分析实践应用等方面取得长足进步。现在高效液相色谱法已在医药研究、食品工业分析、环境监测、农药残留检测、生物化学和生物工程研究、石油产品分析和精细化工产品分析等领域的定性、定量分析获得广泛应用。

一、定性分析

高效液相色谱法常用的定性方法是标准对照法和峰高增加法。

标准对照法即用标准品对照来定性，若在相同色谱条件下被测样品与标准品的保留值一致，可初步认为被测样品与标准品相同，可进一步改变色谱条件测定样品及标准品保留值，若仍然一致，则进一步证实样品与标准品一致。

峰高增加法是在被测样品中加入某一标准物质，对比加入标准物前后的色谱图，若加入后某色谱峰增高，则说明被测样品中某一化合物与标准物质可能是同一物质，可通过改变色谱条件进一步证实。

二、定量分析

高效液相色谱法定量方法与气相色谱法相同（见本模块信息导读中定量分析），最常用外标法和内标法进行定量。

对于复杂样品的分析，可用液-质联用技术进行分析，该法能给出样品色谱图的同时，还能快速给出组分的质谱图，即可同时实现定性和定量分析。

如脂肪酸的对溴苯甲酰基酯的反向键合相色谱分离色谱图（图 3-34）。

色谱柱：Pelliuard LC-18，（40μm 薄壳 4.6mm×490mm）+Supelcosil LC-18（5μm 薄壳 4.6mm×250mm）。

流动相：甲醇+乙腈+水（体积比：82∶9∶9）。

流量：1mL/min，柱前压：7.0MPa。

检测器：UVD 254nm。

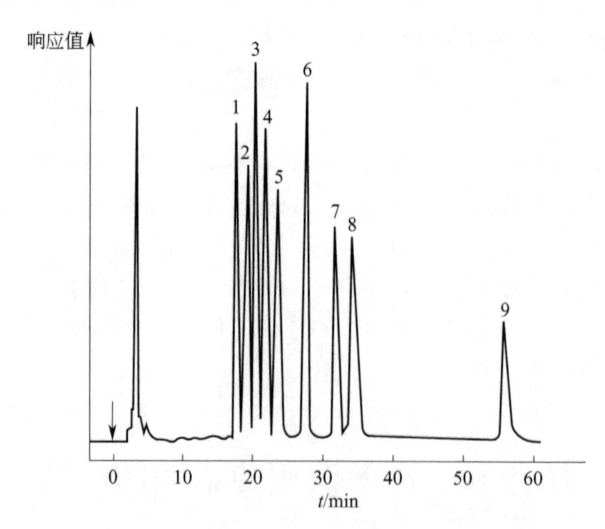

图 3-34 脂肪酸的对溴苯甲酰基酯分离色谱图

1—亚麻酸；2—肉豆蔻酸；3—十六碳烯酸；4—二十四碳烯酸；
5—亚油酸；6—二十碳三烯酸；7—软脂酸；8—油酸；9—硬脂酸

实验 3-3　高效液相色谱仪操作训练

【实验目的】

1. 熟悉高效液相色谱仪的结构及操作；
2. 熟悉高效液相色谱仪工作站；
3. 掌握流动相处理技术。

【实验原理】

近些年，高效液相色谱技术迅猛发展，出现了多种不同的高效液相色谱仪，仪器的结构和流程也有所差异。但不同的高效液相色谱仪，其基本结构主要包含高压输液系统、进样系统、分离系统以及检测系统。此外还包括辅助装置，如梯度洗脱装置、废液及组分收集装置和数据记录与处理显示系统。通过熟悉色谱仪结构组成、色谱工作站、流动相处理等内容，为后续实验奠定基础。

【仪器与试剂】

1. 仪器

高效液相色谱仪、过滤装置（无在线脱气功能的色谱仪还需脱气装置）。

2. 试剂

乙腈、去离子水。

【实验步骤】

1. 熟悉仪器组成

对照仪器组成方块图，找到仪器中各组成部件。

2. 熟悉色谱工作站

打开色谱工作站，练习程序文件、方法文件的新建过程，并能熟练使用方法文件。

3. 处理流动相

先过滤，后脱气。

4. 启动仪器，跑基线

将流动相装入储液瓶，启动仪器，建立程序文件和方法文件，跑基线。

【实验总结】

请写出所有详细操作步骤，并总结注意事项。

【问题讨论】

1. 脱气和过滤，哪个操作在前，哪个在后，为什么？
2. 程序文件有什么作用？方法文件有什么作用？

实验3-4　高效液相色谱法测定甲硝唑片的含量

【实验目的】

1. 掌握高效液相色谱仪的操作；
2. 掌握药品的前处理操作。

【实验原理】

高效液相色谱法是采用高压输液泵将规定的流动相泵入装有填充剂的色谱柱进行分离测定的色谱方法。注入的测定样品，由流动相带入柱内，各组分在柱内被分离，并依次进入检测器，由数据处理系统记录色谱信号。本实验以甲硝唑为测定对象，利用高效液相色谱仪分离检测供试品中甲硝唑的含量。采用单点校正法计算供试品中甲硝唑含量。

【仪器与试剂】

1. 仪器

高效液相色谱仪、研钵、容量瓶等玻璃仪器。

2. 试剂

甲硝唑标准溶液、甲硝唑片、甲醇（GR）、甲醇（AR）。

【实验步骤】

1. 供试品溶液配制

取甲硝唑片20片，精密称定，研细。精密称取细粉适量（约相当于甲硝唑0.25g），用50%甲醇（AR）溶解并定容至50mL容量瓶中，摇匀，过滤。精密量取过滤液5.00mL，置100mL容量瓶中，用20%甲醇（AR）稀释至刻度，摇匀。

2. 对照品溶液的制备

取甲硝唑标准溶液适量，精密称定，加20%甲醇（AR）溶解并定量稀释成0.25mg/mL的溶液。

3. 色谱条件

C_{18}柱；流速1.0mL/min；流动相［甲醇（GR）：水=20：80］；检测波长为320nm。

4. 检测

待基线稳定后，分别吸取对照品溶液和供试品溶液各10.0μL，注入液相色谱仪，记录色谱图，采集保留时间、峰面积等数据。

5. 冲洗色谱柱

完成测试后，以一定流速，用甲醇（GR）冲洗30min以上后，关闭仪器。

【数据记录与处理】

1. 数据记录

项目	保留时间 t_R	峰面积 A	$\bar{A}$
对照品 R_1			
对照品 R_2			

续表

项目	保留时间 t_R	峰面积 A	$\bar{A}$
供试品 X_1			
供照品 X_2			

(1) 20片总质量 m（g）：__________；平均片重 $\bar{m}$（g）：________；对照品的浓度（mg/mL）：________。

(2) 片粉取样量 $W_{取}$（g）：_______；标示量 S（g/片）：_______。

(3) 供试品稀释体积 V（mL）：_______；供试品稀释倍数 D：_______。

2. 计算

$$甲硝唑的标示百分含量/\% = \frac{C_R \dfrac{\bar{A}_x}{\bar{A}_R} V D \bar{m}}{W_{取}\ S} \times 100\%$$

【问题讨论】

1. 高效液相色谱仪由哪几部分组成？
2. 实验过程中，发现压力突然变大或变小，请分析可能的原因。

练习题

一、选择题

1. 在液相色谱法中，按分离原理分类，液-固色谱法属于（　　）。

A. 分配色谱法　　B. 排阻色谱法　　C. 离子交换色谱法　　D. 吸附色谱法

2. 下列用于高效液相色谱的检测器，（　　）检测器不能使用梯度洗脱。

A. 紫外检测器　　B. 荧光检测器　　C. 蒸发光散射检测器　　D. 示差折光检测器

3. 在液相色谱中，某组分的保留值大小实际反映了（　　）的分子间作用力。

A. 组分与流动相、组分与固定相　　B. 组分与固定相

C. 组分与流动相和固定相　　D. 组分与组分

4. 在液相色谱中，为了改变色谱柱的选择性，可以进行（　　）的操作。

A. 改变柱长　　B. 改变填料粒度

C. 改变流动相或固定相种类　　D. 改变流动相的流速

5. 液相色谱中通用型检测器是（　　）。

A. 紫外检测器　　B. 示差折光检测器　C. 热导池检测器　　D. 氢火焰检测器

6. 在环保分析中，常常要监测水中多环芳烃，如用高效液相色谱分析，应选用（　　）。

A. 荧光检测器　　B. 示差折光检测器　C. 电导检测器　　D. 紫外检测器

7. 在液相色谱中，范氏方程中的（　　）对柱效能的影响可以忽略不计。

A. 涡流扩散项　　B. 分子扩散项

C. 固定相传质阻力　　D. 流动相传质阻力

8. 在液-固色谱法中以硅胶为固定相，对以下四组分，最后流出色谱柱的组分可能是（　　）。

A. 苯酚　　B. 苯胺　　C. 邻羟基苯胺　　D. 对羟基苯胺

9. 用液相色谱法分离长链饱和烷烃的混合物，应采用（　　）。

A. 紫外检测器　　B. 示差折光检测器　C. 荧光检测器　　D. 电导检测器

10. 液-液色谱法中的反相液相色谱法，其固定相、流动相和分离化合物的性质分别为（　　）。

A. 非极性、极性和非极性　　B. 极性、非极性和非极性

C. 极性、非极性和极性　　D. 非极性、极性和离子化合物

11. 在液相色谱中，梯度洗脱最易于分离（　　）。

A. 几何异构体　　B. 沸点相近，官能团相同的试样

C. 沸点相差大的试样　　D. 分配比变化范围宽的试样

12. 在液相色谱中。常用作固定相，又可用作键合相基体的物质是（　　）。

A. 分子筛　　B. 硅胶　　C. 氧化铝　　D. 活性炭

二、判断题

1. 液相色谱分析时，增大流动相流速有利于提高柱效能。（　　）

2. 高效液相色谱流动相过滤效果不好，可引起色谱柱堵塞。（　　）

3. 高效液相色谱分析的应用范围比气相色谱分析得广。（　　）

4. 高效液相色谱分析中，使用示差折光检测器时，可以进行梯度洗脱。（　　）

5. 在高效液相色谱法中，提高柱效最有效的途径是减小填料粒度。 (　　)

6. 在高效液相色谱中，范第姆特方程中的涡流扩散项对柱效的影响可以忽略。 (　　)

7. 高效液相色谱仪的色谱柱可以不用恒温箱，一般可在室温下操作。 (　　)

8. 高效液相色谱分析中，固定相极性大于流动相极性称为正相色谱法。 (　　)

9. 高效液相色谱分析不能分析沸点高、热稳定性差、分子量大于400的有机物。

(　　)

10. 在高效液相色谱仪使用过程中，所有溶剂在使用前必须脱气。 (　　)

11. 填充好的色谱柱在安装到仪器上时是没有前后方向差异的。 (　　)

12. 紫外-可见光检测器是利用某些溶质在受紫外光激发后，能发射可见光的性质来进行检测的。 (　　)

项目三

微量组分的离子色谱分析法测定

知识目标：

1. 理解离子色谱法的基本原理；
2. 掌握离子色谱仪的结构、各部件的作用及工作过程；
3. 熟悉离子色谱法分析条件的选择。

能力目标：

1. 能利用离子色谱法对试样进行分离分析；
2. 能够正确操作常见型号的离子色谱仪。

素质目标：

1. 培养学生良好的科学素养，以及独立思考、实事求是、严谨认真的科学态度；
2. 培养学生文明操作、规范操作的良好习惯。

典型应用

碳水化合物是许多食品和饮料中的重要成分，经常因各种原因需要进行检测。例如对食品标签规定的监督，水果汁质量及是否掺假的判定，酒精饮料发酵过程的监测与控制，填充剂、甜味剂和脂肪替代物的分析等，都要对碳水化合物进行分析。

配有氨丙基硅与高分子相或键合金属的阳离子交换树脂柱、折光检测器或低波长 UV 检测器的高效液相色谱，是检测常见糖类的简单等浓度淋洗的分析方法。但这种方法由于糖从糖醇和有机酸中分离不充分、缺乏特异检测，存在灵敏度不足等问题，不能满足某些应用的要求，改进糖的分析方法已受到关注。自从规定食品中总糖的含量必须在标签中注明后，糖类的分析显得尤为重要，氯化钠的干扰、乙腈的使用也作为附带的问题被提出。

在高 pH 条件下，使用配有脉冲安培检测器（HPAE-PAD）和高效阴离子交换柱的离子色谱，使上述问题得到了解决。糖类、糖醇及寡糖、聚糖等可以在一次进样后得到高分辨率的分离而无需衍生，并且可以定量到 pmol（10^{-12}mol）水平。该技术已广泛应用于常规检测和研究中，且该方法得到国际标准组织及其他官方机构的认同。醇类、二醇及醛类也可以使用该技术检测。

任务一　离子色谱法概述

一、概述

离子色谱法（IC）是以离子型化合物为分析对象的液相色谱，是利用离子交换原理，液相色谱技术分离，测定能在水中解离成有机和无机离子的一种液相色谱方法，是高效液相色谱的一种，是由经典离子交换色谱派生出来的。20 世纪 70 年代中期（1975 年），在液相色谱高效化的带动下，韦伦解决了无机阴离子和阳离子的快速分析，由 Small 等人提出了将离子交换色谱与电导检测器相结合用来分析各种离子的方法，并称之为现代离子色谱法（或称为高效离子色谱法）。Small 等人采用了低交换容量的离子交换柱，以强电解质作为流动相分离无机离子，然后用抑制柱将流动相中被测离子的反离子除去，使流动相电导降低，从而获得高的检验灵敏度，这就是所谓的抑制型离子色谱法（又称双离子色谱法）。1979 年，Gjerde 等人用弱电解质作为流动相，因流动相自身的电导较低，不必用抑制柱，因此称之为非抑制型离子色谱法（又称单柱离子色谱法）。

二、离子色谱的特点

离子色谱仪具有分析速度快、灵敏度高、选择性好、多组分同时测定和运行费用低等特点。

1. 同时分析多种离子

离子色谱法可单独测定某一种离子，分析方法简单快捷。此外，离子色谱可一次进样、无需分别操作即可分析多种离子。目前有的离子色谱柱技术已经达到一次进样，同时分析多达 30 种以上的离子，只需在短时间内就可得到阴、阳离子以及样品组成的全部信息。

2. 数据重现性好

这点可以说是所有的自动化分析仪器的特点，传统分析方法诸如滴定法，因操作人员的水平和能力不同，所得到的结果也会有所不同，但目前的仪器自动化程度较高，只需把样品注入设备中，即可自动完成分离、检测、处理数据出报告的过程，不同的操作人员不会影响分析结果。

3. 快速方便

离子色谱法对常规的 7 种阴离子（亚硝酸根、硝酸根、硫酸根、磷酸根、氟离子、氯离子、溴离子）及 6 种阳离子（锂离子、钠离子、铵离子、钾离子、镁离子、钙离子）的分离可在半小时内完成，如使用高效快速色谱柱，则速度更快，10min 以内即可完成，大大缩短分析时间。

4. 可分离不同形态和价态的离子

离子色谱法可以对不同形态和价态的离子进行分离，这是其独特优势。比如亚硝酸盐和硝酸盐的分离，在传统的分光光度法中，由于亚硝酸根和硝酸根吸光度值很接近，不能很好地将其分离，而通过离子色谱法则可以实现良好分离。

5. 灵敏度高

离子色谱法灵敏度高，若通过增加进样量、采用小孔径柱或在线浓缩等方法可以提高灵敏度，检出限则更低，甚至能达到 ng/L 级别。

三、离子色谱法适用范围

离子色谱适用于测定水溶液中低浓度的阴离子，例如饮用水水质分析，高纯水的离子分析，矿泉水、雨水、各种废水和电厂水的分析，纸浆和漂白液的分析，食品分析，生物体液（尿和血等）中的离子测定，以及钢铁工业、环境保护等方面的应用。且离子色谱能测定有机阴离子、碱金属、碱土金属、重金属、稀土离子、有机酸以及胺和铵盐等多种类型的离子。

任务二　离子色谱法分类

离子色谱法（IC）根据其机理不同，可分为高效离子交换色谱（HPIC）、高效离子排斥色谱法（HPIEC）及离子对色谱法（MPIC）。其中高效离子交换色谱在离子色谱中应用最广泛。

一、高效离子交换色谱

1. 离子交换原理

高效离子交换色谱主要用来分离亲水性阴、阳离子。它的分离原理是基于流动相中的溶质离子与离子交换树脂上带有相同电荷的可离解的离子之间进行的可逆性交换，由于离子交换树脂上不同的离子对交换剂具有不同的吸附选择性而逐渐被分离。

阳离子分离柱使用薄壳型树脂，树脂基核为苯乙烯/二乙烯基苯的共聚物，核的表面是磺化层，磺酸基以共价键与树脂基核共聚物相连。阴离子分离柱使用的填料也是苯乙烯/二乙烯基苯的共聚物，核外是磺化层，它提供了一个与外界阴离子交换层以离子键结合的表面，磺化层外是流动均匀的单层季铵化阴离子胶乳微粒，这些胶乳微粒提供了树脂分离阴离子的能力，其分离原理基于流动相和固定相（树脂）阳离子位置之间的离子交换。

淋洗液中阴离子和样品中的阴离子争夺树脂上的交换位置，淋洗液中含有一定量的与树脂的离子电荷相反的平衡离子。在标准的阴离子色谱中，这种平衡离子是 CO_3^{2-} 和 HCO_3^-；在标准的阳离子色谱中，这种平衡离子是 H^+。离子交换进行的过程中，由于流动相可以连续地提供与固定相表面电荷相反的平衡离子，这种平衡离子与树脂以离子对的形式处于平衡状态，保持体系的离子电荷平衡。随着样品离子与连续离子（即淋洗离子）的交换，当样品离子与树脂上的离子成对时，样品离子由于库仑力的作用会有一个短暂的停留。不同的样品离子与树脂固定相电荷之间的库仑力（即亲和力）不同，因此，样品离子在分离柱中从上向下移动的速度也不同。

样品中阴离子 A^- 与树脂的离子交换平衡如下：

阴离子交换$A^- +$(淋洗离子)$^{-+}NR_4$-R ⟶ $A^{-+}NR_4-R+$(淋洗离子)

样品中的阳离子与树脂交换平衡如下（H^+为淋洗离子）：

阳离子交换　　　$C^+ + H^{+-}O_3S$-R ⟶ $C^{+-}O_3S-R+H^+$

以阴离子交换过程为例，如图 3-35 所示，在离子交换进行的过程中，流动相连续提供淋洗阴离子，这种淋洗阴离子与固定相离子交换位置的阳离子以库仑力相结合，并保持电荷平衡。进样之后，样品阴离子与淋洗剂阴离子竞争固定相上的正电荷位置，当固定相上的阴离子交换位置被样品阴离子转换时，由于样品阴离子与固定相之间的库仑力作用，样品离子将暂时被固定相保留，样品中不同阴离子与固定相电荷之间的库仑力不同，即亲和力不同，因此被固定相保留的程度不同，则流出色谱的速度不同，从而达到了不同离子被分离的目的。

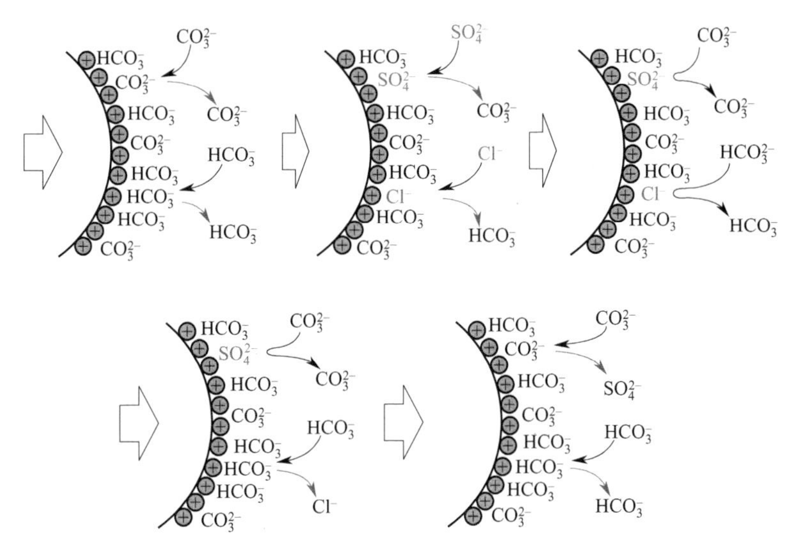

图 3-35　离子交换（阴离子）分离机理

在阴离子交换平衡中，如果淋洗离子是 HCO_3^-，可以用下式表示阴离子交换平衡：

$$K=\frac{[A^{-+}NR_4][HCO_3^-]}{[A^-][HCO_3^{-+}NH_4]} \tag{3-35}$$

K 是选择性系数。K 值越大，说明样品离子的保留时间越长。选择性系数是电荷、离子半径、系统淋洗液种类和树脂种类的函数。

样品离子的价数越高，对离子交换树脂的亲和力越大。因此，在一般的情况下，保留时间随离子电荷数的增加而增加。即淋洗三价离子需要采用高离子强度的淋洗液，二价离子可以用较低浓度的淋洗液，而低于一价离子，所需淋洗液浓度更低。

电荷数相同的离子，离子半径越大，对离子交换树脂的亲和力越大，即随着离子半径的增加，保留时间延长。如：卤素离子的洗脱顺序依次是 F^-、Cl^-、Br^-、I^-；碱金属离子的洗脱顺序是：Li^+、Na^+、K^+、Rb^+、Cs^+。

淋洗液的 pH 值影响多价离子的分配平衡，例如：随着淋洗液 pH 值的增加，PO_4^{3-} 从一价（偏磷酸根）变为二价或三价，因此，pH 值较低时，它在 NO_3^- 之后，SO_4^{2-} 之前洗脱，pH>11 时，在 SO_4^{2-} 之后洗脱。

离子交换树脂的粒度、交联度、功能基性质及亲水性等因素对分离的选择性也起很大作用。

2. 离子交换剂

典型的离子交换剂由三个重要部分组成：

(1) 不溶性的基质 它可以是有机的，也可以是无机的。

(2) 固定的离子部位 它或者附着在基质上，或者就是基质的整体部分。

(3) 与固定部位相结合的等量的带相反电荷的离子 附着上去的基团被称作官能团，结合上去的离子被称作对离子。当对离子与溶液中含有相同电荷的离子接触时，能够发生交换。正是后者这一性质，才给这些材料起了“离子交换剂”这个名字。

二、高效离子排斥色谱法

近年来，离子排斥色谱与交换色谱相比，应用范围仍较窄。分离原理主要根据 Donnan 膜排斥效应，由于 Donnan 排斥完全离解的酸，解离的化合物不被固定相保留而被流动相洗脱，未离解的化合物则不受排斥，从而进入树脂的内微孔，在固定相中保留。保留值的大小取决于非离子性化合物在树脂内溶液和树脂外溶液间的分配系数，其原理如图 3-36 所示。离子排斥色谱主要用于分离有机酸以及无机含氧酸根，如硼酸根、碳酸根、硫酸根和有机酸等。它主要采用高交换容量的磺化 H 型阳离子交换树脂为填料，以稀盐酸为淋洗液。

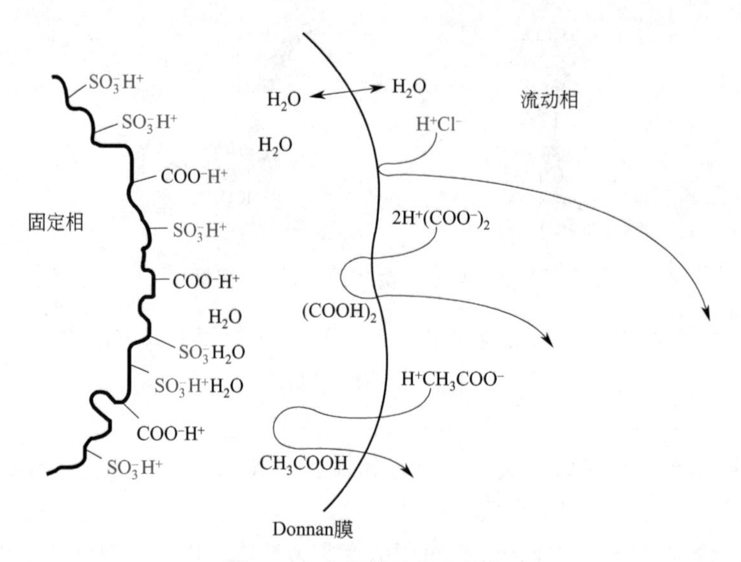

图 3-36 离子排斥分离原理

三、离子对色谱法

离子对色谱法是将一种（或多种）与溶质分子电荷相反的离子（称为对离子或反离子）加到流动相或固定相中，使其与溶质离子结合形成疏水性离子对化合物，从而控制溶质离子的保留情况，其原理如图 3-37 所示。

离子对色谱的固定相为疏水性的中性填料，可用苯乙烯-二乙烯苯树脂或十八烷基硅胶（ODS），也可用 C_8 硅胶或 CN。固定相、流动相由含有对离子的试剂和含适量有机溶剂的水溶液组成。对离子是指其电荷与待测离子相反，并能与之生成疏水性离子对化合物的表面活性剂离子。用于阴离子分离的对离子是烷基胺类如氢氧化四丁基铵（TBA^+OH^-）、氢氧化十六烷基三甲烷等；用于阳离子分离的对离子是烷基磺酸类，如己烷磺酸钠、庚烷磺酸钠等。对离子的非极性端亲脂，极性端亲水，其—CH_2 键越长则离子对化合物在固定相的保留越强。在极性流动相中，往往加入一些有机溶剂，以加快淋洗速度。离子对色谱法主要用于疏水性阴离子以及金属配合物的分离。

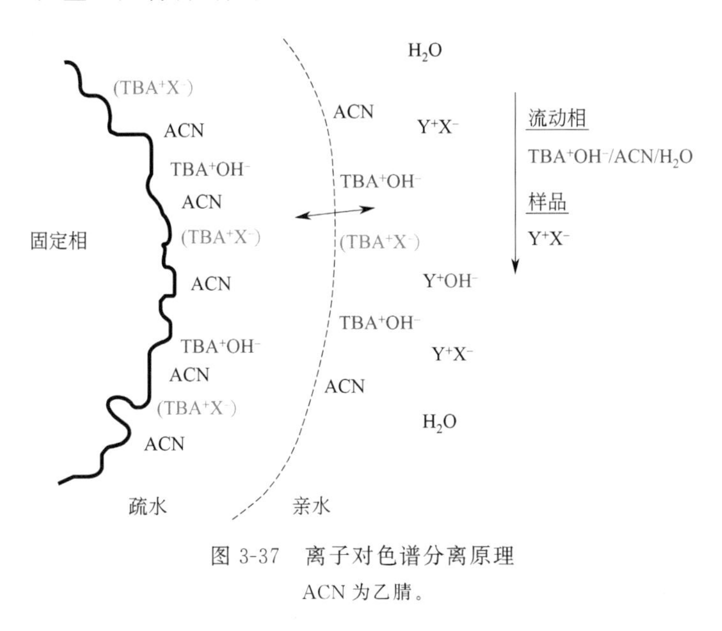

图 3-37　离子对色谱分离原理

ACN 为乙腈。

任务三　熟悉离子色谱仪的结构及使用

一、离子色谱仪的结构组成

离子色谱仪主要包括：输液系统、进样系统、分离系统、检测系统 4 个部分，如图 3-38 所示。此外，可根据需要配置流动相在线脱气装置、自动进样系统、流动相抑制系统、柱后反应系统和全自动控制系统等。

离子色谱仪基本结构

1. 输液系统

输液系统作用是使流动相以相对稳定的流量或压力通过流路系统。离子色谱仪的输液系统包括贮液罐、高压输液泵、梯度淋洗装置等，与高效液相色谱的输液系统基本相似。

（1）贮液罐　由于离子的流动相一般是酸、碱、盐或配合物的水溶液，因此贮液系统一般是以玻璃或聚四氟乙烯为材料，容积一般以 0.5～4L 为宜，溶剂使用前必须脱气。因为色谱柱是带压力操作的，在流路中易释放气泡，造成检测器噪声增大，使基线不稳，仪器不能正常工作，这在流动相含有有机溶剂时更为突出。

高压输液泵

（2）高压输液泵　高压输液泵是离子色谱仪的重要部件，它将流动相输入

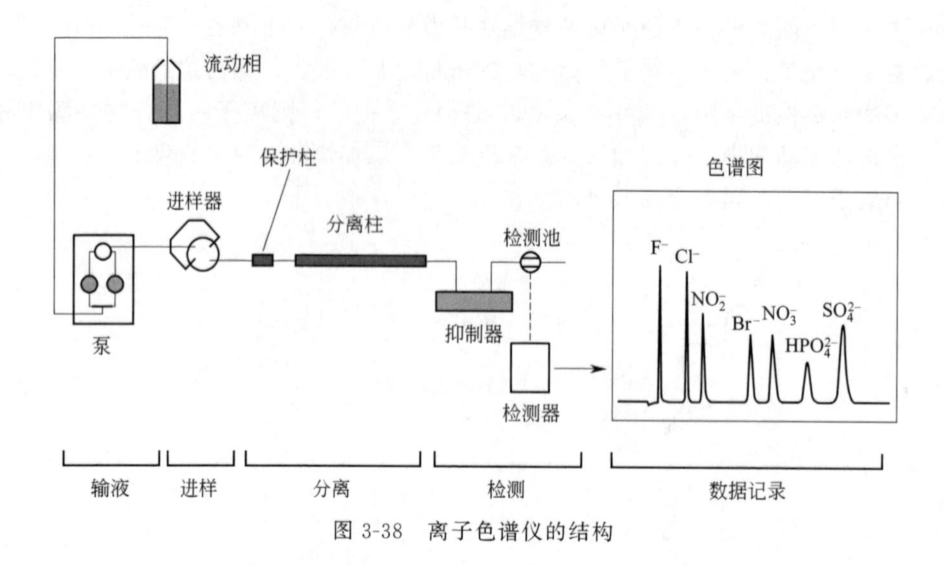

图 3-38　离子色谱仪的结构

分离系统，使样品在柱系统中完成分离。离子色谱用的高压泵应具备下述性能：

① 流量稳定。通常要求流量精度应为±1%左右，以保证保留时间的重复性和定性、定量分析的精度。

② 有一定输出压力，离子色谱一般在 20MPa 状态下工作，比高效液相色谱略低。

③ 耐酸、碱和缓冲液腐蚀，与高效液相色谱不同，离子色谱所有淋洗液含有酸或碱，泵应采用全塑 Peek 材料制作。

④ 压力波动小，更换溶剂方便，死体积小，易于清洗和更换溶剂。

⑤ 流量在一定范围内任选，并能达到一定精度要求。

⑥ 部分输液泵具有梯度淋洗功能。

目前离子色谱应用较多的是往复柱塞泵，只有低压离子色谱采用蠕动泵，但蠕动泵所能承受的压力太小，实际操作过程中会出现问题。由于往复柱塞泵的柱塞往复运动频率较高，所以对密封环的耐磨性及单向阀的刚性和精度要求都很高。密封环一般采用聚四氟乙烯添加剂材料制造，单向阀的球、阀、座及柱塞则用人造宝石材料。

(3) 梯度淋洗装置　离子色谱梯度淋洗可分为低压梯度和高压梯度两种，现分别介绍如下：低压梯度是目前离子色谱较为广泛采用的一种低压梯度装置，可进行四元梯度，它通过电磁比例阀的开关频率，由控制器控制，再改变控制器程序，即可得任意的混合浓度；高压梯度由两台高压输液泵、梯度程序控制器、混合器等部件所组成。两台泵分别将两种淋洗液输入混合器，经充分混合后，进入色谱分离系统，高压梯度又称为泵后高压混合形式。

采用梯度淋洗技术可以提高分离度、缩短分析时间、降低检测限，它对于复杂混合物，特别是保留强度差异很大的混合物的分离，是极为重要的手段。另外，新型抑制器通过脱气使淋洗液中 CO_2 去除，碳酸盐的淋洗液背景电导降低，使灵敏度大大增加，这也可以实现碳酸盐的梯度淋洗。

2. 进样系统

进样系统是将常压状态下的样品切换到高压状态下的装置。离子色谱仪进样系统的基本要求是：耐高压、耐腐蚀、重复性好、操作方便。

常见的进样系统有三种：

(1) 气动进样系统 气动阀采用一定氦气或氮气气压作动力，经过两路四通加载定量管后，进行取样和进样，它有效地避免了手动进样因各人动作差异所带来的偏差。

(2) 手动进样系统 手动进样系统采用六通阀（如图 3-32 所示），其工作原理与 HPLC 相同，但其进样量比 HPLC 要大，通常情况下为 50μL。样品首先以低压状态充满定量管，当阀沿顺时针旋至另外一个位置时，将贮存于定量管中一定体积的样品送入分离系统。

(3) 自动进样系统 自动进样器是在色谱工作站控制下，自动进行取样、进样、清洗等一系列程序动作，使用者只需将样品按次序装入贮样机中。自动进样系统能够达到很宽的样品进样量范围。

圆盘式自动进样的工作步骤大体可以分为以下几个步骤：

① 电机带动贮样盘旋转，待测样品置于取样针正下方。

② 电机正转，丝杆带动滑块向下移，把取样针插入样品塑料盖，滑块继续下移，将瓶盖推入瓶内，在瓶盖挤压下，样品经管道流入进样阀定量管，实现取样动作。

③ 进样阀切换，实现进样。

④ 电机反转，丝杆带动滑块上移，取样针恢复原位。

3. 分离系统

离子色谱柱是离子色谱分离系统的心脏，只有性能优良的色谱柱才能达到良好的分离效果，这对色谱柱材料、填充料（交换树脂）、柱尺寸、装柱技术等均有一定的要求。离子色谱柱的主要类别有阴离子交换色谱柱、阳离子交换色谱柱、阴阳离子同时检测色谱柱、离子排斥柱、生物样品分析用离子色谱柱。分离原理主要是离子交换，如图 3-39 所示，基于离子交换树脂上可离解的离子与流动相中具有相同电荷的溶质离子之间进行的可逆交换，不同的离子因与交换剂的亲和力不同而被分离。

分离系统主要由三部分组成：

① 预柱：又称在线过滤器，PEEK（聚醚醚酮）材质，主要作用是保证去除颗粒杂质。

② 保护柱：保护柱与分析柱填料相同，消除样品中可能损坏分析柱填料的杂质。如果不一致，会导致死体积增大、峰扩散和分离度差等。

③ 分离柱：有效分离样品组分。

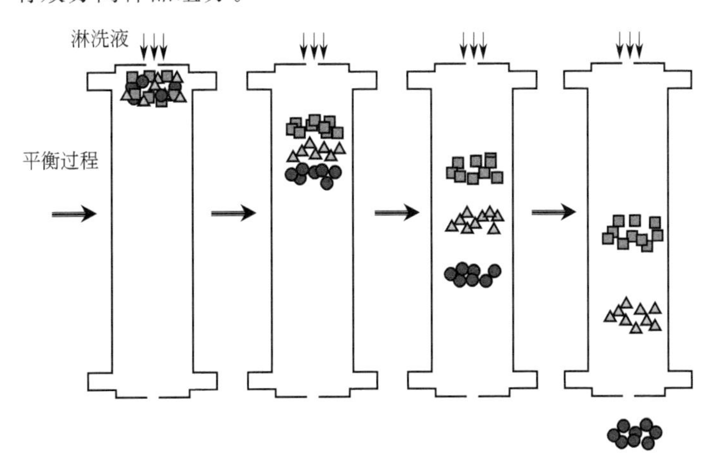

图 3-39 分离原理

■—强保留组分；▲—中等保留组分；●—弱保留组分

4. 检测系统

检测系统主要由抑制器、检测器组成。

① 抑制器。抑制器是离子色谱的核心部件之一，主要作用是降低背景电导和提高检测灵敏度。抑制器的好坏关系到离子色谱的基线稳定性、重现性和灵敏度等关键指标。高的抑制容量，低的死体积，能自动连续工作，不用复杂和有害的化学试剂是现代抑制器的主要特点。

② 检测器。离子色谱的检测器分为两大类，即电化学检测器和光学检测器。电化学检测器包括电导、直流安培、脉冲安培和积分安培检测器；光学检测器包括紫外-可见和荧光检测器。

电导检测器是离子色谱中使用最广泛的检测器。其作用原理是，用两个相对电极测量溶液中离子型溶质的电导，由电导的变化测定淋洗液中溶质的浓度。

当电场施加于两电极时，溶液中阴离子趋向阳极，阳离子趋向阴极。溶液中离子数目和迁移速度的大小决定溶液的电导值。离子的相对迁移率，由其极限当量电导值决定。离子在电场作用下的运动速度，除受离子电荷和离子的大小等因素影响外，还与温度、介质的性质及施加电压的大小有关。两电极之间可以施加直流电压，但通常是施加正弦波或方波型交流电压。当施加的有效电压确定后，测量出电路中的电流值，即能测出电导值。然而，由于电极表面附近形成的双电层极化电容（又称法拉第交流阻抗）的影响，会引起有效电压的改变，因而电路施加于两极的电压不等于有效电压。

为了消除电极表面附近形成的双电层极化电容对有效电压的影响，电导池的设计多采用双极脉冲技术。该技术是通过在持续很短的时间内（约 $100\mu s$），连续施加两个脉冲高度和持续时间相同而极性相反的脉冲电压于电导池上，并采用测量第二个脉冲终点时的电流，此点的电导池电流遵从欧姆定律，不受双层极化电容的影响，可以准确测量电导池电阻。

将电解质溶液置于施加电场的两个电极间，则溶液将导电，此时溶液中的阴离子移向阳极，阳离子移向阴极。并遵从以下关系：

$$\kappa=\frac{1}{1000}\times\frac{A}{L}\times\sum c_i\lambda_i \tag{3-36}$$

式中，κ 为电导率，是电阻率的倒数（$\kappa=1/R$）；A 为电极截面积；L 是两电极间的距离；c_i 是离子浓度，mol/L；λ_i 为离子的极限摩尔电导（指溶液无限稀释后离子的电导）。

在测量中，对一给定电导池电极截面积 A 和两极间的距离 L 是固定的，L/A 称为电导池常数 K，则电导率可变为：

$$\kappa=\frac{1}{1000}\times K\times\sum c_i\lambda_i \tag{3-37}$$

当知道 λ_i 后，就可以计算溶液中所含离子的电导率值。

二、离子交换色谱的基本流程

先用淋洗液活化色谱柱，然后将样品注入进样阀的定量环中，淋洗液将样品带入色谱柱后，离子在色谱柱中进行离子交换，通过淋洗液将离子洗脱出来，使得离子分离开来，样品及淋洗液进入抑制器中，除去样品中的干扰离子，然后通过检测器检测离子，记录分析数据。

三、离子色谱仪的使用方法

离子色谱仪基本操作如下：

① 开机前的准备：根据样品的检测条件和色谱柱的条件配置所需淋洗液和再生液。

② 开机：依次打开打印机、计算机进入操作系统；打开氮气钢瓶总阀，调节钢瓶减压阀分压表指针为0.2MPa左右，再调节色谱主机上的减压表指针为5MPa左右，确认离子色谱仪与计算机数据线连接正常，打开离子色谱主机电源；点击开始、程序、Chromeleon、sever monitor、双击桌面上工作站程序、双击安装目录下离子色谱操作控制面板，操作控制面板打开后选中connected使软件与离子色谱仪联动起来，打开泵头废液阀排除泵和管路里的气泡，关闭泵头废液阀，开泵启动仪器，查看基线，待基线稳定后方可进样分析。

③ 样品分析：建立程序文件；建立方法文件；建立样品表文件；加样品到自动进样器或手动进样；启动样品表；若是手动进样，按系统提示逐个进样分析。

④ 数据处理：建立标准曲线；打印标准曲线；打印待测样品分析报告。

⑤ 关机：关闭泵，关闭操作软件；关闭离子色谱主机电源；关闭氮气钢瓶总阀并将减压表卸压；关闭计算机、显示器和打印机电源。

任务四　离子色谱法分析条件选择

一、固定相的选择

测定时要先了解待测化合物的分子结构和性质以及样品的基体情况，水合能高和疏水性弱的离子选用疏水性强的离子交换柱；水合能低和疏水性强的离子选用亲水性强的离子交换柱；有一定疏水性也有明显水合能，pK_a 在1到7之间的离子选用离子排斥法；有些离子既可用阴离子交换分离，也可用阳离子交换分离，如氨基酸、生物碱和过渡金属等，阴离子分析柱有碳酸盐选择性阴离子交换柱和氢氧根离子交换柱两大系列。

二、淋洗液的选择

1. 淋洗离子的种类、浓度及流速

阴离子交换色谱中，淋洗液一般是NaOH或者KOH，$K_2CO_3/KHCO_3$ 或者 $Na_2CO_3/NaHCO_3$ 混合液。在使用碱性 OH^- 作为淋洗液时，非常容易吸收空气中的 CO_2，溶入 CO_2 的淋洗液的淋洗能力增强，使得谱图基线不稳定，而且容易突然洗出难洗物，导致图谱上出现鬼峰。配制KOH溶液时也存在配制误差和固体试剂误差。“在线淋洗发生器”就解决了这一难题。去离子水水解出 H^+ 和 OH^-，H^+ 与 K^+ 电解槽中的 K^+ 进行阳离子交换，K^+ 和 OH^- 则是所需的阴离子淋洗液。通过电流和流速就可以控制KOH流量和浓度，这种方法使得梯度淋洗很容易实现。还可以用 $K_2CO_3/KHCO_3$ 淋洗液以及阳离子的MSA（甲基磺酸）淋洗液生成器生成阴离子交换色谱。对于分离单糖，多聚糖，常用NaOH/NaAc作梯度淋洗液。

阳离子交换色谱中，使用抑制电导检测时，淋洗液可以使用 MSA。对碱金属、胺等的分离，常用的淋洗液是矿物酸，如 HCl 和 HNO_3，常用浓度为 2～4mmol/L。碱土金属（二价阳离子）对阳离子交换树脂的吸附力太强，不能用矿物酸淋洗，一般用二价的淋洗离子，如 2,3-二氨基丙酸（DAP）、组氨酸、乙二酸、柠檬酸等。一种较好的选择是 2,3-二氨基丙酸和 HCl 的混合液作为淋洗液。

2. 淋洗液的 pH 值

pH 值提高，氢氧根浓度增加，一般情况被测离子保留时间减小；对于弱酸、多元酸，pH 值提高，电离增加，保留时间反而增加，如磷酸根。

三、抑制器工作模式的选择

抑制器发展经历了树脂填充抑制装置、纤维薄膜抑制器、微膜抑制器（MMS）、自动再生抑制器（SRS）、自动电解再生抑制器（AES）5 个阶段。

在淋洗液或溶液中：

① 无有机溶剂：SRS（自循环或外加水）和 MMS；

② 有机溶剂小于 40%：SRS（外加水）和 MMS；

③ 有机溶剂大于 40%：MMS。

典型的氢氧根淋洗液：AES 和 SRS 工作中分离柱一旦选定，其分析条件就确定下来了。

任务五　离子色谱法的应用

一、无机阴离子的检测

无机阴离子的检测是发展最早，也是目前最成熟的离子色谱检测方法。无机阴离子包括水相样品中的氟、氯、溴等卤素阴离子，硫酸根、硫代硫酸根、氰根等阴离子。离子色谱法可广泛应用于饮用水水质检测，啤酒、饮料等食品的安全检测，废水排放达标检测，冶金工艺水样、石油工业样品等工业制品的质量控制。特别由于卤素离子在电子工业中的残留受到越来越严格的限制，因此离子色谱被广泛应用到无卤素分析等重要工艺控制部门。

二、无机阳离子的检测

无机阳离子的检测和阴离子检测的原理类似，不同的是无机阳离子的检测采用了磺酸基阳离子交换柱，如 Metrosep C1、C2-150 等，常用的淋洗液系统如酒石酸/二甲基吡啶酸系统，可有效分析水相样品中的 Li^+、Na^+、NH_4^+、K^+、Ca^{2+}、Mg^{2+} 等离子。

三、有机阴离子和阳离子的分析

随着离子色谱技术的发展，新的分析设备和分离手段不断出现，逐渐发展到分析生物样品中的某些复杂的离子，目前较成熟的应用包括：

(1) 生物胺的检测 Metrosep C1 分离柱，2.5mM 硝酸/10%丙酮淋洗液，3μL 进样，可有效分析腐胺、组胺、尸胺等成分，已经成为刑事侦查系统和法医学的重要检测手段。

(2) 有机酸的检测 Metrosep Organic Acids 分离柱，MSM 抑制器，0.5mM H_2SO_4 作为淋洗液，可有效分析包括乳酸、甲酸、乙酸、丙酸、丁酸、异丁酸、戊酸、异戊酸、苹果酸、柠檬酸等各种有机酸成分，在微生物发酵工业、食品工业都是简便有效的分离方法。

(3) 糖类分析 目前已经开发出各种糖类的分析手段，包括葡萄糖、乳糖、木糖、阿拉伯糖、蔗糖等多种糖类分析方法。糖类分析在食品工业中的应用尤其广泛。

实验 3-5　离子色谱法测定水中的阴离子

【实验目的】

1. 了解离子色谱分析的基本原理及操作方法；
2. 掌握离子色谱法的定性和定量分析方法；
3. 掌握常见阴离子的测定方法。

【实验原理】

水质样品中的阴离子经过阴离子色谱柱交换分离，用抑制型电导检测器检测，根据保留时间定性、峰高或峰面积定量。

【仪器与试剂】

1. 仪器

离子色谱仪、阴离子分析色谱柱、阴离子分析色谱保护柱、超声波发生器、真空过滤装置、1mL 和 10mL 注射器各一支、0.20μm 和 0.45μm 水相微孔过滤膜。

2. 试剂

KCl (GR)、$NaNO_2$ (GR)、超纯水。

【实验步骤】

1. 溶液的配制

配制质量浓度分别为 10μL/L、20μL/L、50μL/L 和未知浓度的试样各一份（含 KCl、$NaNO_2$）。

2. 设置仪器参数

淋洗液流量 0.8mL/min，数据采集时间 10min。

3. 检测

用注射器将 10μL/L 的溶液注入离子色谱仪并观察色谱图，一段时间后记下相关数据，依次进行其他浓度试样的检测。（注意试液装入前清洗三次，最后抽取时无气泡）

4. 绘制标准曲线

【数据记录与处理】

溶液	离子	出峰时间/min	峰面积
10μL/L	Cl^- NO_2^-		
20μL/L	Cl^- NO_2^-		
50μL/L	Cl^- NO_2^-		
试样	未知 未知		

【问题讨论】

1. 简述阴离子交换法的分离机理及过程。
2. 为什么需要在电导检测器前加入抑制柱？

实验 3-6　离子色谱法测定水中的阳离子

【实验目的】

1. 掌握常见阳离子的测定方法；
2. 掌握离子色谱法的定性和定量分析方法。

【实验原理】

阳离子交换树脂为固定相，电解质溶液为流动相（洗脱液）。将样品加在色谱柱的一端，用淋洗液洗脱，由于样品中各组分的分配系数的差异使它们以先后次序随淋洗液从柱中洗脱。

【仪器与试剂】

1. 仪器

离子色谱仪、阴离子分析色谱柱、阳离子抑制器、0.45μm 的微孔滤膜。

2. 试剂

甲烷磺酸（淋洗液）。

【实验步骤】

1. 阳离子混合标准溶液、标准系列的配制

分别吸取 500.00mg/L 的钠、钾、钙离子标准溶液 20.00mL，500.00mg/L 的镁离子标准溶液 10.00mL，1000.00mg/L 的铵离子标准溶液 10.00mL 于 100mL 容量瓶中，用纯水稀释至刻度线，摇匀。该混合标准使用液钠、钾、钙、铵离子的浓度为 100.0mg/L，镁离子浓度为 50.00mg/L。分别移取，上述混合标准使用液 0.50mL、1.00mL、2.00mL、3.00mL、

4.00mL、5.00mL于100mL容量瓶中，用纯水稀释至刻度线，摇匀。该标准系列钠、钾、钙、铵离子的浓度分别为0.50mg/L、1.00mg/L、2.00mg/L、3.00mg/L、4.00mg/L、5.00mg/L，镁离子浓度分别为0.25mg/L、0.50mg/L、1.00mg/L、1.50mg/L、2.00mg/L、2.50mg/L。

2. 试样测定过程

根据仪器使用说明书优化测量条件或参数。使用甲烷磺酸作为淋洗液，流速：1.0mL/min，自动进样器进样量为50μL。将空白及标准系列按浓度由低到高的顺序依次放入自动进样器中，待样品注入离子色谱仪，记录峰面积。以各离子的质量浓度为横坐标，峰面积为纵坐标，绘制标准曲线。

3. 标准曲线的绘制

对上述标准系列样品进行分析，绘制标准曲线。

【数据记录与处理】

项目	0.5mg/L	1mg/L	3mg/L	5mg/L	7mg/L	10mg/L
Na^{+}						
NH_4^{+}						
K^{+}						
Mg^{2+}						
Ca^{2+}						

【问题讨论】

1. 简述阳离子交换法的分离机理及过程。
2. 试比较离子色谱法测定阴、阳离子的差异。

练习题

一、选择题

1. 高效离子色谱的分离机理属于（　　）。

A. 离子排斥　　B. 离子交换　　C. 吸附和离子对形成

2. 离子色谱的淋洗液浓度提高时，一价和二价离子的保留时间会（　　）。

A. 缩短　　B. 延长　　C. 不变

3. 以下三种离子色谱抑制柱，（　　）柱容量大。

A. 树脂填充抑制柱　B. 纤维抑制柱　　C. 微膜型抑制柱

4. 抑制器安装在（　　）之前，可以提高灵敏度和降低背景噪音。

A. 电导池　　B. 分离柱　　C. 光学检测器

5. 离子色谱法中，提高柱效最有效的途径是（　　）。

A. 提高柱温　　B. 降低流动相流速　C. 减小填料粒度

6. 在高效液相色谱流程中，试样混合物在（　　）中被分离。

A. 检测器　　B. 色谱柱　　C. 进样器

7. 在色谱分析中，可用来定性的色谱参数是（　　）。

A. 峰面积　　B. 保留值　　C. 峰高

8. 下列（　　）不是离子色谱仪的系统之一。

A. 进样系统　　B. 分离系统　　C. 光电转换系统

9. 离子色谱流动相脱气稍差会造成（　　）。

A. 分离不好，噪声增加　　B. 保留时间改变，灵敏度下降

C. 基线噪声增大，灵敏度下降

二、判断题

1. 高效离子色谱用低容量的离子交换树脂。（　　）

2. 离子排斥色谱（HPICE）用高容量的离子交换树脂。（　　）

3. 色谱法只能分析有机物质，而对一切无机物则不能进行分析。（　　）

4. 色谱柱的老化温度应略高于操作时的使用温度，色谱柱老化合格的标志是接通记录仪后基线走得平直。（　　）

5. 色谱柱的作用是分离混合物，它是整个仪器的“心脏”。（　　）

三、问答题

1. 离子色谱有哪些优点？

2. 简述离子色谱柱的分离原理。

3. 离子色谱用于阴离子分离的淋洗液须具备哪两个条件？

项目四

微量组分质谱分析法及质谱联用测定

知识目标：

1. 熟悉质谱分析技术的特点和应用方法；
2. 掌握质谱分析技术的基本原理；
3. 熟悉质谱仪的主要组成部件。

能力目标：

1. 掌握质谱分析条件的选择；
2. 能够根据仪器测定结果对试样进行分析。

素质目标：

培养学生树立尊重科学、实事求是、创新求实的精神和质量第一的观念。

典型应用

为贯彻落实《中华人民共和国环境保护法》《水污染防治行动计划》（国发〔2015〕17号）和《生态环境监测网络建设方案》（国办发〔2015〕56号），进一步完善国家地表水环境监测网，弄清楚全国地表水环境质量状况及其变化趋势，更好地适应环境保护管理要求，生态环境部在“十二五”国家地表水监测网基础上，依据有关标准和监测规范，进一步优化监测点位布局，制定了《“十三五”国家地表水环境质量监测网设置方案》。要依照水和废水检测分析方法，每年对集中式饮用水至少进行一次水质全分析。

监测的方法是：将惰性气体（氦气或氮气）通入水样，把水样中低水溶性的挥发性有机物及加入的内标化合物吹脱出来，捕集在装有适当吸附剂的捕集管内；吹脱程序完成后，捕集管被加热并以氦气反吹，将所吸附的组分吹入毛细管色谱柱中，组分经程序升温色谱分离后，用质谱仪（MS）检测。通过目标组分的质谱图和保留时间与计算机谱库中的质谱图和保留时间作对照进行定性，每个定性出来的组分的浓度取决于其定量离子与内标物定量离子的质谱响应之比。每个样品中含已知浓度的内标化合物，用内标校正程序测量。

任务一　学习质谱分析法知识

一、概述

从 J J Thomson 制成第一台质谱仪，到现在已有近 90 年了，早期的质谱仪主要是用来进行同位素测定和无机元素分析，20 世纪 40 年代以后开始用于有机物分析，60 年代出现了气相色谱-质谱联用仪，使质谱仪的应用领域大大扩展，开始成为有机物分析的重要仪器。计算机的应用又使质谱分析法发生了飞跃变化，使其技术更加成熟，使用更加方便。80 年代以后又出现了一些新的质谱技术，如快原子轰击电离子源、基质辅助激光解吸电离源、电喷雾电离源、大气压化学电离源，以及随之而来的比较成熟的液相色谱-质谱联用仪、感应耦合等离子体质谱仪、傅里叶变换质谱仪等。这些新的电离技术和新的质谱仪使质谱分析又取得了长足进展。目前质谱分析法已广泛地应用于化学、化工、材料、环境、地质、能源、药物、刑侦、生命科学、运动医学等各个领域。

质谱分析法是利用离子化技术，将物质分子转化为离子，在静电场和磁场的作用下，按其质荷比（m/z）的差异进行分离并排列起来得到图谱，利用质谱图来对物质进行成分和结构分析的方法，与红外光谱、紫外光谱、核磁共振波谱一起被称为有机物结构鉴定的四大谱。与其他几种相比，质谱法是其中唯一可以确定化合物的分子式及分子量的方法，这对物质的结构鉴定至关重要。质谱法应用范围广泛，不受试样物态限制，灵敏度高，试样用量少，一次分析仅需几微克，检测限可达 10^{-11}g，分析速度快，完成一次全谱扫描仅需几秒，最快可达 10^{-3}s，易于实现与色谱联用，缺点是仪器设备昂贵，维护复杂。

二、质谱仪分类

质谱仪种类非常多，工作原理和应用范围也有很大的不同。从应用角度，质谱仪可以分为下面几类：

(1) 有机质谱仪

① 气相色谱-质谱联用仪（GC-MS）。在这类仪器中，由于质谱仪工作原理不同，有气相色谱-四极杆质谱仪、气相色谱-飞行时间质谱仪、气相色谱-离子阱质谱仪等。

② 液相色谱-质谱联用仪（LC-MS）。同样有液相色谱-四极杆质谱仪、液相色谱-离子阱质谱仪、液相色谱-飞行时间质谱仪以及各种各样的液相色谱-质谱-质谱联用仪。

③ 其他有机质谱仪。基质辅助激光解吸飞行时间质谱仪、傅里叶变换质谱仪。

(2) 无机质谱仪

① 火花源双聚焦质谱仪。

② 感应耦合等离子体质谱仪。

③ 二次离子质谱仪。

以上的分类并不十分严谨。因为有些仪器带有不同附件，具有不同功能。例如，一台气相色谱-双聚焦质谱仪，如果改用快原子轰击电离子源，就不再是气相色谱-质谱联用仪，而称为快原子轰击质谱仪。另外，有的质谱仪既可以和气相色谱相连，又可以和液相色谱相连，因此也不好归于某一类。在以上各类质谱仪中，数量最多，用途最广的是有机质谱仪。

除上述分类外，还可以从质谱仪所用的质量分析器的不同，把质谱仪分为双聚焦质谱仪、四极杆质谱仪、飞行时间质谱仪、离子阱质谱仪、傅里叶变换质谱仪等。

任务二　学习质谱分析基本原理

一、质谱法基本原理

质谱法是通过将样品分子转化为运动着的气态离子，并按质荷比（离子质量与电荷数之比 m/z）的不同进行分配和记录，根据所记录的结果进行物质结构和组成分析的方法。在质谱仪中，物质的分子在气态条件下受到具有一定能量的电子轰击时，首先会失去一个外层价电子，被电离成带正电荷的分子离子，分子离子进一步可粉碎成碎片离子，这些带正电荷的离子在高压电场和磁场的综合作用下，按照质荷比依次排列并被记录下来，即得质谱。为了形象说明质谱的形成，设想用气枪向着一个玻璃瓶射击，结果玻璃瓶被击碎，假若把这些碎片小心地收集起来，按照这些碎片之间的相互联系拼构成原来的瓶子，在此设想中，玻璃瓶代表分子，铅弹代表轰击电子，而玻璃碎片大小的有序排列就如同分子裂解得到的各碎片离子按质量与电荷之比的有序排列。根据所得质谱数据，可以进行有机或无机化合物的定性定量分析、未知化合物的结构鉴定，可以进行样品中的各种同位素比的测定及固体表面结构和组成的分析等。

二、质谱的表示方法

化合物的质谱测量结果通常以质谱图的形式表示，质谱图有峰形图和棒形图。目前大部分的质谱图都是用计算机处理后的棒形图。这些“棒”代表了不同质荷比的正离子及其相对丰度，如图 3-40 所示。质谱图的横坐标是质荷比，因为绝大多数离子都是带一个单位正电荷，所以质荷比在数值上与质量相等。一张质谱图之所以有那么多不同质荷比的“棒”，是因为在离子源中，分子不仅被打掉一个外层电子，还可以被打成不同大小的碎片。质谱图的纵坐标是相对丰度，把最高的碎片峰或分子离子峰（当其为最高峰时）作为基峰，令其丰度为 100%，然后用基峰的峰高去除其他峰的峰高即得各峰的相对丰度。

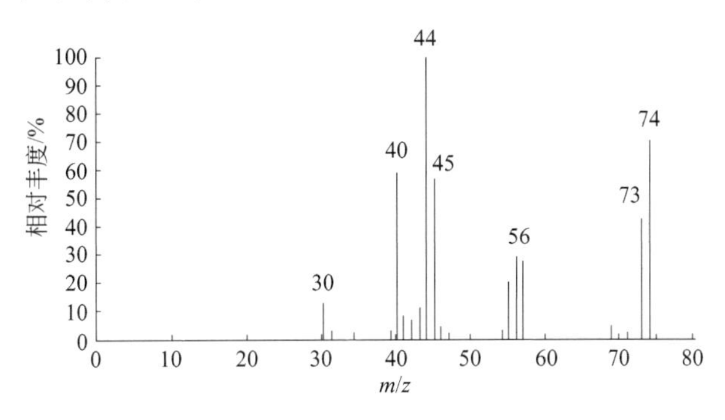

图 3-40　丙酸的质谱图

目前还常以表格的形式发表质谱数据，在表格中列出化合物的各主要离子峰及其相对丰度。表 3-8 所示为测定的 7 种酰胺的质谱数据。

表 3-8　7 种酰胺的质谱数据（70eV）

化合物	m/z(相对丰度/%)
正十八酰胺	43(21),44(8),59(100),72(45),86(7),98(3),114(6),128(8),240(5),254(2),283(M^+,2)
正二十酰胺	43(29),44(19),59(100),72(45),86(8),97(15),114(8),128(13),268(13),282(3),311(M^+,4)
正二十一酰胺	43(23),44(6),59(100),72(51),86(7),114(7),128(9),142(2),208(3),296(6),310(3),339(M^+,4)
正二十三酰胺	43(26),44(7),59(100),72(51),86(8),114(9),128(9),142(2),170(2),310(7),324(3),353(M^+,4)
正二十四酰胺	43(26),44(7),59(100),72(51),86(7),98(6),114(8),128(9),282(2),324(5),338(2),367(M^+,4)
正二十五酰胺	43(24),44(4),59(100),72(53),86(7),98(6),114(9),128(9),184(3),198(4),338(6),381(M^+,5)
正二十六酰胺	43(29),44(7),59(100),72(55),86(8),98(6),114(9),128(10),142(2),184(2),352(6),395(M^+,4)

任务三　熟悉质谱仪的结构及使用

一、质谱仪的结构

质谱仪的主要组成及质谱图的形成过程如图 3-41 所示。气态试样通过导入系统进入离子源，被电离成分子离子和碎片离子，由质量分析器将其分离并按质荷比大小依次进入检测器，信号经放大、记录得到质谱图。

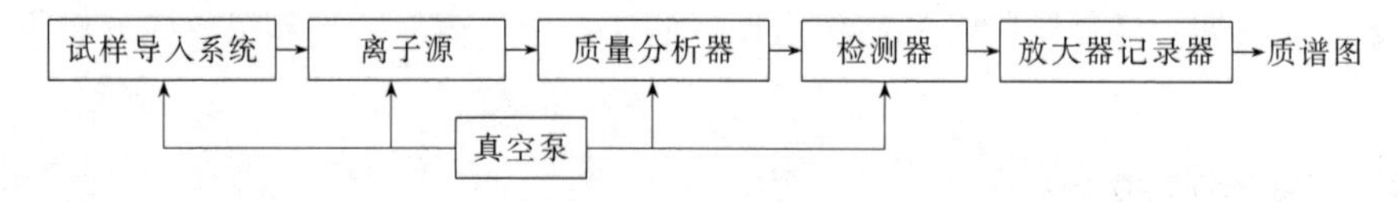

图 3-41　质谱仪组成及质谱形成过程示意图

1. 高真空系统

质谱仪的进样系统、离子源、质量分析器、检测器等主要部件均需在真空状态下工作（一般为 10^{-6}～10^{-4}Pa）。其目的是避免离子散射以及离子与残余气体分子碰撞引起的谱图复杂化等。通常离子源的真空度应达到 1.3×10^{-5}Pa，质量分析器中应达到 1.3×10^{-6}Pa。若真空度过低，会造成离子源灯丝损坏、背景增高、副反应增多，从而使谱图复杂化。一般质谱仪都采用机械泵预真空后，再用高效率扩散泵连续运行以保持真空度。现代质谱仪采用分子泵可获得更高的真空度。

2. 导入系统

导入系统的作用是在不破坏仪器内部真空度的情况下，使样品进入离子源。对于单组分试样可采用进样杆进样（固体或液体）或储罐进样（气体或低沸点液体）；对于混合物，可与色谱仪联用进样，各组分经分离后依次进入质谱仪，质谱仪相当于色谱仪的检测器；对于极易分解的化合物，一般需要采用衍生化法，将样品转化为易挥发且稳定的化合物后，再进行质谱分析。

3. 离子源

离子源是样品分子的离子化场所，其作用是将分析试样的分子电离成分子离子，继而裂解成碎片离子，并使产生的离子获得到达或穿越质量分析器的加速，使其具有一定的能量。离子源包括电离室和加速室。离子源的好坏在很大程度上决定质谱分析的可能性，也直接影响仪器的灵敏度和分辨率。常用的离子源有以下几种：

(1) 电子轰击离子源（EI 源） 质谱仪中用得最多的是电子轰击源，电子轰击源也是最普遍和发展最成熟的离子源，如图 3-42 所示。呈气态或蒸气的样品分子通过隙漏装置进入离子源的电离室，电离室要维持较高的真空度和温度。用铼或钨丝产生的热电子流在外电场（8～100V）的加速作用下，去轰击样品，产生各种离子，这是最常用的一种方法。一般采用 70V 的外加电场来加速电子，故电子的能量为 70eV。在此能量下得到的离子流比较稳定，质谱图的再现性较好。有机化合物分子的电离电位一般为 7～15eV，电离后所带的能量仍较高，能使相当多的分子离子继续裂解，产生广义的碎片离子。对绝大多数化合物，EI 源产生正离子，且一般为单电荷离子，即质荷比的数值等于离子的分子量。生成的离子束在加速室，沿着与电子束成直角的方向被另一高的加速电压（数千伏）加速后引出。

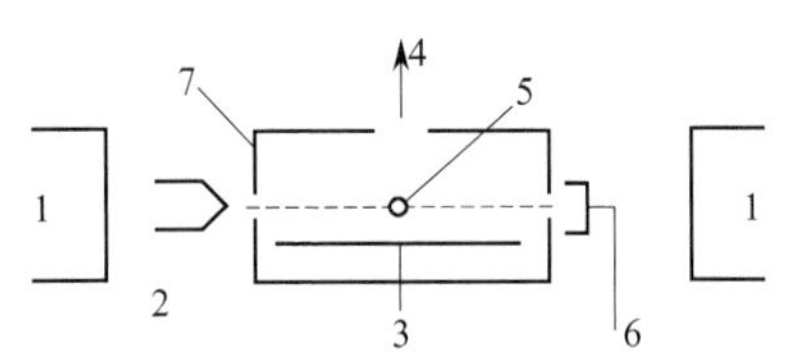

图 3-42 电子轰击离子源示意图

1—源磁铁；2—钨丝灯；3—推斥极；4—离子束；5—样品入口；6—阳极；7—电离盒

EI 源易于实现，质谱图重现性好，便于计算机检索和互相对比，且含有较多的碎片离子，有利于推测未知物的结构。EI 源的缺点是当样品分子稳定性不高时，分子离子峰强度较低甚至没有，这时需要软电离技术配合。对不能汽化或遇热分解的样品，则更没有分子离子峰。

(2) 化学电离源（CI 源） 化学电离源是通过离子-分子反应来实现样品分子的电离，因而得其命名。化学电离在电离室内充有反应气（如甲烷等），样品分子与反应气分子相比是极少的，在一定能量的电子作用下，首先将反应气分子预电离，生成其分子离子，再与反应气分子作用，生成高度活性的二级离子，再与样品分子进行离子-分子反应。

除此之外，还有其他类型电离源，如场电离源（FI）、场解吸电子电离源（FD）、快速原子轰击电离源（FAB）、基质辅助激光解吸电离源（MALDI）、电喷雾电离源（ESI）、大气压化学电离源（APCI）等。其中 FD 特别适合于对一些难汽化或热稳定性差的样品做定性鉴定和结构测定；FAB 适合于高极性、难汽化的有机化合物；MALDI 适合于难电离的样品，特别是生物大分子如肽类、核酸等，特别适合与飞行时间质谱计相配，也与离子阱类的质量分析器相配。

除了 EI 源外的各类离子源都有一个共同点，即电离产生的碎片离子少，分子离子峰较强，这类电极技术都称为软电离技术。

4. 质量分析器

质量分析器是质谱仪的主体，其作用如同光谱法的单色器。它能把来自离子源的具有不同质荷比的离子束依其质荷比大小顺序分别聚焦和分离，一般利用电磁场对电荷的偏转性质来实现这种质量色散。质谱仪使用的质量分析器的种类较多，有 20 多种。常见的有磁分析器、四极滤质器（四极质量分析器）和离子阱等数种。

(1) 磁分析器 磁分析器有单聚焦和双聚焦两种。它的主要部件是扇形磁场（静磁分析器）和扇形电场（静电分析器）。扇形磁场对运动着的离子有质量色散和能量色散两种。原理如图 3-43 所示。在离子源中被加速的离子束（如同电流），沿着与磁力线垂直方向进入扇形磁场，在磁场的作用下作圆周运动，因不同的质荷比的离子有不同的运动半径而分开，此即是扇形磁场的质量色散作用。由一点出发的同速同质荷比的离子经过磁场作用后，可重新汇聚于一点，这就是扇形磁场的方向聚焦作用。静磁场还同时具有能量色散作用，对于相同质荷比的离子因为能量略有差异，经过扇形磁场后就不能准确聚焦于一点。单聚焦磁分析仪只有扇形磁场，分辨率不高。双聚焦质量分析器除了有一个扇形磁场外，还有一个扇形电场，二者都有能量色散作用，使二者的能量色散作用数值相等，方向相反，则离子通过后，达到能量的聚焦，加上方向的聚焦，称为双聚焦。因此，扇形电场加上扇形磁场，达到方向聚焦、能量聚焦、质量色散、分辨率提高。

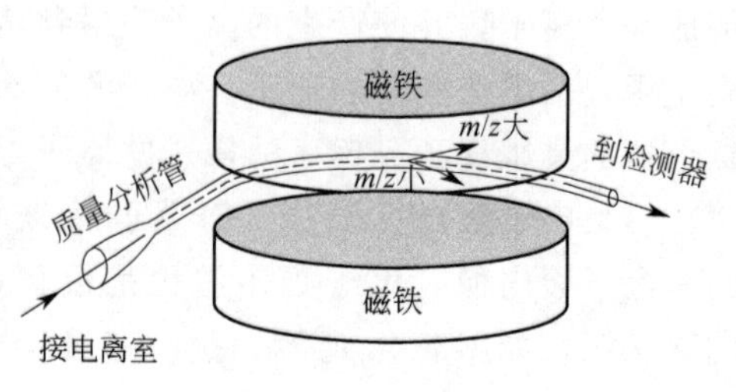

图 3-43　质量分析器原理

(2) 四极质量分析器　四极质量分析器又称为四极滤质器，由四根平行的棒状电极组成，相对的一对电极是等电位的，两对电极的电位是相反的，电极上加直流电压和射频交变电压。电极的理想表面为双曲面，四根圆柱形电极若能很好地装配，也能完全满足需要。

四极质量分析器具有质量轻、体积小、操作方便、扫面速度快等特点，常用于色谱-质谱联用仪器。其不足之处是分辨率不够高，对较高质量的离子有歧视效应。

(3) 离子阱　离子阱也叫四极离子阱或四极离子储存器，从原理上与四极质量分析器是类似的。设电极表面为双曲面的四极质量分析器沿着其中一对电极的轴线旋转 180°，就形成了离子阱。这时一对电极成了内部为双曲面的一个筒状体，称为环电极；另一对电极不变，构成环电极两端的端盖，称为端盖极。端盖极上有小孔供离子进出，电极之间以绝缘隔开。

离子阱作为质量分析器，其结构简单、灵敏度高、质量范围大，既能直接用于不同质荷比的离子的检测，又因为其储存离子的作用，可作为时间上的串联质谱。

5. 检测器

从质量分析器出来的离子流只有 10^{-10}～10^{-9}A，检测器的作用就是接受这些强度非常低的离子流并放大，然后送到显示单元和计算机数据处理系统，得到所要分析的物质的质谱图和质谱数据。质谱仪常用的检测器有法拉第杯、电子倍增器、闪烁计数器和照相底片等。

电子倍增器是运用质量分析器出来的离子轰击电子倍增管的阴极表面，使其发射出二次电子，再用二次电子依次轰击一系列电极，使二次电子获得不断倍增，最后由阳极接受电子流，使离子流信号得到放大。电子倍增器中电子通过的时间很短，利用电子倍增器可以实现高灵敏度。

6. 控制与数据处理系统

计算机控制与数据处理系统进行仪器的操作，数据的采集、处理、打印及数据库检索等工作。

二、质谱仪的使用

图 3-44 是单聚焦质谱仪示意图。其工作流程如下：通过进样系统，使微摩尔或更少的

试剂蒸发，并让其慢慢进入离子源的电离室（压力约为 10^{-3}Pa），由离子源流向阳极的电子流，将气态样品的分子电离成正、负离子（一般分析的都是正离子），接着在狭缝 A 处，以微小的负电压将正、负离子分开，此后，通过 A、B 间的几百至几千伏的电压，将正离子加速，使准直于狭缝 A 的正离子流通过狭缝 B，进入真空度高达 10^{-5}Pa 的扇形磁场质量分析器中，根据离子质荷比的不同得到分离。若改变粒子的速度或磁场强度，就可将不同质荷比的离子依次聚焦在出射狭缝上，通过出射狭缝的离子流，将落在一个收集器上，经放大后即可进行记录，并得到质谱图。

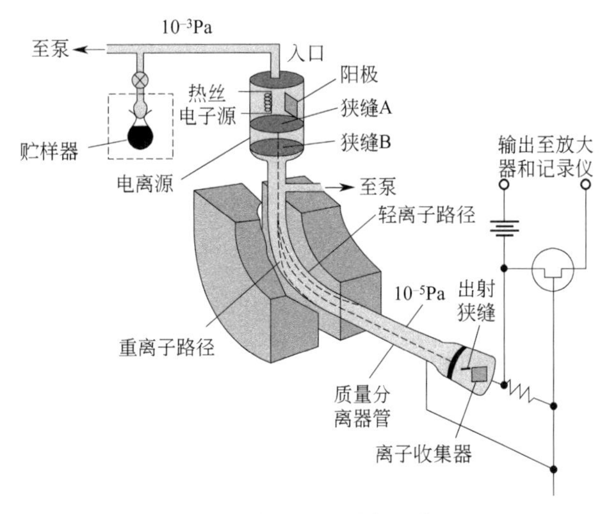

图 3-44　单聚焦质谱仪示意图

质谱仪主要操作使用方法如下：

1. 开机

质谱仪的开机顺序是先开气，再开机械泵，然后打开质谱仪的电源，等真空度达到要求后再开启分子涡轮泵，进行协调校正。每次开机后都需要校正后才能使用质谱仪，一般至少需要 12h 左右。

2. 样品测试过程

与液相色谱联用时，流动相需要先用膜过滤，需要区别有机膜和水膜，样品也同样需要过滤或者使用转速大于 10000r/min 的离心机去掉固体杂质。

流动相不能用难挥发的酸或盐，如磷酸盐和硼酸盐。液相常用的 TFA（三氟乙酸）会抑制离子电离，也不建议使用。表面活性剂在质谱中响应很高，尤其是 ESI 源，所以，所有需要使用的器具部件都不能用洗洁精清洗。用来改善分离和色谱峰形的离子对试剂也应慎用，与质谱联用时建议使用的是甲酸、乙酸、甲酸铵、乙酸铵和氨水等。

根据选用的离子源调整液相方法，ESI 源一般用 0.3～0.6mL/min，常规 HPLC 分析柱的规格是 5μm，4.6mm×250mm 的，一般流速都是 1mL/min，可以采用柱后分流的方式来调整进入质谱的流量。同时，要根据进入质谱的流量和样品性质调整雾化气温度和雾化气的流量。

样品测试结束后，需要清洗进样管路，清洗后停泵，待离子源温度降低后再选择待机状态。

3. 关机

关机需要先打开 vent 程序，放空系统，再关闭机械泵。

三、质谱图解析

利用质谱对物质进行定性分析和结构分析，最好的方法就是将得到的质谱图与标准谱图进行比较，现已有很多标准图谱出版。下面对质谱图直接提供的结构信息进行简要介绍。

1. 从分子离子峰确定分子量

有机分子被热电子流轰击后失去一个电子而成为分子离子，由于其电荷 $e=1$，故分子离子的质荷比即为分子量。如何从质谱图上找到分子离子峰呢？一般来说，它有以下特点：

(1) 分子离子峰通常是质谱中质荷比最大的峰 即质谱图最右端的较强峰，但也有不少例外，质荷比最大的峰也可能是以下几种类型的峰：①同位素峰；②当试样不纯或仪器有污染时出现的杂质峰；③当试样分子的稳定性较差时，分子离子峰很弱，甚至不出现，此时质荷比最大的峰是碎片离子峰。

(2) 分子离子峰的质量数服从奇偶规律 由 C、H、O 组成的化合物，分子离子峰的质量数为偶数；由 C、H、O、N 组成的化合物，含奇数个 N 原子时，分子离子峰的质量数为奇数，含偶数个 N 原子时，分子离子峰的质量数为偶数。凡不符合奇偶规律者，不是分子离子。

(3) 分子离子峰与相邻的碎片离子峰之间的质量差在化学上应当合理 例如，比分子离子峰小 4～13 质量单位处，不应有峰出现，因为从 1 个分子中同时失去 4 个 H 或失去 1 个不足 CH_2（质量数为 14）的碎片在化学上是不合理的。如果最高质荷比的峰与相邻的峰有以上的差数，则此最高质荷比的峰并非分子离子峰，而是大碎片离子峰。

(4) 分子离子峰的强度与化合物的类型有关 芳香族化合物的分子离子峰相对丰度较大，有时甚至成为基峰，而脂肪族化合物的分子离子峰较小，有时找不到该化合物的分子离子峰，如支链多的叔醇就找不到分子离子峰。这是由于不同种类的化合物的分子离子的稳定性不同。各类化合物分子离子的稳定性顺序大致如下：

芳烃＞共轭烯烃＞脂环化合物＞羟基化合物＞直链烃＞醚＞酯＞氨酸＞醇

确定了分子离子峰后，一般它的质荷比即为该化合物的分子量，但严格地说二者具有不同的概念并存在微小的差别。因为组成有机化合物的主要元素 C、H、O、S、Cl、Br 等都存在天然同位素，每种同位素在自然界都有固定的丰度，如 ^{12}C、^{13}C 同位素的天然丰度为 98.89%和 1.11%，^{1}H、^{2}H 同位素的天然丰度为 99.985%和 0.015%。质荷比是由离子中丰度最大的同位素质量计算的，而分子量是由分子中各元素同位素质量的加权平均值计算而得。当数值较大时，两者可相差 1 个分子量单位。例如三油酸甘油酯，低分辨率质谱仪测得分子离子峰质荷比为 884，而实际分子量为 885.44。根据分子中各同位素的丰度和质谱测得的质荷比，即可算出分子量。

2. 分子式的确定

由于高分辨质谱仪能测得化合物的精确质量，将其输入计算机数据处理系统即可得到该分子的元素组成，从而确定分子式。这种确定化合物分子式的方法称为精密质量法，该法准确、简便，是目前有机质谱分析中应用最多的方法。

例如使用低分辨率质谱仪时，N_2、CO、CH_2N、C_2H_2 的分子量都是 28，而使用高分辨质谱仪时，就可以直接得到以上各化合物的精确质量，其数据如下：

N_2 分子质量＝28.006147，CO 分子质量＝27.994914，CH_2N 分子质量＝28.018723，C_2H_2 分子质量＝28.031299

可见，根据高分辨率质谱仪的测定值，完全可以准确地判断究竟是哪个分子式。

3. 有机化合物的结构鉴定

各类有机化合物在质谱中的裂解行为与其官能团的性质密切相关。例如，酮的裂解与羰基 C═O 性质有关，其裂解碎片中往往有 m/z＝43 的碎片离子（$CH_3C\equiv O^+$）存在，反之，该碎片峰的出现也可证实未知物是羰基化合物；同样，m/z＝77、65、51、39 等碎片峰的存在也可证实未知物中含有苯环，所以可利用质谱中的特征离子来确定有机化合物的结构。

4. 对质谱的校核和归属

对所推测的分子结构，用质谱图进行校核。质谱图中重要的峰，包括基峰、高质量端的峰、特征碎片离子峰、重排离子峰、强峰等，应得到合理解释，找到归属。

【例 3-2】 某种化合物，根据其质谱图，已知其分子量为 150，由质谱测得，m/z150、151、152 的强度比为：M（150），100％；M（151），9.9％；M（152），0.9％。试确定此化合物的化学式。

解：从 M（152）＝0.9％可见，该化合物不含 S、Br、Cl。在 Beynon 表中查得分子量为 150 的分子式共 29 个，其中，$(M+1)$ 在 9％～11％的化学式有如下 7 个，见表 3-9。

表 3-9 化合物的化学式

编号	化学式	$(M+1)/\%$	$(M+2)/\%$	编号	化学式	$(M+1)/\%$	$(M+2)/\%$
1	$C_7H_{10}N_4$	9.25	0.38	5	$C_9H_{10}O_2$	9.96	0.84
2	$C_8H_8NO_2$	9.23	0.78	6	$C_9H_{12}NO$	10.34	0.68
3	$C_8H_{10}N_2O$	9.61	0.61	7	$C_9H_{14}N_2$	10.71	0.52
4	$C_8H_{12}N_3$	9.98	0.45				

该化合物的分子量是偶数，根据氮规律，可以排除还有奇数个 N 原子的第 2、4、6 三个化学式。在余下的化学式中，$(M+1)$ 峰的丰度最接近 9.9％的是第 5 式，这个式子的 $(M+2)$ 也与 0.9％很接近，因此化学式应该是 $C_9H_{10}O_2$。

【例 3-3】 某种化合物的质谱图如 3-45 所示，高质量端各峰的相对强度见表 3-10。

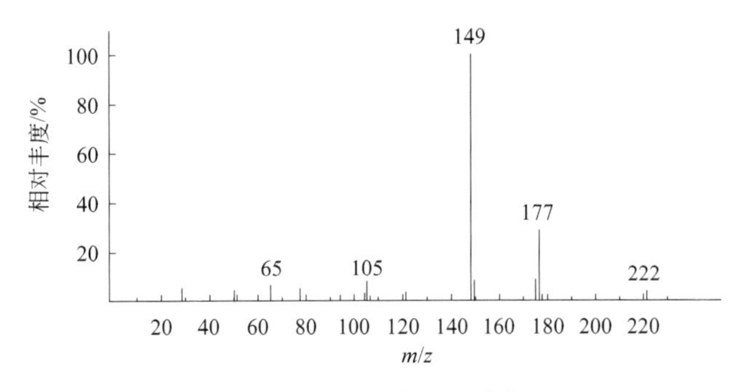

图 3-45 某种化合物的质谱图

表 3-10　各峰相对强度

m/z	222	223	224
相对强度	3.0	0.4	0.04

推导其分子式。

解：由 m/z222、223、224 可知分别对应于 M、$M+1$、$M+2$。如果将 M 定为 100，则（$M+1$）为 13.33，（$M+2$）为 1.33。从分子离子的同位素峰组相对强度可以看出不含 S、Cl、Br。查 Beynon 表，当 M 为 222 时，符合上述条件的分子式为 $C_{12}H_{14}O_4$。

不饱和度 $\Omega=C+1-(H/2)=12+1-7=6$，可能含一个苯环，两个双键；$m/z$77、65、51、39 进一步证明分子中含有苯环。而且最重要的是 m/z149，是邻苯二甲酸酐的特征峰，222 与 149 相差 73，应含一个 O 和两个 C_2H_5。故可知该化合物为邻苯二甲酸二乙酯。

任务四　质谱分析法的条件选择

一、 GC-MS 分析条件的选择

在 GC-MS 分析中，色谱的分离和质谱数据的采集是同时进行的。为了使每个组分都得到分离和鉴定，必须选择合适的色谱和质谱分析条件。

色谱条件包括色谱柱类型、固定液种类、汽化温度、载气流量、分流比、升温程序等。质谱条件包括电离电压、电子电流、扫描速度、质量范围、溶剂去除时间等。这些都要根据样品情况进行设定。

二、 LC-MS 分析条件的选择

LC 分析条件的选择要考虑两个因素：使分析样品得到最佳分离条件并得到最佳电离条件。如果二者发生矛盾，则要寻求折中条件。LC 可选择的条件主要有流动相的组成和流速。在 LC 和 MS 联用的情况下，由于要考虑喷雾雾化和电离，因此，有些溶剂不适合作流动相。不适合的溶剂和缓冲液包括无机酸、不挥发的盐（如磷酸盐）和表面活性剂。不挥发性的盐会在离子源内析出结晶，而表面活性剂会抑制其他化合物电离。在 LC-MS 分析中常用的溶剂和缓冲液有水、甲醇、甲酸、乙酸、氢氧化铵和乙酸铵等。对于选定的溶剂体系，通过调整溶剂比例和流量以实现好的分离。值得注意的是对于 LC 分离的最佳流量，往往超过电喷雾源允许的最佳流量，此时需要采取柱后分流，以达到好的雾化效果。

质谱条件的选择主要是为了改善雾化和电离状况，提高灵敏度。调节雾化气流量和干燥气流量可以达到最佳雾化条件，改变喷嘴电压和透镜电压等可以得到最佳灵敏度。对于多级质谱仪，还要调节碰撞气流量和碰撞电压及多级质谱的扫描条件。

在进行 LC-MS 分析时，样品可以利用旋转六通阀通过 LC 进样，也可以利用注射泵直接进样，样品在电喷雾源或大气压化学电离源中被电离，经质谱扫描，由计算机可以采集到总离子色谱和质谱。

任务五　质谱及质谱联用技术的应用

一、质谱法的应用

近年来质谱技术发展很快，随着质谱技术的发展，质谱技术的应用领域也越来越广。由于质谱分析具有灵敏度高，样品用量少，分析速度快，分离和鉴定可同时进行等优点，因此质谱技术广泛地应用于各个领域。

近年的仪器都具有单离子和多离子检测的功能，用质谱仪做多离子检测，可用于定性分析。例如在药理生物学研究中，以药物及其代谢产物在气相色谱图上的保留时间和相应质量碎片图为基础，可确定药物和代谢产物的存在；也可用于定量分析，以被检化合物的稳定性同位素异构物作为内标，可取得更准确的结果。

在无机化学和核化学方面，许多挥发性低的物质可采用高频火花源通过质谱测定，该电离方式需要一根纯样品电极。如果待测样品呈粉末状，可和镍粉混合压成电极。此法对合金、矿物、原子能和半导体等工艺中高纯物质的分析尤其有价值，有可能检测出含量为亿分之一的杂质。

利用存在寿命较长的放射性同位素的衰变来确定物体存在的时间，在考古学和地理学上具有重要意义。例如，某种放射性矿物中有放射性铀及其衰变产物铅的存在，铀 238 和铀 235 的衰变速率是已知的，则由质谱测出铀和由于衰变产生的铅的同位素相对丰度，可估计该铀矿物生成的年代。

二、质谱联用技术的应用

质谱法与色谱仪联用的方法，已广泛应用在有机化学、生化、药物代谢、临床、毒物学、农药测定、环境保护、石油化学、地球化学、食品化学、植物化学、宇宙化学和国防化学等领域。色谱可作为质谱的样品导入装置，并对样品进行初步分离纯化，因此色谱质谱联用技术可对复杂体系进行分离分析。因为色谱可得到化合物的保留时间，质谱可给出化合物的分子量和结构信息，故对复杂体系或混合物中化合物的鉴别和测定非常有效。在这些联用技术中，芯片/质谱联用显示了良好前景，但目前尚不成熟，而气相色谱/质谱联用和液相色谱/质谱联用等已经广泛用于药物分析。

（1）气相色谱/质谱联用（GC/MS）　气相色谱的流出物已经是气相状态，可直接导入质谱。由于气相色谱与质谱的工作压力相差几个数量级，开始联用时在它们之间使用了各种气体分离器以解决工作压力的差异。随着毛细管气相色谱的应用和高速真空泵的使用，现在气相色谱流出物已可直接导入质谱。

（2）液相色谱/质谱联用（HPLC/MS）　液相色谱/质谱联用的接口前已论及，HPLC/MS 主要用于分析 GC/MS 不能分析，或热稳定性差、强极性和高分子量的物质，如生物样品（药物与其代谢产物）和生物大分子（肽、蛋白、核酸和多糖）。

（3）毛细管电泳/质谱联用（CE/MS）和芯片/质谱联用（Chip/MS）　毛细管电泳

(CE) 适用于分离分析极微量样品和特定用途（如手性对映体分离等)。CE 流出物可直接导入质谱，或加入辅助流动相以达到和质谱仪相匹配。微流控芯片技术是近年来发展迅速可实现分离、过滤、衍生等多种实验室技术于一块芯片上的微型化技术，具有高通量、微型化等优点，目前也已实现芯片和质谱联用，但尚未商品化。

(4) 超临界流体色谱/质谱联用 (SFC/MS)　常用超临界流体二氧化碳作流动相的 SFC 适用于小极性和中等极性物质的分离分析，通过色谱柱和离子源之间的分离器可实现 SFC 和 MS 联用。

(5) 等离子体发射光谱/质谱联用 (ICP/MS)　由 ICP 作为离子源和 MS 实现联用，主要用于元素分析和元素形态分析。

实验 3-7

实验 3-8

练习题

一、选择题

1. 下列化合物含 C、H 或 O、N，试指出（　　）的分子离子峰为奇数。

A. C_6H_6　　B. $C_6H_5NO_2$　　C. $C_4H_2N_6O$　　D. $C_9H_{10}O_2$

2. 下列化合物中分子离子峰为奇数的是（　　）。

A. C_6H_6　　B. $C_6H_5NO_2$　　C. $C_6H_{10}O_2S$　　D. $C_6H_4N_2O_4$

3. 今要测定 14N 和 15N 的天然强度，宜采用（　　）。

A. 原子发射光谱　　B. 气相色谱　　C. 质谱　　D. 色谱-质谱联用

4. 在溴己烷的质谱图中，观察到两个强度相等的离子峰，最大可能的是（　　）。

A. m/z 为 15 和 29　　B. m/z 为 93 和 15

C. m/z 为 29 和 95　　D. m/z 为 95 和 93

5. 在 C_2H_5F 中，F 对下述离子峰有贡献的是（　　）。

A. M　　B. $M+1$　　C. $M+2$　　D. M 及（$M+2$）

6. 在 C_2H_5Br 中，Br 原子对下述同位素离子峰有贡献的是（　　）。

A. M　　B. $M+1$　　C. $M+2$　　D. M 和（$M+2$）

7. 某化合物的质谱图上出现 m/z31 的强峰，则该化合物不可能为（　　）。

A. 醚　　B. 醇　　C. 胺　　D. 醚或醇

8. 在化合物 3,3-二甲基己烷的质谱图中，下列离子峰强度最弱者为（　　）。

A. m/z29　　B. m/z57　　C. m/z71　　D. m/z85

9. 在丁烷质谱图中，M 对（$M+1$）的比例是（　　）。

A. 100∶1.1　　B. 100∶2.2　　C. 100∶3.3　　D. 100∶4.4

二、判断题

1. 质谱图中 m/z 最大的峰一定是分子离子峰。（　　）

2. 由 C、H、O、N 组成的有机化合物，N 为奇数，M 定是奇数；N 为偶数，M 也为偶数。（　　）

3. 在质谱仪中，各种离子通过离子交换树脂分离柱后被依次分离。（　　）

4. 由于产生了多电荷离子，使质荷比下降，所以可以利用常规的质谱检测器来分析大分子量的化合物。（　　）

5. 在目前的各种质量分析器中，傅里叶变换离子回旋共振质量分析器具有最高的分辨率。（　　）

三、问答题

1. 如何获得不稳定化合物的分子离子峰？

2. 在化合物 $CHCl_3$ 的质谱图中，分子离子峰和同位素峰的相对强度比为多少？

综合实验

实验一　阿司匹林中乙酰水杨酸含量的测定

【实验目的】

1. 掌握紫外-可见分光光度计波长选择的操作；
2. 掌握数据记录单的填写要点；
3. 掌握标准曲线法测定未知物的方法。

【实验原理】

阿司匹林是生活中十分常见，应用十分广泛的日常抗炎药物。可用于镇痛解热、抗风湿、抗关节炎、抗血栓等。阿司匹林为白色针状或板状结晶或粉末，熔点 135～140℃，无气味，微带酸味。在干燥空气中稳定，在潮湿空气中缓慢水解成其他有效成分水杨酸和乙酸。采用传统的酸碱滴定法测定阿司匹林溶片中乙酰水杨酸的含量，受环境影响较大。采用紫外分光光度法测定可有效消除温度、湿度等环境影响，且快捷、准确、重现性好。

【仪器与试剂】

1. 仪器

紫外-可见分光光度计、石英比色皿、电子天平、100mL 容量瓶 20 个、移液管（1.00mL、2.00mL、5.00mL、10.00mL 各 1 支）、烧杯等常见玻璃仪器。

2. 试剂

阿司匹林肠溶片样品、NaOH、蒸馏水。

【实验步骤】

1. 设计合理的实验步骤；
2. 选择合理的测试浓度；
3. 通过对比最大吸收峰、波长等特征参数判断物质种类；
4. 筛选乙酰水杨酸的最大吸收波长；
5. 测定含量。

说明：本次操作为开放性实验，要求学生自己制定操作步骤，并完成测定。

实验二　红外光谱法测定阿司匹林、苯甲酸乙酯、布洛芬和确定未知物

【实验目的】

1. 了解阿司匹林、苯甲酸乙酯、布洛芬的红外光谱特征；
2. 掌握有机化合物的鉴定方法；
3. 掌握红外光谱仪的使用及压片技术。

【实验原理】

红外吸收光谱是测定分子中由偶极矩变化引起的振动产生的吸收所得到的光谱。定性分析时，通常先找出基团和骨架结构引起的吸收，然后与化合物的标准图谱进行对照，得出结论。

本实验通过测定阿司匹林、苯甲酸乙酯、布洛芬及未知物的红外吸收光谱图，根据谱图判断未知物是什么。

【仪器与试剂】

1. 仪器

红外光谱仪、压片机、干燥剂、玛瑙研钵、刮刀、样品架、0.1mm 固体液体槽。

2. 试剂

KBr（AR）、阿司匹林（原料药）、苯甲酸乙酯（AR）、布洛芬（原料药）、未知物（以上三种物质任选一种）。

【实验步骤】

1. 固体样品

（1）将 KBr 和样品烘干后，置于干燥器中备用。

（2）取 1～2mg 干燥样品和 100～200mg 干燥 KBr 粉末，倒入玛瑙研钵中，在红外光灯照射下，混合研磨至均匀。

（3）用不锈钢药匙取 70～80mg 上述粉末，置于压片模具中的片剂框架内，用镊子摊匀摊平，组装好压片模具，连接真空机，置于压片机加压台上，先抽气 5min 除去混合物中的空气和湿气，再边抽气边加压至 8t，并维持 5min。除去真空机，取下压片模具，即得一均匀透明的 KBr 样品压片。同样方法压一片 KBr 空白片。

用此方法分别制得阿司匹林、布洛芬及未知物的锭片。把锭片插入红外光谱仪测定样品的红外吸收光谱。

2. 液体样品

液体样品可以直接注入吸收池进行测定，吸收池的厚度为 0.01～1mm，吸收池由对红外光透明的 KBr 窗片及间隔片组成。取 1～2 滴苯甲酸乙酯样品滴到两个溴化钾窗片之间，形成薄层液膜，注意不要有气泡，液膜的厚度可借助于池架上的紧固螺丝作微小调节（尤其是黏稠性的液体样品）。如果样品吸收性很强，需用四氯化碳配成浓度较低的溶液再滴入池中测定，用夹具轻轻夹住后测定光谱图。

【数据记录与处理】

1. 图谱对照

将阿司匹林、苯甲酸乙酯、布洛芬的红外光谱图与标准图谱［下图（a）、（b）、（c）］进行对照，进行图谱解析。

2. 化学结构判断

将未知物的红外光谱图与阿司匹林、苯甲酸乙酯、布洛芬的红外光谱图进行比对，判断未知物的化学结构。

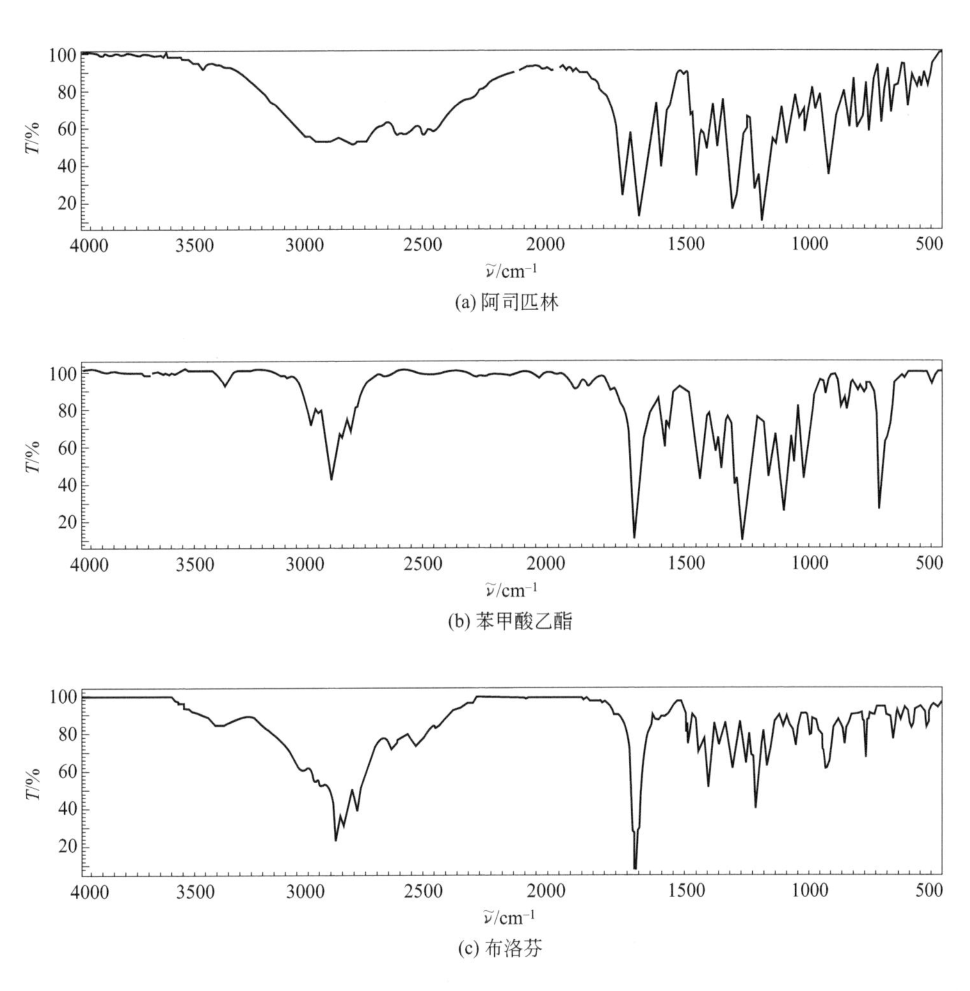

(a) 阿司匹林

(b) 苯甲酸乙酯

(c) 布洛芬

阿司匹林、苯甲酸乙酯、布洛芬的红外标准图谱

【问题讨论】

1. 为什么制备锭片时需要边排气边加压?
2. 哪些因素影响红外光谱的形状?

实验三　原子吸收光谱法测定黄酒中铜、镉的含量（标准加入法）

【实验目的】

1. 学习使用标准加入法进行定量分析；
2. 掌握黄酒中有机物质的消化方法；
3. 熟悉原子吸收分光光度计的基本操作。

【实验原理】

如果样品中基体成分不能准确知道，或是十分复杂，就不能使用标准曲线法，这时可采用另一种定量方法，即标准加入法。

在实际测定中，采取作图法所得结果更为准确。一般吸取若干份等体积试液置于相应等体积的容量瓶中，从第二只容量瓶开始，分别按比例递增加入待测元素的标准溶液，然后用溶剂稀释至刻度，摇匀，分别测定溶液 c_x，c_x+c_0，c_x+2c_0，c_x+3c_0，…的吸光度为 A_x，A_1，A_2，A_3，…，然后以吸光度 A 对待元素标准溶液的加入量作图，得到直线，其坐标轴上的截距 A_x 为只含样品 c_x 的吸光度，反向延长直线与横坐标轴相交于 c_x，即为所要测定的样品中该元素的浓度。

【仪器与试剂】

1. 仪器

3200 型原子吸收分光光度计（上海分析仪器厂）或其他型号、空心阴极灯（铜元素灯、镉元素灯）、无油空气压缩机、乙炔钢瓶、通风设备、容量瓶、移液管若干等。

2. 试剂

金属铜（含量 99.99%）、金属镉（99.99%）、浓盐酸（GR）、浓硝酸（GR）、去离子水、盐酸溶液（1∶1）、盐酸溶液（1∶100）、硝酸溶液（1∶1）、硝酸溶液（1∶100）。

【实验步骤】

1. 储备液配制

（1）铜标准储备液（1000μg/mL）　准确称取 0.5000g 金属铜于 100mL 烧杯中，盖上表面，加入 10mL 硝酸溶液（1∶1）溶解，然后把溶液转移到 500mL 容量瓶中，用硝酸溶液（1∶100）稀释到刻度，摇匀备用。（通常实验不再自行制备标准储备液，直接购买成品标准储备液）

（2）铜标准使用液（100.00μg/mL）　准确吸取 10.00mL 上述铜标准储备液于 100mL 容量瓶中，用硝酸溶液（1∶100）稀释到刻度，摇匀备用。

（3）镉标准储备液（1000μg/mL）　准确称取金属镉 0.5000g 于 100mL 烧杯中，加入 10mL 盐酸溶液（1∶1）溶解，然后把溶液转移到 500mL 容量瓶中，用盐酸溶液（1∶100）稀释到刻度，摇匀备用。（通常实验不再自行制备标准储备液，直接购买成品标准储备液）

（4）镉标准使用液（10.00μg/mL）　准确吸取 1.00mL 上述镉标准储备液于 100mL 容量瓶中，用盐酸溶液（1∶100）稀释到刻度，摇匀备用。

2. 实验条件选择

以 3200 型原子吸收分光光度计为例说明。若使用其他型号仪器，实验条件应根据具体仪器而定。

以 3200 型原子吸收分光光度计为例的实验条件

实验条件	铜	镉
吸收线波长 λ/nm	324.8	228.8
空心阴极管电流 I/mA	10	10
狭缝宽度 d/mm	0.2	0.2

实验条件	铜	镉
燃烧器高度 h/mm	5.0	5.0
乙炔流量 Q/(L/min)	0.8	0.8
空气流量 Q/(L/min)	4.5	5.0

3. 黄酒样品的消化

量取 200.0mL 黄酒样品于 500mL 高筒烧杯中，加热蒸发至浆液状，慢慢加入 20mL 浓硫酸，并搅拌，加热消化。若一次消化不完全，可再加入 20mL 浓硫酸继续消化。然后加入 10mL 浓硝酸，加热，若溶液呈黑色，再加入 5mL 浓硝酸，继续加热，如此反复直至溶液呈淡黄色，此时黄酒中的有机物质全部被消化完。将消化液转移到 100mL 容量瓶中，用去离子水稀释至刻度，摇匀备用。

4. 配制标准溶液系列

(1) 铜标准溶液系列　取 5 只 100mL 容量瓶各准确加入 10.00mL 上述黄酒消化液，然后分别加入 0.00mL、2.00mL、4.00mL、6.00mL、8.00mL 铜标准使用液（100.0μg/mL），用去离子水稀释至刻度，摇匀备用。该标准溶液系列铜的质量浓度分别为 0.00μg/mL、2.00μg/mL、4.00μg/mL、6.00μg/mL、8.00μg/mL。

(2) 镉标准溶液系列　取 5 只 100mL 容量瓶，各加入 10.00mL 上述黄酒消化液，然后分别加入 0.00mL、2.00mL、3.00mL、4.00mL、6.00mL 铜标准使用液（10.00μg/mL），用去离子水稀释至刻度，摇匀备用。该标准溶液系列镉的质量浓度分别为 0.000 μg/mL、0.200μg/mL、0.300μg/mL、0.400μg/mL、0.600μg/mL。

5. 测量铜标准系列溶液的吸光度

根据实验条件，将原子吸收分光光度计按操作步骤进行调节，待仪器读数稳定后即可进样。在测定之前，先用去离子水喷雾，调节读数至零，然后按照浓度由低到高的原则，依次间隔测量铜标准系列溶液并记录吸光度。

6. 测定镉标准溶液的吸光度

按相同的方法测定镉标准系列溶液的吸光度。

7. 实验结束

测定结束后，先吸喷去离子水，清洁燃烧器，然后关闭仪器。关仪器时，必须先关闭乙炔，待火焰熄灭后再关电源，最后关闭空气。

【数据记录与处理】

1. 记录实验条件（其他型号的仪器）。

2. 在下表中记录铜、镉标准系列溶液的吸光度，然后以吸光度为纵坐标，质量浓度为横坐标绘制工作曲线。

铜的测定	铜标准溶液 V/mL	0.00	2.00	4.00	6.00	8.00
	ρ_{Cu}/(μg/mL)					
	吸光度 A					
镉的测定	镉标准溶液 V/mL	0.00	2.00	3.00	4.00	6.00
	ρ_{Cd}/(μg/mL)					
	吸光度 A					

延长铜、镉工作曲线与质量浓度轴相交，交点为 c_x，根据求得的 c_x 分别换算成黄酒消

化液中铜、镉的质量浓度（μg/mL）。

3. 根据黄酒试液被稀释情况，计算黄酒中铜、镉的含量（以 μg/mL 表示）。

【问题讨论】

1. 采用标准加入法进行定量分析应注意哪些问题？
2. 以标准加入法进行定量分析有什么优点？
3. 为什么标准加入法中工作曲线外推与浓度轴相交点，就是试液中待测元素的浓度？

实验四　电位法测定含氟牙膏中氟离子的含量（标准曲线法）

【实验目的】

1. 掌握直接电位法的基本原理和基本操作；
2. 掌握标准曲线法的定量分析方法；
3. 了解总离子强度调节缓冲溶液（TISAB）的组成及作用；
4. 了解测定氟含量的意义。

【实验原理】

氟是人体必需的微量元素之一，与钙、磷的代谢有密切关系。微量氟有促进儿童生长发育和预防龋齿的作用，但摄入过量氟则会导致氟斑牙、氟骨病甚至致癌。因此，饮用水中氟含量在 1mg/L 左右比较适宜。在饮用水含氟量较低的地区，可采用添加氟化物的牙膏来预防龋齿。国家标准 GB 8372—2017 规定含氟牙膏中可溶性或游离氟的含量应在 0.05%～0.15%之间（儿童牙膏在 0.05%～0.11%之间），含氟量不足起不到预防龋齿的作用，过高会导致氟中毒。氟含量的测定是含氟牙膏质量检测中的重要一项。

氟的测定可以采用离子色谱法、氟试剂分光光度法和氟离子选择电极法等，本实验采用国标中规定的氟离子选择性电极法测定含氟牙膏中的氟含量，该法既简单方便，又能满足准确度的要求。

氟离子选择性电极（后面简称氟电极）法测定 F^- 含量属于直接电位法。氟电极的电极电位与待测液中 F^- 活度（或浓度）之间符合能斯特响应。

【仪器与试剂】

1. 仪器

酸度计、烧杯、容量瓶。

2. 试剂

（1）氟离子标准溶液　精密称取 0.1105g 基准氟化钠（105℃干燥 2h），用去离子水溶解并定容至 500mL，摇匀，贮存于聚乙烯塑料瓶内备用。溶液中氟离子浓度为 100.00μg/mL。

（2）柠檬酸盐缓冲液（TISAB）　称取 12g 柠檬酸，58g 氯化钠，溶于去离子水中，加 60mL 冰乙酸，混匀，溶解，将烧杯放入冷水浴中用 6mol/L 氢氧化钠调节 pH＝5.0～5.5，最后用去离子水稀释至 1000mL。贮存于聚乙烯塑料瓶内备用。

(3) 盐酸溶液 (4mol/L)　量取浓盐酸 36mL，用去离子水稀释定容至 100mL。

(4) 氢氧化钠溶液 (4mol/L)　称取 16g NaOH 溶于去离子水中，并定容至 100mL。

(5) 含氟牙膏 (佳洁士防蛀牙膏)。

(6) 去离子水。

【实验步骤】

1. 标准曲线的绘制

准确量取 0.50mL、1.00mL、1.50mL、2.00mL、2.50mL 氟离子标准溶液，分别移入 6 个 50mL 容量瓶中，各加入 5.00mL TISAB，用去离子水稀释至刻度，摇匀。然后逐个转入 100mL 塑料烧杯中，按由浓度由低到高的顺序，在磁力搅拌器下测量电位值 E (mV)。记录并绘制 E-lg [F^-] 标准曲线，建立回归方程。

2. 样品的制备

称取牙膏 20.000g (精确至 0.001g) 置于 50mL 塑料烧杯中，逐渐加入去离子水搅拌使溶解，转移至 100mL 容量瓶中，用去离子水稀释至刻度，摇匀。然后在离心机 (2000r/min) 中离心 30min，上清液用于分析游离氟、可溶性氟浓度。

3. 游离氟测定

准确吸取上清液 10.00mL 置于 50mL 容量瓶中，加入 5.00mL TISAB，用去离子水稀释至刻度，转入 100mL 塑料烧杯中，在磁力搅拌下测量其电位值，在标准曲线上查出其相应的氟含量，从而计算出游离氟浓度。

4. 可溶性氟测定

精确吸取 0.50mL 上清液，转入到 2mL 微型离心管中，加 0.7mL 4mol/L 盐酸溶液，离心管加盖，50℃水浴 10min，转移至 50mL 容量瓶中，加入 0.7mL 4mol/L 氢氧化钠溶液中和，再加入 5.00mL TISAB，用去离子水稀释至刻度，转入 100mL 塑料烧杯中，在磁力搅拌下测量其电位值，在标准曲线上查出其相应的氟含量，从而计算出可溶性氟浓度。

5. 加标回收率的测定

吸取 0.50 mL 上清液，转入到 2 mL 微型离心管中，加入 0.50mL 氟标液，加 0.7 mL 4 mol/L HCl，离心管加盖。50℃ 水浴 10 min，移至 50mL 容量瓶中，加入 0.7 mL 4 mol/L NaOH 中和，再加入 5.00mL TISAB，用去离子水稀释至刻度，转入 50mL 塑料烧杯中，在磁力搅拌下测量其电位值，测量结果列表记录。

【问题讨论】

1. 总离子强度调节缓冲溶液 (TISAB) 有什么作用?
2. 影响回收率的因素有哪些?

实验五　气相色谱法测定混合物中环己烷含量

【实验目的】

1. 掌握气相色谱仪的基本构成及基本操作;

2. 掌握气相色谱柱分离化学物质的原理；

3. 掌握气相色谱中保留值定性与内标法定量的分析方法。

【实验原理】

1. 样品的定性

在一个确定的色谱条件下，每一个物质都有一个确定的保留值，所以在相同条件下，未知物的保留值和已知物的保留值相同时，就可以认为未知物即是用于对照的已知纯物质。但是，有不少物质在同一条件下可能有非常相近的、不容易察觉的保留值差异，所以，当样品组分未知时，仅用纯物质的保留值与样品组分的保留值对照来定性是困难的。这种情况，需用两根不同极性的柱子或两种以上不同极性固定液配成的柱子，对于一些组成基本上可以估计的样品，那么准备这样一些纯物质，在同样的色谱条件下，以纯物质的保留时间对照，用来判断其色谱峰属于什么组分是一种简单而方便的定性方法。

2. 样品的定量（内标法）

将一定量的纯物质作为内标物，加入准确称取的样品中，根据被测物的质量及其在色谱图上相应的峰面积比，求出某组分的含量，设 m_i、m_s 分别为被测物和内标物的质量，则 $m_i=f'_iA_i$，$m_s=f'_sA_s$，$m_i/m_s=f'_iA_i/f'_sA_s$，则：

$$\omega_i=\frac{m_i}{m}\times100\%=\frac{m_sf'_iA_i}{mf'_sA_s}\times100\%$$

一般以内标物为基准，则 $f'_s=1$，此时公式可简化为：

$$\omega_i=\frac{m_i}{m}\times100\%=\frac{m_sf'_iA_i}{mA_s}\times100\%$$

优点：定量较准确，适用于所有组分不能全部出峰的情况。

【仪器与试剂】

1. 仪器

SP-2100A 气相色谱仪、FID 检测器、N2000 双通道色谱工作站、HP-5 毛细管色谱柱、微量进样器。

2. 试剂

正己烷（AR)、环己烷（AR)、无水乙醇（AR)、庚烷（AR)。

【实验步骤】

1. 样品的配制

称取 3.00g 正己烷，2.00g 环己烷，用无水乙醇定容到 50mL，称量样品总质量。准确称取 3.00g 庚烷（内标)，加入已称重的待测样品中，混合均匀供实验用。

2. 内标物和组分定性分析

(1) 取环己烷和庚烷（内标）分别进行气相色谱测定，记录其保留时间和峰面积。

(2) 取配好的样品在相同的色谱条件下进样测定，分别记录各谱峰的保留时间。

(3) 将前两项中测定的保留时间相对照，确定样品中环己烷和庚烷（内标）在谱图中的位置。

3. 校正因子的测定

利用步骤 2 中（1）测出的峰面积计算环己烷的校正因子：

$$f'=\frac{m_iA_s}{m_sA_i}$$

4. 样品中环己烷的定量测定

取实验样品进行气相色谱测定，记录环己烷和内标物庚烷的峰面积。

5. 仪器操作条件

检测器	FID	检测器温度	200℃
柱温	100℃	载气流速	30mL/min
进样口温度	200℃	进样量	1μL

6. 气相色谱仪操作步骤

（1）打开载体钢瓶总阀，观察载气压力是否到达预定值；

（2）开启主机电源，设置相应参数；

（3）打开计算机电源，启动色谱工作站；

（4）打开氢气发生器开关，观察压力是否显示至预定值；

（5）打开空气压缩机开关，观察压力是否显示至预定值；

（6）点燃 FID 火焰；

（7）待主机显示“就绪”，观察记录仪信号，待基线平稳后，开始检测；

（8）测量完毕后，先在主机上设置进样器温度、柱温和检测器温度至 50℃，当进样器温度、柱温和检测器温度降至 60℃以下时，关闭主机电源，退出色谱工作站并关闭电源，关闭氢气发生器、空气压缩机开关，关闭载气钢瓶总阀。

【数据记录与处理】

将实验中测得的样品环己烷相对校正因子、峰面积以及内标物和混合样品的质量代入内标法定量计算公式中，计算出样品中环己烷的质量分数。

【问题讨论】

1. 在内标法定量分析中，内标物的选择是很重要的，你知道内标物的选择原则吗？
2. 内标物与被测样品含量的比例为多少比较合适？
3. 什么情况下可用归一化法定量？

实验六　高效液相色谱法测定果汁饮料中合成色素含量

【实验目的】

1. 了解高效液相色谱仪的操作使用；
2. 掌握高效液相色谱法定性、定量方法。

【实验原理】

我国允许市售饮料中添加的合成色素主要包括柠檬黄、日落黄、胭脂红、苋菜红和亮蓝等，添加量须在《食品添加剂使用指标》（GB 2760—2014）内。

本实验参照 GB/T 5009.35—2003《食品中合成着色剂的测定》测定果汁饮料中的人工合成色素。

果汁饮料中的合成色素用聚酰胺吸附法提取，用乙醇-氨水-水混合溶液解吸，制成水溶液，经 0.45μm 水系滤膜过滤，用高效液相色谱法进行定性、定量分析。

【仪器与试剂】

1. 仪器

高效液相色谱仪及其附属配件（抽滤装置、脱气装置等）、容量瓶等玻璃仪器。

2. 试剂

甲醇（色谱纯），乙酸铵（AR），聚酰胺粉（尼龙 6，过 200 目筛），氨水溶液，甲酸，柠檬酸，柠檬黄，日落黄，苋菜红，胭脂红，亮蓝。

【实验步骤】

1. 溶液配制

（1）乙酸铵溶液（0.02mol/L） 称取 1.5400g 乙酸铵，加蒸馏水定容至 1000mL，经 0.45μm 水系滤膜过滤备用。

（2）氨水溶液 量取氨水 2mL，加水定容至 100mL，混匀备用。

（3）甲醇＋甲酸（6＋4）溶液 量取甲醇 60mL，甲酸 40mL，混匀备用。

（4）无水乙醇-氨水-水（7＋2＋1）溶液 量取无水乙醇 70mL，氨水 20mL，水 10mL，混匀备用。

（5）柠檬酸溶液 称取 20g 柠檬酸，加水定容至 100mL，溶解混匀备用。

（6）单标储备液（1.00mg/mL） 准确称取按纯度折算为 100%质量的柠檬黄、日落黄、苋菜红、胭脂红、亮蓝各 0.100g，用超纯水溶解并转移至 100mL 容量瓶中，分别定容、混匀。

（7）单标使用液（50.0μg/mL） 临用时将标准储备液准确稀释 20 倍后使用。

（8）混合标准使用液 分别吸取各单标储备液适量，配成各组分浓度为 2.50μg/mL、5.00μg/mL、10.0μg/mL、20.0μg/mL、40.0μg/mL 的系列混合标准使用液。

2. 样品预处理

称取 20.0～40.0g 试样，置于 100mL 烧杯中，含 CO_2 试样需加热除去 CO_2。试样溶液中加柠檬酸溶液调 pH 值到 6，加热至 60℃。将 1g 聚酰胺粉加少量水调成糊状，倒入试样溶液中，搅拌片刻，用 G3 垂熔漏斗抽滤，用 60℃ pH＝4（用柠檬酸溶液调节）的水洗涤 3～5 次，然后用甲醇-甲酸混合液洗涤 3～5 次，再用水洗至中性，用乙醇-氨水-水混合液解吸 3～5 次，每次 5mL（至解吸液呈无色），收集解吸液，加乙酸中和后蒸发至干，用蒸馏水溶解后定容至 5mL。

3. 色谱条件

色谱柱：C18 柱，5μm，250mm×4.6mm。

流动相：0.02mol/L 乙酸铵溶液（A 相）；色谱纯甲醇（B 相）。

梯度洗脱程序：

时间/min	0	3.0	5.0	7.0	10.0	15.0
A 相/%	90	70	50	30	90	90
B 相/%	10	30	50	70	10	10

流速：1.0mL/min。

进样体积：10μL。

4. 测定

按液相色谱操作条件建立分析方法，待基线稳定后，分别测定单标使用液、由低到高混合系列标准溶液。在测定标准品相同的条件下，测定试样溶液。

【数据记录与处理】

1. 根据组分保留时间进行定性分析；

2. 利用工作站采集峰面积或峰高，以浓度为横坐标，峰面积或峰高为纵坐标绘制标准曲线，根据试样溶液的峰高或峰面积，在标准曲线上查找被测组分浓度，根据公式计算含量。

$$X=\frac{cV}{m}$$

式中 X——试样中色素含量，mg/kg；

c——查得浓度，μg/mL；

V——试样溶液体积，mL；

m——试样质量，g。

【问题讨论】

1. 流动相脱气的意义是什么？

2. 试样中的色素为什么要在酸性条件下用聚酰胺粉提取？

附　录

附录一　常见官能团红外吸收特征频率表

化合物类型	官能团	波数/cm^{-1}					备注
		4000～2500	2500～2000	2000～1500	1500～900	900 以下	
烷基	—CH_3	2960,尖[70] 2870,尖[30]			1460,[＜15] 1380,[15]		1. 甲基氧、氮原子相连时，2870 的吸收移向低波数。 2. 接二甲基使 1380cm^{-1} 的吸收产生双峰
	—CH_2	2925,尖[75] 2825,尖[45]			1470,[8]	725～720[3]	1. 与氧、氮原子相连时，2850 吸收移向低波数。 2. —$(CH_2)_n$—中，$n>4$ 时方有 725～720cm^{-1} 的吸收，当 n 小时往高波数移动
	△ 三元碳环	3000～3080 [变化]					三元环上有氢时，方有此吸收
不饱和烃	—CH_2	3080,[30] 2975,[中]					
	—CH—	3020,[中]					
	C—C			1675～1600 [中～弱]			共轭烯移向较低波数
	—CH—CH_2				990,尖[50] 910,尖[110]		
	| —C═CH_2					895, 尖[100～150]	
	反式二氢				965,尖[100]		
	顺式二氢					800～650, [40～100]	常出峰于 730～675cm^{-1}
	三取代烯					840～800, 尖[40]	
	≡ CH	3300,尖[100]					
	—C≡C—		2140～2100, [5]				末端炔基
			2260～2190, [1]				中间炔基
苯环及稠芳环	C—C			1600, 尖[＜100] 1580[变] 1500, 尖[＜100]	1450,[中]		
	—CH	3030[＜60]					

化合物类型	官能团	波数/cm^{-1}					备注
		4000～2500	2500～2000	2000～1500	1500～900	900 以下	
苯环及稠芳环				2000～1600，[5]			当该区无别的吸收峰时，可见几个弱吸收峰
						900～850，[中]	苯环上孤立氢（如苯环上五取代）
						860～800，尖[强]	苯环上两个相邻氢，常出现在 820～800cm^{-1} 处
						800～750，尖[强]	苯环上有三个相邻氢
						770～730，尖[强]	苯环上有四个或五个相邻氢
						710～690，尖[强]	苯环单取代；1,3-二取代；1,3,5-三取代及 1,2,3-三取代时附加此吸收
杂芳环	吡啶	3075～3020 尖[强]		1620～1590 [中]1500[中]		920～720，尖[强]	900cm^{-1} 以下吸收近似于苯环的吸收位置（以相邻氢的数目考虑）
	呋喃	3165～3125 [中，弱]		～1600，～1500	～1400		
	吡咯	3490，尖[强] 3125～3100 [弱]		1600 ～ 1500 [变化]（两个吸收峰）			NH 产生的吸收，—CH 产生的吸收
	噻吩	3125～3050		～1520	～1410	750～690，[强]	
醇和酚	游离态						存在于非极性溶剂的稀溶液中
	伯醇 —CH_2OH	3640，尖[70]			1050，尖[60～200]		
	仲醇 —C(—)HOH	3630，尖[55]			1100，尖 [60～200]		
	叔醇 —C(—)(—)—OH	3620，尖[45]			1150，尖 [60～200]		
	酚	3610，尖[中]			1200，尖 [60～200]		
	分子间氢键				同上		
	二聚体	3600～3500					常被多聚体的吸收峰掩盖
	多聚体	3600，宽[强]					
	分子内氢键						
	多元醇	3600～3500 [50～100]					
	π- 氢键	3600～3500					
	聚合键	3200～2500，宽[弱]					
醚	C—O—C				1150～1070，[强]		
	—C—O—C				1275～1200，[强]		
					1075～1020，[强]		

续表

化合物类型	官能团	波数/cm^{-1} 4000～2500	2500～2000	2000～1500	1500～900	900 以下	备注
醚	$\overset{\text{O}}{\triangle}$	3050～3000[中,弱]					环上有氢时方有此吸收峰
					1250,[强]	950 ～ 810,[强]	
						840～750,[强]	
酮	链状饱和酮			1725～1705,尖[300～600]			
	环状酮						
	大于七元环			1720～1700,尖[极强]			
	六元环			1725～1705,尖[极强]			
	五元环			1750～1740,尖[极强]			
	四元环			1775,尖[极强]			
	三元环			1850,尖[极强]			
	不饱和酮						
	α,β-不饱和酮			1685～1665,尖[极强]			羰基吸收
				1650～1600,尖[极强]			烯键吸收
	Ar—CO—			1700～1680,尖[极强]			羰基吸收
	Ar—CO—Ar α,β,α′,β′-不饱和酮			1670～1660,尖[极强]			羰基吸收
	α-取代酮 α-卤代酮			1745～1725,尖[极强] 1765～1745,尖[极强]			
	α-二卤代酮						
	二酮： $-\overset{\text{O}}{\overset{\parallel}{\text{C}}}-\overset{\text{O}}{\overset{\parallel}{\text{C}}}-$			1730～1710,尖[极强]			当两个羰基不相连时，基本上恢复到链状饱和酮的吸收位置
	醌： 1,2 苯醌			1690～1660,尖[极强]			
	1,4 苯醌						
	草酮			1650,尖[极强]			
醛	饱和醛	2820[弱],2720[弱]		1740～1720,尖[极强]			
	不饱和醛 α,β-不饱和醛 α,β,γ,δ-不饱和醛 Ar—CHO			1705～1680,尖[极强] 1680～1660,尖[极强] 1715～1695,尖[极强]			

化合物类型	官能团	波数/cm^{-1}					备注
		4000～2500	2500～2000	2000～1500	1500～900	900以下	
羰酸	饱和羰酸	3000～2500，宽		1760[1500]	1440～1395[中，强]		1760cm^{-1}为单体吸收
				1725～1700[1500]	1320～1210[强] 920宽[中]		1725～1700cm^{-1}为二聚体吸收，可能见到两个吸收，分别为单体及二聚体吸收
	α,β-不饱和腈			1720[极强] 1715～1690[极强]			分别为单体及二聚体吸收
	Ar—COOH			1700～1680[极强]			
	α-卤代羰酸			1740～1720[极强]			
酸酐	饱和、链状酸酯			1820[极强] 1760[极强]	1170～1045[极强]		
	α,β-不饱和酸酐			1775[极强] 1720[极强]			
	六元环酸酐			1800[极强] 1750[极强]	1300～1175[极强]		
	五元环酸酐			1865[极强] 1785[极强]	1300～1200[极强]		
羰酸酯	饱和链状羰酸酯			1750～1730，尖[500～1000]	1300～1050（两个峰）[极强]		
	α,β-不饱和羰酸酯			1730～1715[极强]	1300～1250[极强] 1200～1050[极强]		
	α-卤代羰酸酯			1770～1745[极强]			
	Ar—COOR			1730～1715[极强]			
	CO—O— C═C—			1770～1745[极强]	1300～1250[极强] 1180～1100[极强]		
	CO—O—Ar			1740[极强]			
	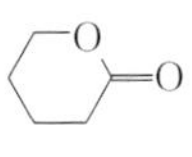 O ═O			1750～1735[极强]			
	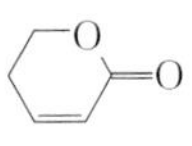 O ═O			1720[极强]			
	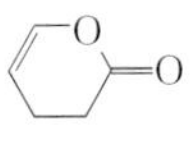 O ═O			1760[极强]			同时还有C=C吸收峰（1685cm^{-1}）
	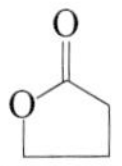 O O			1780～1760[极强]			

续表

化合物类型	官能团	波数/cm^{-1}					备注
		4000～2500	2500～2000	2000～1500	1500～900	900 以下	
羧酸盐	$—COO^-$			1610～1550 [强]	1420～1300 [强]		
酰氯	饱和酰氯			1815～1770，尖[极强]			$—\overset{\overset{O}{\|}}{C}—F$ 在较高波数处，$—\overset{\overset{O}{\|}}{C}—Br$ 、$—\overset{\overset{O}{\|}}{C}—I$ 在较低波数处
	α,β-不饱和酰氯			1780～1750，尖[极强]			
酰胺							(1)圆括号内数值为缔合状态的吸收峰。(2)内酰胺的吸收位置随着环的减小而移向高波数方向
	伯酰胺 $—CONH_2$	3500,3400，双峰[强] (3350～3200，两个峰)		1690(1650)，尖[极强] 1600(1640) [强]			N-H 吸收 羟基吸收，酰胺Ⅰ带酰胺Ⅱ带。固态有两个峰
	仲酰胺 —CONH—	3440[强] (3300,3070)					N—H 吸收
				1680(1665)，尖[极强]			酰胺Ⅰ带
				1530(1550) [变化]			酰胺Ⅱ带
					1260(1300)，[中,强]		酰胺Ⅲ带
	叔酰胺 —CON<			1650(1650)			
胺							圆括号内数值为缔合状态吸收峰
	伯胺 $R—NH_2$ 吸 $Ar—NH_2$	3500(3400) [中,强] 3400(3300) [中,强]		1640～1560 [强,中]			
	仲胺 RNHR′	3350～3310 [弱]					
	Ar—NHR	3450[中]					
	Ar—NHAr′	3490[中]					
	杂环上 NH	3490[强]					
	叔胺 Ar—N(R)(R′)				1350～1260 [中]		
胺盐	$—NH_3^+$	3000～2000 [强]宽吸收带上一至数峰		1600～1575，[强] 1550～1500 [强]			

化合物类型	官能团	波数/cm^{-1}					备注
		4000～2500	2500～2000	2000～1500	1500～900	900以下	
胺盐	$—NH_2^+$	3000～2250[强]宽吸收带上一至数峰		1620～1560[中]			
	$—NH^+$	2700～2250[强]宽吸收带上一至数峰					
腈	R—CN		2260～2240，尖[变化]				
	α,β-不饱和腈		2240～2215，尖[变化]				
	Ar—CN		2240～2215，尖[变化]				
硫氰酸酯	R—S—C≡N		2140，尖[极强]				
	Ar—S—C≡N		2175～2160，尖[极强]				
异硫氰酸酯	R—N═C═S		2140～1990，尖[极强]				
	Ar—N═C═S		2130～2040，尖[极强]				
亚胺	>C═N—			1690～1630，[中]			共轭时移向低波数方向
肟	>C═N—OH	3650～3500，宽[强]		1680～1630，[变化]	960～930		3650～3500cm^{-1}的吸收在缔合时移向低波数方向
重氮	—N═N			1630～1575，[变化]			
硝基	$R—NO_2$			1550，尖[极强]	1370，尖[极强]		
	$Ar—NO_2$			1535，尖[极强]	1345，尖[极强]		
硝酸酯	$—O—NO_2$			1650～1600，[强]	1300～1250，[强]		
亚硝基	—NO			1600～1500，[强]			
亚硝酸酯	—ONO			1680～1650，[变化] 1625～1610，[变化]			
含硫化合物	硫醇，—SH	2600～2550[弱]					
	>C═S				1200～1050，[强]		
	亚砜 >S═O				1060～1040，尖[300]		

续表

化合物类型	官能团	波数/cm^{-1}					备注
		4000～2500	2500～2000	2000～1500	1500～900	900 以下	
含硫化合物	砜 $>S(=O)_2$				1350～1310，尖[250～600] 1160～1120，尖[500～900]		
	磺酸盐 $R-SO_3^- M^+$				1200，宽[极强] 1050[强]		M^+表示金属离子
	磺酰胺 $R-SO_2-N<$				1370～1330，[极强] 1180～1160，[极强]		
卤化物	C—F				1400～1000，[极强]		
	C—Cl					800～600[强]	
	C—Br					600～500[强]	
	C—I					500[强]	
含磷化合物	P—H		2440～2280[中，强]				
	P—C					750～650	
	P═O				1300～1250[强]		
	P—O—R				1050～1030[强]		
	P—O—Ar				1190[强]		

注：1. 本表仅列出常见官能团的特征红外吸收。

2. 表中所列吸收峰位置均为常见数值。

3. 吸收峰形状标注在吸收位置之后，“尖”表示尖锐的吸收峰，“宽”表示宽而钝的吸收峰，若处于上述二者的中间状况则不加标注。

4. 吸收峰强度标注在吸收峰位置及峰形之后的括号中，“极强”“强”“中”“弱”分别表示吸收峰的强度。

极强——表观摩尔吸光系数大于 200；

强——表观摩尔吸光系数 75～200；

中——表观摩尔吸光系数 25～75；

弱——表现摩尔吸光系数小于 25。

（当有近似的表观摩尔吸光系数数值时，则标注该数值。）

5. 参考文献：K. Nakanishi et al. Infrared Absorption Spectroscopy，2nd Ed：Holden-Day，1977.

附录二 中红外区基团吸收频率表

区域	基团	波数/cm^{-1}	振动形式	吸收强度	说明
第一区域	—OH(游离)	3580～3450	伸缩	m,sh	判断有无醇类、酚类和有机酸的重要依据
	—OH(缔合)	3400～3200	伸缩	s,b	
	—NH_2、—NH(游离)	3500～3300	伸缩	m	
	—NH_2、—NH(缔合)	3400～3100	伸缩	s,b	
	—SH	2500～2400	伸缩		
	C—H 伸缩振动				
	不饱和 C—H	3000 以下			
	≡C—H (三键)	3300 附近	伸缩	s	
	=C—H(双键)	3040～3010	伸缩	s	末端=C—H 出现在 3085cm^{-1} 附近
	苯环中 C—H	3030 附近	伸缩	s	强度比饱和 C—H 稍弱，但谱带较尖锐
	饱和 C—H	3000～2800	伸缩		
	—CH_3	2940±5	反对称伸缩	s	
	—CH_3	2870±10	对称伸缩	s	
	—CH_2	2930±5	反对称伸缩	s	三元环中的—CH_2 出现在 3050cm^{-1}
	—CH_2	2850±10	对称伸缩	s	叔氢出现在 2890cm^{-1}，很弱
第二区域	—C≡N	2240～2220	伸缩	s	针状、干扰少
	—N≡N	2310～2135	伸缩	m	
	—C≡C	2240～2100	伸缩	v	R—C≡C—H，2140～2100cm^{-1}；R—C≡C—R，2240～2190cm^{-1}
	—C=C=C—	1950 附近	伸缩	v	
第三区域	C=C	1640	伸缩	m，w	
	芳环中 C=C	1600，1580 1500，1450	伸缩	v	苯环的骨架振动
	—C=O	1850～1400	伸缩	s	其他吸收带干扰少，是判断羰基(酮类、醇类、酯类、酸酐等)的特征频率、位置变动大
	—NO_2	1500～1400	不对称伸缩	s	
	—NO_2	1300～1250	不对称伸缩	s	
	S=O	1220～1040	伸缩	s	
第四区域	C—O	1300～1000	伸缩	s	—C—O 键(酯、醚、醇类)的极性很强，故强度大，常成为谱图中最强的吸收

续表

区域	基团	波数/cm^{-1}	振动形式	吸收强度	说明
第四区域	C—O—C	1150～900	伸缩	s	醚类中C—O—C的ν^{as}=(1100±50)cm^{-1}是最强的吸收，C—O—C对称伸缩在1000～900cm^{-1}，较弱
	—CH_3、—CH_2	1440±10	—CH_3，反对称变形	m	大部分有机化合物都含有CH_3、CH_2基团，因此此峰经常出现，很少受取代基的影响，且干扰少，是甲基的特征吸收
	—CH_3	1380～1370	—CH_2，反对称变形	s	
	—NH_2	1540～1450		m～s	
	C—F	1400～1000	变形	s	
	C—Cl	800～400	伸缩	s	
	C—Br	500～400	伸缩	s	
	C—I	500～200	伸缩	s	
	=CH_2	910～890	面外摇摆	s	
	C—$(CH_2)_n$—，$n\geqslant4$	720	面内摇摆	v	

注：s—强吸收；m—中等强度吸收；w—弱吸收；sh—尖锐吸收峰；v—吸收强度可变；b—宽吸收带。

附录三　标准电极电势

下表中所列的标准电极电势（25.0℃，101.325kPa）是相对于标准氢电极电势的数值。标准氢电极电势被规定为零伏特（0.0V）。

序号	电极过程	$\varphi^{\ominus}$/V
1	$Ag^{+}+e \longrightarrow Ag$	0.7996
2	$Ag^{2+}+e \longrightarrow Ag^{+}$	1.98
3	$AgBr+e \longrightarrow Ag+Br^{-}$	0.0713
4	$AgBrO_3+e \longrightarrow Ag+BrO_3^{-}$	0.546
5	$AgCl+e \longrightarrow Ag+Cl^{-}$	0.222
6	$AgCN+e \longrightarrow Ag+CN^{-}$	−0.017
7	$Ag_2CO_3+2e \longrightarrow 2Ag+CO_3^{2-}$	0.47
8	$Ag_2C_2O_4+2e \longrightarrow 2Ag+C_2O_4^{2-}$	0.465
9	$Ag_2CrO_4+2e \longrightarrow 2Ag+CrO_4^{2-}$	0.447
10	$AgF+e \longrightarrow Ag+F^{-}$	0.779
11	$Ag_4[Fe(CN)_6]+4e \longrightarrow 4Ag+[Fe(CN)_6]^{4-}$	0.148
12	$AgI+e \longrightarrow Ag+I^{-}$	−0.152
13	$AgIO_3+e \longrightarrow Ag+IO_3^{-}$	0.354
14	$Ag_2MoO_4+2e \longrightarrow 2Ag+MoO_4^{2-}$	0.457
15	$[Ag(NH_3)_2]^{+}+e \longrightarrow Ag+2NH_3$	0.373
16	$AgNO_2+e \longrightarrow Ag+NO_2^{-}$	0.564
17	$Ag_2O+H_2O+2e \longrightarrow 2Ag+2OH^{-}$	0.342
18	$2AgO+H_2O+2e \longrightarrow Ag_2O+2OH^{-}$	0.607
19	$Ag_2S+2e \longrightarrow 2Ag+S^{2-}$	−0.691
20	$Ag_2S+2H^{+}+2e \longrightarrow 2Ag+H_2S$	−0.0366
21	$AgSCN+e \longrightarrow Ag+SCN^{-}$	0.0895
22	$Ag_2SeO_4+2e \longrightarrow 2Ag+SeO_4^{2-}$	0.363
23	$Ag_2SO_4+2e \longrightarrow 2Ag+SO_4^{2-}$	0.654
24	$Ag_2WO_4+2e \longrightarrow 2Ag+WO_4^{2-}$	0.466
25	$Al^{3+}+3e \longrightarrow Al$	−1.662
26	$AlF_6^{3-}+3e \longrightarrow Al+6F^{-}$	−2.069
27	$Al(OH)_3+3e \longrightarrow Al+3OH^{-}$	−2.31
28	$AlO_2^{-}+2H_2O+3e \longrightarrow Al+4OH^{-}$	−2.35
29	$Am^{3+}+3e \longrightarrow Am$	−2.048
30	$Am^{4+}+e \longrightarrow Am^{3+}$	2.6
31	$AmO_2^{2+}+4H^{+}+3e \longrightarrow Am^{3+}+2H_2O$	1.75
32	$As+3H^{+}+3e \longrightarrow AsH_3$	−0.608
33	$As+3H_2O+3e \longrightarrow AsH_3+3OH^{-}$	−1.37
34	$As_2O_3+6H^{+}+6e \longrightarrow 2As+3H_2O$	0.234
35	$HAsO_2+3H^{+}+3e \longrightarrow As+2H_2O$	0.248
36	$AsO_2{}^{-}+2H_2O+3e \longrightarrow As+4OH^{-}$	−0.68
37	$H_3-AsO_4+2H^{+}+2e \longrightarrow HAsO_2+2H_2O$	0.56
38	$AsO_4^{3-}+2H_2O+2e \longrightarrow AsO_2^{-}+4OH^{-}$	−0.71
39	$AsS_2^{-}+3e \longrightarrow As+2S^{2-}$	−0.75
40	$AsS_4^{3-}+2e \longrightarrow AsS_2^{-}+2S^{2-}$	−0.6
41	$Au^{+}+e \longrightarrow Au$	1.692
42	$Au^{3+}+3e \longrightarrow Au$	1.498
43	$Au^{3+}+2e \longrightarrow Au^{+}$	1.401
44	$AuBr_2^{-}+e \longrightarrow Au+2Br^{-}$	0.959

续表

序号	电极过程	$\varphi^{\ominus}$/V
45	$AuBr_4^- + 3e \longrightarrow Au + 4Br^-$	0.854
46	$AuCl_2^- + e \longrightarrow Au + 2Cl^-$	1.15
47	$AuCl_4^- + 3e \longrightarrow Au + 4Cl^-$	1.002
48	$AuI + e \longrightarrow Au + I^-$	0.5
49	$Au(SCN)_4^- + 3e \longrightarrow Au + 4SCN^-$	0.66
50	$Au(OH)_3 + 3H^+ 3e \longrightarrow Au + 3H_2O$	1.45
51	$BF_4^- + 3e \longrightarrow B + 4F^-$	−1.04
52	$H_2BO_3^- + H_2O + 3e \longrightarrow B + 4OH^-$	−1.79
53	$B(OH)_3 + 7H^+ + 8e \longrightarrow BH_4^- + 3H_2O$	−0.0481
54	$Ba^{2+} + 2e \longrightarrow Ba$	−2.912
55	$Ba(OH)_2 + 2e \longrightarrow Ba + 2OH^-$	−2.99
56	$Be^{2+} + 2e \longrightarrow Be$	−1.847
57	$Be_2O_3^{2-} + 3H_2O + 4e \longrightarrow 2Be + 6OH^-$	−2.63
58	$Bi^+ + e \longrightarrow Bi$	0.5
59	$Bi^{3+} + 3e \longrightarrow Bi$	0.308
60	$BiCl_4^- + 3e \longrightarrow Bi + 4Cl^-$	0.16
61	$BiOCl + 2H^+ + 3e \longrightarrow Bi + Cl^- + H_2O$	0.16
62	$Bi_2O_3 + 3H_2O + 6e \longrightarrow 2Bi + 6OH^-$	−0.46
63	$Bi_2O_4 + 4H^+ + 2e \longrightarrow 2BiO^+ + 2H_2O$	1.593
64	$Bi_2O_4 + H_2O + 2e \longrightarrow Bi_2O_3 + 2OH^-$	0.56
65	Br_2(水溶液,aq)$ + 2e \longrightarrow 2Br^-$	1.087
66	Br_2(液体)$ + 2e \longrightarrow 2Br^-$	1.066
67	$BrO^- + H_2O + 2e \longrightarrow Br^- + 2OH^-$	0.761
68	$BrO_3^- + 6H^+ + 6e \longrightarrow Br^- + 3H_2O$	1.423
69	$BrO_3^- + 3H_2O + 6e \longrightarrow Br^- + 6OH^-$	0.61
70	$2BrO_3^- + 12H^+ + 10e \longrightarrow Br_2 + 6H_2O$	1.482
71	$HBrO + H^+ + 2e \longrightarrow Br^- + H_2O$	1.331
72	$2HBrO + 2H^+ + 2e \longrightarrow Br_2$(水溶液,aq)$ + 2H_2O$	1.574
73	$CH_3OH + 2H^+ + 2e \longrightarrow CH_4 + H_2O$	0.59
74	$HCHO + 2H^+ + 2e \longrightarrow CH_3OH$	0.19
75	$CH_3COOH + 2H^+ + 2e \longrightarrow CH_3CHO + H_2O$	−0.12
76	$(CN)_2 + 2H^+ + 2e \longrightarrow 2HCN$	0.373
77	$(CNS)_2 + 2e \longrightarrow 2CNS^-$	0.77
78	$CO_2 + 2H^+ + 2e \longrightarrow CO + H_2O$	−0.12
79	$CO_2 + 2H^+ + 2e \longrightarrow HCOOH$	−0.199
80	$Ca^{2+} + 2e \longrightarrow Ca$	−2.868
81	$Ca(OH)_2 + 2e \longrightarrow Ca + 2OH^-$	−3.02
82	$Cd^{2+} + 2e \longrightarrow Cd$	−0.403
83	$Cd^{2+} + 2e \longrightarrow Cd(Hg)$	−0.352
84	$Cd(CN)_4^{2-} + 2e \longrightarrow Cd + 4CN^-$	−1.09
85	$CdO + H_2O + 2e \longrightarrow Cd + 2OH^-$	−0.783
86	$CdS + 2e \longrightarrow Cd + S^{2-}$	−1.17
87	$CdSO_4 + 2e \longrightarrow Cd + SO_4^{2-}$	−0.246
88	$Ce^{3+} + 3e \longrightarrow Ce$	−2.336
89	$Ce^{3+} + 3e \longrightarrow Ce(Hg)$	−1.437
90	$CeO_2 + 4H^+ + e \longrightarrow Ce^{3+} + 2H_2O$	1.4
91	Cl_2(气体)$ + 2e \longrightarrow 2Cl^-$	1.358
92	$ClO^- + H_2O + 2e \longrightarrow Cl^- + 2OH^-$	0.89
93	$HClO + H^+ + 2e \longrightarrow Cl^- + H_2O$	1.482
94	$2HClO + 2H^+ + 2e \longrightarrow Cl_2 + 2H_2O$	1.611

序号	电极过程	$\varphi^{\ominus}$/V
95	$ClO_2^- + 2H_2O + 4e^- \longrightarrow Cl^- + 4OH^-$	0.76
96	$2ClO_3^- + 12H^+ + 10e \longrightarrow Cl_2 + 6H_2O$	1.47
97	$ClO_3^- + 6H^+ + 6e \longrightarrow Cl^- + 3H_2O$	1.451
98	$ClO_3^- + 3H_2O + 6e \longrightarrow Cl^- + 6OH^-$	0.62
99	$ClO_4^- + 8H^+ + 8e \longrightarrow Cl^- + 4H_2O$	1.38
100	$2ClO_4^- + 16H^+ + 14e \longrightarrow Cl_2 + 8H_2O$	1.39
101	$Cm^{3+} + 3e \longrightarrow Cm$	−2.04
102	$Co^{2+} + 2e \longrightarrow Co$	−0.28
103	$[Co(NH_3)_6]^{3+} + e \longrightarrow [Co(NH_3)_6]^{2+}$	0.108
104	$[Co(NH_3)_6]^{2+} + 2e \longrightarrow Co + 6NH_3$	−0.43
105	$Co(OH)_2 + 2e \longrightarrow Co + 2OH^-$	−0.73
106	$Co(OH)_3 + e \longrightarrow Co(OH)_2 + OH^-$	0.17
107	$Cr^{2+} + 2e \longrightarrow Cr$	−0.913
108	$Cr^{3+} + e \longrightarrow Cr^{2+}$	−0.407
109	$Cr^{3+} + 3e \longrightarrow Cr$	−0.744
110	$[Cr(CN)_6]^{3-} + e \longrightarrow [Cr(CN)_6]^{4-}$	−1.28
111	$Cr(OH)_3 + 3e \longrightarrow Cr + 3OH^-$	−1.48
112	$Cr_2O_7^{2-} + 14H^+ + 6e \longrightarrow 2Cr^{3+} + 7H_2O$	1.232
113	$CrO_2^- + 2H_2O + 3e \longrightarrow Cr + 4OH^-$	−1.2
114	$HCrO_4^- + 7H^+ + 3e \longrightarrow Cr^{3+} + 4H_2O$	1.35
115	$CrO_4^{2-} + 4H_2O + 3e \longrightarrow Cr(OH)_3 + 5OH^-$	−0.13
116	$Cs^+ + e \longrightarrow Cs$	−2.92
117	$Cu^+ + e \longrightarrow Cu$	0.521
118	$Cu^{2+} + 2e \longrightarrow Cu$	0.342
119	$Cu^{2+} + 2e \longrightarrow Cu(Hg)$	0.345
120	$Cu^{2+} + Br^- + e \longrightarrow CuBr$	0.66
121	$Cu^{2+} + Cl^- + e \longrightarrow CuCl$	0.57
122	$Cu^{2+} + I^- + e \longrightarrow CuI$	0.86
123	$Cu^{2+} + 2CN^- + e \longrightarrow [Cu(CN)_2]^-$	1.103
124	$CuBr_2^- + e \longrightarrow Cu + 2Br^-$	0.05
125	$CuCl_2^- + e \longrightarrow Cu + 2Cl^-$	0.19
126	$CuI_2^- + e \longrightarrow Cu + 2I^-$	0
127	$Cu_2O + H_2O + 2e \longrightarrow 2Cu + 2OH^-$	−0.36
128	$Cu(OH)_2 + 2e \longrightarrow Cu + 2OH^-$	−0.222
129	$2Cu(OH)_2 + 2e \longrightarrow Cu_2O + 2OH^- + H_2O$	−0.08
130	$CuS + 2e \longrightarrow Cu + S^{2-}$	−0.7
131	$CuSCN + e \longrightarrow Cu + SCN^-$	−0.27
132	$Dy^{2+} + 2e \longrightarrow Dy$	−2.2
133	$Dy^{3+} + 3e \longrightarrow Dy$	−2.295
134	$Er^{2+} + 2e \longrightarrow Er$	−2
135	$Er^{3+} + 3e \longrightarrow Er$	−2.331
136	$Es^{2+} + 2e \longrightarrow Es$	−2.23
137	$Es^{3+} + 3e \longrightarrow Es$	−1.91
138	$Eu^{2+} + 2e \longrightarrow Eu$	−2.812
139	$Eu^{3+} + 3e \longrightarrow Eu$	−1.991
140	$F_2 + 2H^+ + 2e \longrightarrow 2HF$	3.053
141	$F_2O + 2H^+ + 4e \longrightarrow H_2O + 2F^-$	2.153
142	$Fe^{2+} + 2e \longrightarrow Fe$	−0.447
143	$Fe^{3+} + 3e \longrightarrow Fe$	−0.037
144	$[Fe(CN)_6]^{3-} + e \longrightarrow [Fe(CN)_6]^{4-}$	0.358

续表

序号	电极过程	$\varphi^{\ominus}$/V
145	$[Fe(CN)_6]^{4-}+2e \longrightarrow Fe+6CN^-$	−1.5
146	$FeF_6^{3-}+e \longrightarrow Fe^{2+}+6F^-$	0.4
147	$Fe(OH)_2+2e \longrightarrow Fe+2OH^-$	−0.877
148	$Fe(OH)_3+e \longrightarrow Fe(OH)_2+OH^-$	−0.56
149	$Fe_3O_4+8H^++2e \longrightarrow 3Fe^{2+}+4H_2O$	1.23
150	$Fm^{3+}+3e \longrightarrow Fm$	−1.89
151	$Fr^++e \longrightarrow Fr$	−2.9
152	$Ga^{3+}+3e \longrightarrow Ga$	−0.549
153	$H_2GaO_3^-+H_2O+3e \longrightarrow Ga+4OH^-$	−1.29
154	$Gd^{3+}+3e \longrightarrow Gd$	−2.279
155	$Ge^{2+}+2e \longrightarrow Ge$	0.24
156	$Ge^{4+}+2e \longrightarrow Ge^{2+}$	0
157	$GeO_2+2H^++2e \longrightarrow$ GeO(棕色)$+H_2O$	−0.118
158	$GeO_2+2H^++2e \longrightarrow$ GeO(黄色)$+H_2O$	−0.273
159	$H_2GeO_3+4H^++4e \longrightarrow Ge+3H_2O$	−0.182
160	$2H^++2e \longrightarrow H_2$	0
161	$H_2+2e \longrightarrow 2H^-$	−2.25
162	$2H_2O+2e \longrightarrow H_2+2OH^-$	−0.8277
163	$Hf^{4+}+4e \longrightarrow Hf$	−1.55
164	$Hg^{2+}+2e \longrightarrow Hg$	0.851
165	$Hg_2^{2+}+2e \longrightarrow 2Hg$	0.797
166	$2Hg^{2+}+2e \longrightarrow Hg_2^{2+}$	0.92
167	$Hg_2Br_2+2e \longrightarrow 2Hg+2Br^-$	0.1392
168	$HgBr_4^{2-}+2e \longrightarrow Hg+4Br^-$	0.21
169	$Hg_2Cl_2+2e \longrightarrow 2Hg+2Cl^-$	0.2681
170	$2HgCl_2+2e \longrightarrow Hg_2Cl_2+2Cl^-$	0.63
171	$Hg_2CrO_4+2e \longrightarrow 2Hg+CrO_4^{2-}$	0.54
172	$Hg_2I_2+2e \longrightarrow 2Hg+2I^-$	−0.0405
173	$Hg_2O+H_2O+2e \longrightarrow 2Hg+2OH^-$	0.123
174	$HgO+H_2O+2e \longrightarrow Hg+2OH^-$	0.0977
175	HgS(红色)$+2e \longrightarrow Hg+S^{2-}$	−0.7
176	HgS(黑色)$+2e \longrightarrow Hg+S^{2-}$	−0.67
177	$Hg_2(SCN)_2+2e \longrightarrow 2Hg+2SCN^-$	0.22
178	$Hg_2SO_4+2e \longrightarrow 2Hg+SO_4^{2-}$	0.613
179	$Ho^{2+}+2e \longrightarrow Ho$	−2.1
180	$Ho^{3+}+3e \longrightarrow Ho$	−2.33
181	$I_2+2e \longrightarrow 2I^-$	0.5355
182	$I_3^-+2e \longrightarrow 3I^-$	0.536
183	$2IBr+2e \longrightarrow I_2+2Br^-$	1.02
184	$ICN+2e \longrightarrow I^-+CN^-$	0.3
185	$2HIO+2H^++2e \longrightarrow I_2+2H_2O$	1.439
186	$HIO+H^++2e \longrightarrow I^-+H_2O$	0.987
187	$IO^-+H_2O+2e \longrightarrow I^-+2OH^-$	0.485
188	$2IO_3^-+12H^++10e \longrightarrow I_2+6H_2O$	1.195
189	$IO_3^-+6H^++6e \longrightarrow I^-+3H_2O$	1.085
190	$IO_3^-+2H_2O+4e \longrightarrow IO^-+4OH^-$	0.15
191	$IO_3^-+3H_2O+6e \longrightarrow I^-+6OH^-$	0.26
192	$2IO_3^-+6H_2O+10e \longrightarrow I_2+12OH^-$	0.21
193	$H_5IO_6+H^++2e \longrightarrow IO_3^-+3H_2O$	1.601
194	$In^++e \longrightarrow In$	−0.14

续表

序号	电极过程	$\varphi^{\ominus}$/V
195	$In^{3+}+3e \longrightarrow In$	−0.338
196	$In(OH)_3+3e \longrightarrow In+3OH^-$	−0.99
197	$Ir^{3+}+3e \longrightarrow Ir$	1.156
198	$IrBr_6^{2-}+e \longrightarrow IrBr_6^{3-}$	0.99
199	$IrCl_6^{2-}+e \longrightarrow IrCl_6^{3-}$	0.867
200	$K^++e \longrightarrow K$	−2.931
201	$La^{3+}+3e \longrightarrow La$	−2.379
202	$La(OH)_3+3e \longrightarrow La+3OH^-$	−2.9
203	$Li^++e \longrightarrow Li$	−3.04
204	$Lr^{3+}+3e \longrightarrow Lr$	−1.96
205	$Lu^{3+}+3e \longrightarrow Lu$	−2.28
206	$Md^{2+}+2e \longrightarrow Md$	−2.4
207	$Md^{3+}+3e \longrightarrow Md$	−1.65
208	$Mg^{2+}+2e \longrightarrow Mg$	−2.372
209	$Mg(OH)_2+2e \longrightarrow Mg+2OH^-$	−2.69
210	$Mn^{2+}+2e \longrightarrow Mn$	−1.185
211	$Mn^{3+}+3e \longrightarrow Mn$	1.542
212	$MnO_2+4H^++2e \longrightarrow Mn^{2+}+2H_2O$	1.224
213	$MnO_4^-+4H^++3e \longrightarrow MnO_2+2H_2O$	1.679
214	$MnO_4^-+8H^++5e \longrightarrow Mn^{2+}+4H_2O$	1.507
215	$MnO_4^-+2H_2O+3e \longrightarrow MnO_2+4OH^-$	0.595
216	$Mn(OH)_2+2e \longrightarrow Mn+2OH^-$	−1.56
217	$Mo^{3+}+3e \longrightarrow Mo$	−0.2
218	$MoO_4^{2-}+4H_2O+6e \longrightarrow Mo+8OH^-$	−1.05
219	$N_2+2H_2O+6H^++6e \longrightarrow 2NH_4OH$	0.092
220	$2NH_3OH^++H^++2e \longrightarrow N_2H_5^++2H_2O$	1.42
221	$2NO+H_2O+2e \longrightarrow N_2O+2OH^-$	0.76
222	$2HNO_2+4H^++4e \longrightarrow N_2O+3H_2O$	1.297
223	$NO_3^-+3H^++2e \longrightarrow HNO_2+H_2O$	0.934
224	$NO_3^-+H_2O+2e \longrightarrow NO_2^-+2OH^-$	0.01
225	$2NO_3^-+2H_2O+2e \longrightarrow N_2O_4+4OH^-$	−0.85
226	$Na^++e \longrightarrow Na$	−2.713
227	$Nb^{3+}+3e \longrightarrow Nb$	−1.099
228	$NbO_2+4H^++4e \longrightarrow Nb+2H_2O$	−0.69
229	$Nb_2O_5+10H^++10e \longrightarrow 2Nb+5H_2O$	−0.644
230	$Nd^{2+}+2e \longrightarrow Nd$	−2.1
231	$Nd^{3+}+3e \longrightarrow Nd$	−2.323
232	$Ni^{2+}+2e \longrightarrow Ni$	−0.257
233	$NiCO_3+2e \longrightarrow Ni+CO_3^{2-}$	−0.45
234	$Ni(OH)_2+2e \longrightarrow Ni+2OH^-$	−0.72
235	$NiO_2+4H^++2e \longrightarrow Ni^{2+}+2H_2O$	1.678
236	$No^{2+}+2e \longrightarrow No$	−2.5
237	$No^{3+}+3e \longrightarrow No$	−1.2
238	$Np^{3+}+3e \longrightarrow Np$	−1.856
239	$NpO_2+H_2O+H^++e \longrightarrow Np(OH)_3$	−0.962
240	$O_2+4H^++4e \longrightarrow 2H_2O$	1.229
241	$O_2+2H_2O+4e \longrightarrow 4OH^-$	0.401
242	$O_3+H_2O+2e \longrightarrow O_2+2OH^-$	1.24
243	$Os^{2+}+2e \longrightarrow Os$	0.85
244	$OsCl_6^{3-}+e \longrightarrow Os^{2+}+6Cl^-$	0.4

续表

序号	电极过程	$\varphi^{\ominus}/V$
245	$OsO_2+2H_2O+4e \longrightarrow Os+4OH^-$	−0.15
246	$OsO_4+8H^++8e \longrightarrow Os+4H_2O$	0.838
247	$OsO_4+4H^++4e \longrightarrow OsO_2+2H_2O$	1.02
248	$P+3H_2O+3e \longrightarrow PH_3(g)+3OH^-$	−0.87
249	$H_2PO_2^-+e \longrightarrow P+2OH^-$	−1.82
250	$H_3PO_3+2H^++2e \longrightarrow H_3PO_2+H_2O$	−0.499
251	$H_3PO_3+3H^++3e \longrightarrow P+3H_2O$	−0.454
252	$H_3PO_4+2H^++2e \longrightarrow H_3PO_3+H_2O^-$	−0.276
253	$PO_4^{3-}+2H_2O+2e \longrightarrow HPO_3^{2-}+3OH^-$	−1.05
254	$Pa^{3+}+3e \longrightarrow Pa$	−1.34
255	$Pa^{4+}+4e \longrightarrow Pa$	−1.49
256	$Pb^{2+}+2e \longrightarrow Pb$	−0.126
257	$Pb^{2+}+2e \longrightarrow Pb(Hg)$	−0.121
258	$PbBr_2+2e \longrightarrow Pb+2Br^-$	−0.284
259	$PbCl_2+2e \longrightarrow Pb+2Cl^-$	−0.268
260	$PbCO_3+2e \longrightarrow Pb+CO_3^{2-}$	−0.506
261	$PbF_2+2e \longrightarrow Pb+2F^-$	−0.344
262	$PbI_2+2e \longrightarrow Pb+2I^-$	−0.365
263	$PbO+H_2O+2e \longrightarrow Pb+2OH^-$	−0.58
264	$PbO+4H^++2e \longrightarrow Pb+H_2O$	0.25
265	$PbO_2+4H^++2e \longrightarrow Pb^2+2H_2O$	1.455
266	$HPbO_2^-+H_2O+2e \longrightarrow Pb+3OH^-$	−0.537
267	$PbO_2+SO_4^{2-}+4H^++2e \longrightarrow PbSO_4+2H_2O$	1.691
268	$PbSO_4+2e \longrightarrow Pb+SO_4^{2-}$	−0.359
269	$Pd^{2+}+2e \longrightarrow Pd$	0.915
270	$PdBr_4^{2-}+2e \longrightarrow Pd+4Br^-$	0.6
271	$PdO_2+H_2O+2e \longrightarrow PdO+2OH^-$	0.73
272	$Pd(OH)_2+2e \longrightarrow Pd+2OH^-$	0.07
273	$Pm^{2+}+2e \longrightarrow Pm$	−2.2
274	$Pm^{3+}+3e \longrightarrow Pm$	−2.3
275	$Po^{4+}+4e \longrightarrow Po$	0.76
276	$Pr^{2+}+2e \longrightarrow Pr$	−2
277	$Pr^{3+}+3e \longrightarrow Pr$	−2.353
278	$Pt^{2+}+2e \longrightarrow Pt$	1.18
279	$[PtCl_6]^{2-}+2e \longrightarrow [PtCl_4]^{2-}+2Cl^-$	0.68
280	$Pt(OH)_2+2e \longrightarrow Pt+2OH^-$	0.14
281	$PtO_2+4H^++4e \longrightarrow Pt+2H_2O$	1
282	$PtS+2e \longrightarrow Pt+S^{2-}$	−0.83
283	$Pu^{3+}+3e \longrightarrow Pu$	−2.031
284	$Pu^{5+}+e \longrightarrow Pu^{4+}$	1.099
285	$Ra^{2+}+2e \longrightarrow Ra$	−2.8
286	$Rb^++e \longrightarrow Rb$	−2.98
287	$Re^{3+}+3e \longrightarrow Re$	0.3
288	$ReO_2+4H^++4e \longrightarrow Re+2H_2O$	0.251
289	$ReO_4^-+4H^++3e \longrightarrow ReO_2+2H_2O$	0.51
290	$ReO_4^-+4H_2O+7e \longrightarrow Re+8OH^-$	−0.584
291	$Rh^{2+}+2e \longrightarrow Rh$	0.6
292	$Rh^{3+}+3e \longrightarrow Rh$	0.758
293	$Ru^{2+}+2e \longrightarrow Ru$	0.455
294	$RuO_2+4H^++2e \longrightarrow Ru^{2+}+2H_2O$	1.12

序号	电极过程	$\varphi^{\ominus}$/V
295	$RuO_4+6H^++4e \longrightarrow Ru(OH)_2^{2+}+2H_2O$	1.4
296	$S+2e \longrightarrow S^{2-}$	−0.476
297	$S+2H^++2e \longrightarrow H_2S$(水溶液,aq)	0.142
298	$S_2O_6^{2-}+4H^++2e \longrightarrow 2H_2SO_3$	0.564
299	$2SO_3^{2-}+3H_2O+4e \longrightarrow S_2O_3^{2-}+6OH^-$	−0.571
300	$2SO_3^{2-}+2H_2O+2e \longrightarrow S_2O_4^{2-}+4OH^-$	−1.12
301	$SO_4^{2-}+H_2O+2e \longrightarrow SO_3^{2-}+2OH^-$	−0.93
302	$Sb+3H^++3e \longrightarrow SbH_3$	−0.51
303	$Sb_2O_3+6H^++6e \longrightarrow 2Sb+3H_2O$	0.152
304	$Sb_2O_5+6H^++4e \longrightarrow 2SbO^++3H_2O$	0.581
305	$SbO_3^-+H_2O+2e \longrightarrow SbO_2^-+2OH^-$	−0.59
306	$Sc^{3+}+3e \longrightarrow Sc$	−2.077
307	$Sc(OH)_3+3e \longrightarrow Sc+3OH^-$	−2.6
308	$Se+2e \longrightarrow Se^{2-}$	−0.924
309	$Se+2H^++2e \longrightarrow H_2Se$(水溶液,aq)	−0.399
310	$H_2-SeO_3+4H^++4e \longrightarrow Se+3H_2O$	−0.74
311	$SeO_3^{2-}+3H_2O+4e \longrightarrow Se+6OH^-$	−0.366
312	$SeO_4^{2-}+H_2O+2e \longrightarrow SeO_3^{2-}+2OH^-$	0.05
313	$Si+4H^++4e \longrightarrow SiH_4$(气体)	0.102
314	$Si+4H_2O+4e \longrightarrow SiH_4+4OH^-$	−0.73
315	$SiF_6^{2-}+4e \longrightarrow Si+6F^-$	−1.24
316	$SiO_2+4H^++4e \longrightarrow Si+2H_2O$	−0.857
317	$SiO_3^{2-}+3H_2O+4e \longrightarrow Si+6OH^-$	−1.697
318	$Sm^{2+}+2e \longrightarrow Sm$	−2.68
319	$Sm^{3+}+3e \longrightarrow Sm$	−2.304
320	$Sn^{2+}+2e \longrightarrow Sn$	−0.138
321	$Sn^{4+}+2e \longrightarrow Sn^{2+}$	0.151
322	$SnCl_4^{2-}+2e \longrightarrow Sn+4Cl^-$(1mol/LHCl)	−0.19
323	$SnF_6^{2-}+4e \longrightarrow Sn+6F^-$	−0.25
324	$Sn(OH)_3^-+3H^++2e \longrightarrow Sn^{2+}+3H_2O$	0.142
325	$SnO_2+4H^++4e \longrightarrow Sn+2H_2O$	−0.117
326	$Sn(OH)_6^{2-}+2e \longrightarrow HSnO_2^-+3OH^-+H_2O$	−0.93
327	$Sr^{2+}+2e \longrightarrow Sr$	−2.899
328	$Sr^{2+}+2e \longrightarrow Sr(Hg)$	−1.793
329	$Sr(OH)_2+2e \longrightarrow Sr+2OH^-$	−2.88
330	$Ta^{3+}+3e \longrightarrow Ta$	−0.6
331	$Tb^{3+}+3e \longrightarrow Tb$	−2.28
332	$Tc^{2+}+2e \longrightarrow Tc$	0.4
333	$TcO_4^-+8H^++7e \longrightarrow Tc+4H_2O$	0.472
334	$TcO_4^-+2H_2O+3e \longrightarrow TcO_2+4OH^-$	−0.311
335	$Te+2e \longrightarrow Te^{2-}$	−1.143
336	$Te^{4+}+4e \longrightarrow Te$	0.568
337	$Th^{4+}+4e \longrightarrow Th$	−1.899
338	$Ti^{2+}+2e \longrightarrow Ti$	−1.63
339	$Ti^{3+}+3e \longrightarrow Ti$	−1.37
340	$TiO_2+4H^++2e \longrightarrow Ti^{2+}+2H_2O$	−0.502
341	$TiO^{2+}+2H^++e \longrightarrow Ti^{3+}+H_2O$	0.1
342	$Tl^++e \longrightarrow Tl$	−0.336
343	$Tl^{3+}+3e \longrightarrow Tl$	0.741
344	$Tl^{3+}+Cl^-+2e \longrightarrow TlCl$	1.36

续表

序号	电极过程	$\varphi^{\ominus}$/V
345	$TlBr + e \longrightarrow Tl + Br^-$	−0.658
346	$TlCl + e \longrightarrow Tl + Cl^-$	−0.557
347	$TlI + e \longrightarrow Tl + I^-$	−0.752
348	$Tl_2O_3 + 3H_2O + 4e \longrightarrow 2Tl^+ + 6OH^-$	0.02
349	$TlOH + e \longrightarrow Tl + OH^-$	−0.34
350	$Tl_2SO_4 + 2e \longrightarrow 2Tl + SO_4^{2-}$	−0.436
351	$Tm^{2+} + 2e \longrightarrow Tm$	−2.4
352	$Tm^{3+} + 3e \longrightarrow Tm$	−2.319
353	$U^{3+} + 3e \longrightarrow U$	−1.798
354	$UO_2 + 4H^+ + 4e \longrightarrow U + 2H_2O$	−1.4
355	$UO_2^+ + 4H^+ + e \longrightarrow U^{4+} + 2H_2O$	0.612
356	$UO_2^{2+} + 4H^+ + 6e \longrightarrow U + 2H_2O$	−1.444
357	$V^{2+} + 2e \longrightarrow V$	−1.175
358	$VO^{2+} + 2H^+ + e \longrightarrow V^{3+} + H_2O$	0.337
359	$VO_2^+ + 2H^+ + e \longrightarrow VO^{2+} + H_2O$	0.991
360	$VO_2^+ + 4H^+ + 2e \longrightarrow V^{3+} + 2H_2O$	0.668
361	$V_2O_5 + 10H^+ + 10e \longrightarrow 2V + 5H_2O$	−0.242
362	$W^{3+} + 3e \longrightarrow W$	0.1
363	$WO_3 + 6H^+ + 6e \longrightarrow W + 3H_2O$	−0.09
364	$W_2O_5 + 2H^+ + 2e \longrightarrow 2WO_2 + H_2O$	−0.031
365	$Y^{3+} + 3e \longrightarrow Y$	−2.372
366	$Yb^{2+} + 2e \longrightarrow Yb$	−2.76
367	$Yb^{3+} + 3e \longrightarrow Yb$	−2.19
368	$Zn^{2+} + 2e \longrightarrow Zn$	−0.7618
369	$Zn^{2+} + 2e \longrightarrow Zn(Hg)$	−0.7628
370	$Zn(OH)_2 + 2e \longrightarrow Zn + 2OH^-$	−1.249
371	$ZnS + 2e \longrightarrow Zn + S^{2-}$	−1.4
372	$ZnSO_4 + 2e \longrightarrow Zn(Hg) + SO_4^{2-}$	−0.799

参考文献

[1] 黄一石，吴朝华．化验员必读（仪器分析入门提高拓展）．北京：化学工业出版社，2018.

[2] 周立，刘裕红，贾俊．仪器分析技术．成都：西南交通大学出版社，2018.

[3] 黑育荣．仪器分析技术．重庆：重庆大学出版社，2017.

[4] 孙延一，许旭．仪器分析．2版．武汉：华中科技大学出版社，2019.

[5] 熊维巧．仪器分析．成都：西南交通大学出版社，2019.

[6] 仲其军，江兴林，范颖．生物化学检验新版．武汉：华中科技大学出版社，2017.

[7] 胡劲波，秦卫东，谭学才．仪器分析．3版．北京：北京师范大学出版社，2017.

[8] 高洪潮．仪器分析．北京：科学出版社，2016.

[9] 陈培榕，邓勃．现代仪器分析实验与技术．北京：清华大学出版社，1999.

[10] 张威，赵斌．仪器分析实训．2版．北京：化学工业出版社，2020.

[11] 郭明，吴荣晖，李铭慧，等．仪器分析实验．北京：化学工业出版社，2019.

[12] 孙尔康，张剑荣，陈国松，等．仪器分析实验．南京：南京大学出版社，2019.

[13] 魏培海，曹国庆．仪器分析．3版．北京：高等教育出版社，2014.

[14] 兰景凤，王威，沈永雯，等．用“锌”看世界——仪器分析实验课程思政建设的探索．大学化学，36 (3)，2021.